志田晶の
数学シリーズ

志田　晶の
集合・論理、
整数
が面白いほどわかる本

志田　晶 Akira Shida

はじめに

こんにちは，志田 晶です。

この「志田晶の数学シリーズ」は，中堅国公立大学から難関大学対策用の数学参考書です。また，東大・京大などのトップレベル大学対策の基礎固めとしても使えるように書かれています。

数学の勉強法とは

数学を勉強しているとき，「解答を読んでもわからない！」とか「問題文の意味すらわからない！」ということがありませんか？
これは，数学という科目の本質的な特徴であり，**数学とは「わからない科目」**であると僕は考えています。

逆に，数学以外の科目では，「知っている」か「知らない」かという要素が大きいです。**知らない**英単語があったとしても，辞書を引くことで**知る**ことができますし，**知らない**年号を教科書や参考書を調べて**知る**ことはそれほど難しいことではありません。

これに対して，数学はどれだけ調べても，また知識が十分にあっても「わからない人にはわからない」ということが起こり得る科目なのです。もちろん，数学にも知識は必要です。しかし，知識だけに頼っていても，「わからない」を克服しない限り，ある一定の水準までしか到達できません。

では，数学の勉強法は何かと言われたら，僕は講演会などで次のように話しています。

> 数学の勉強とは，各自のレベルに応じた微妙に「わからないこと」を見つけて，それを時間をかけて考え，「わかること」に変える。さらにそのことを積極的に積み重ねること。

何も考えることなしに，数学ができるようになる方法は絶対にありません‼　いろいろなこと（物事が成り立つ仕組みなど）をよく考える習慣をつけることが，何よりも大切なのです。

本書の使い方

本書は，難関大志望者にとっての重要テーマを順序立てて解説しています。予備校の講義では，90 分で３～４題の問題を扱うことが多く，１題１テーマが基本ですが，本書では１章１テーマ構成とし，１テーマを５～６題を使って解説しました。さらに，物事の仕組みがわかるような解説を心がけました。

各テーマは，教科書の節末問題レベルの問題から始まりますが，段階的にレベルアップしていき，後半は東大・京大などの問題も収録されています。なかには，よく考えなければ意味がとりにくい難しい問題もありますが，**数学はよく考えて「わからない」を克服することが大切**なわけですから，そういう部分はぜひ時間をかけてじっくり考えてみてください。

友人などと議論してみるのもよいでしょう。時間をかけた分の成果は保証します（そのような良問をできるだけ集めました）。

感謝のことば

この「志田晶の数学シリーズ」の出版にあたっては，株式会社 KADOKAWA の原賢太郎さんほか，スタッフの皆さんには多大なるご尽力をいただきました。本当にありがとうございました。

最後に

本書を手に取ってくれた読者の皆さんが，本書を通じて飛躍的に数学の力を伸ばしてくれることを期待します。

『志田晶の 集合・論理、整数が面白いほどわかる本』

CONTENTS

本文デザイン:アップライン株式会社
本文イラスト:祐歌

本書の特長と使い方

1 1章1テーマ構成で「整数」の重要テーマを順序立てて解説

2 テーマの修得に必要となる項目や公式の確認とまとめ

3 根本的な理解をするために項目や公式の仕組みを例を用いて解説

第14章

合同式の定義とその性質

第14章，**第15章** では，合同式を扱います。合同式は，教科書の発展的な内容ですが，これをマスターすると，整数の計算を素早くすることができ，問題に関する視野が広がります（見通しがよくなる）。

まずは，合同式の根幹を支える次の定理から。← 証明も重要です

定理（合同式の根幹を支える定理）

a, b を整数，n を正の整数とするとき，次の $\langle P\rangle$, $\langle Q\rangle$ は同値である。

$\langle P\rangle$　a と b は n で割った余りが等しい

$\langle Q\rangle$　$a-b$ は n で割り切れる

上の $\langle P\rangle$, $\langle Q\rangle$ のいずれかが成り立つとき（同値なので，どちらかが成り立てば，両方成り立つ），

$a \equiv b \pmod{n}$ ← mod は modulo（モジュロ）とか modulus（モジュラス）と読みます

と表します（a と b は，n を法として合同という）。

例

(i)　15 と 7 は 4 で割った余りが等しい（⇔ $15-7$ は 4 で割り切れる）ので，

$15 \equiv 7 \pmod{4}$

(ii)　-1 と 5 は 3 で割った余りが等しい（⇔ $-1-5$ は 3 で割り切れる）ので，

$-1 \equiv 5 \pmod{3}$

(iii)　(i), (ii)と同様に，例えば，　← 左辺と右辺が合同であることを確認してください

$7 \equiv 3 \pmod{4}$，$7 \equiv 3 \pmod{2}$，$13 \equiv 4 \pmod{3}$，

$107 \equiv 7 \pmod{10}$

(iv)　a を 4 で割った余りが 3 のとき，

$a = 4m + 3$（m は整数）

と表されるので，$a-3$ は 4 で割り切れる。← $a-3=4m$ より

よって，

$a \equiv 3 \pmod{4}$

第14章 合同式の定義とその性質　195

難関大学に合格するために必要なテーマを，5～6題を使って解説しました。難しい問題でも根気よく取り組んでください。

4 問題の難易度は「易」「標準」「やや難」「難」の4段階表示

問題 14-4

易 難

Nは10進法で表された4桁の自然数であり，千の位の数がa，百の位の数がb，十の位の数がc，そして一の位の数がdである。

このとき，$d-c+b-a$が11の倍数ならば，Nは11の倍数であることを示せ。（立教大・改）

5 問題を解くときの方向性や答案を書く前の準備を提示

方針

前問と同じです。

$M=d-c+b-a$

とおき，$N-M$を計算し，これが11の倍数であることを証明します。

6 実際に解き進める際のポイントや注意点を明示

問題14-4の解答

$N=10^3a+10^2b+10c+d$

である。

$M=d-c+b-a$

とおく。このとき，

$$\begin{aligned}N-M&=(1000a+100b+10c+d)-(d-c+b-a)\\&=1001a+99b+11c\\&=11(91a+9b+c)\end{aligned}$$ ← 11×（整数）の形

より，$N-M$は11で割り切れる。

したがって，NとMは11で割った余りが等しい。

よって，Mが11の倍数ならば，Nは11の倍数である。

7 間違えやすいことや知っておくべきことを補足

コメント

問題 14-3 と同様に逆も成り立ちます（つまり，Nが11の倍数ならば，Mも11の倍数）。

第1章 集合

第1章では，整数の勉強に必要な集合と命題の基礎について確認します。

◎集合の表し方

集合を表す方法は2つあります。

(i) 要素を書き並べる方法

$A = \{1,\ 2,\ 3,\ 4,\ 5,\ 6,\ 7\}$

(ii) 要素の代表と｛　｝の中の縦線（｜）の右に条件を書く方法

$B = \{2n \mid 1 \leqq n \leqq 5,\ n$ は整数$\}$

↑要素の代表　↑条件

この場合，$n = 1,\ 2,\ 3,\ 4,\ 5$ を要素の代表 $2n$ に代入することにより，

$B = \{2,\ 4,\ 6,\ 8,\ 10\}$

となります。

問題 1-1

易■□□難

次の集合を，要素を書き並べて表せ。

(1) $A = \{2n + 1 \mid 1 \leqq n \leqq 4,\ n$ は整数$\}$

(2) 20の正の約数の集合 B

(3) $C = \{x \mid x^2 - 5x + 4 = 0\}$

方針

(3) 条件 $x^2 - 5x + 4 = 0$ を満たす x は，この2次方程式の解です。よって，C は2次方程式の解の集合になります。

問題 1-1 の解答

(1) $A = \{3,\ 5,\ 7,\ 9\}$ ← 要素の代表 $2n + 1$ に $n = 1,\ 2,\ 3,\ 4$ を代入

(2) $B = \{1,\ 2,\ 4,\ 5,\ 10,\ 20\}$

(3) $C = \{1,\ 4\}$ ← 2次方程式 $x^2 - 5x + 4 = 0$ の解の集合

◎部分集合

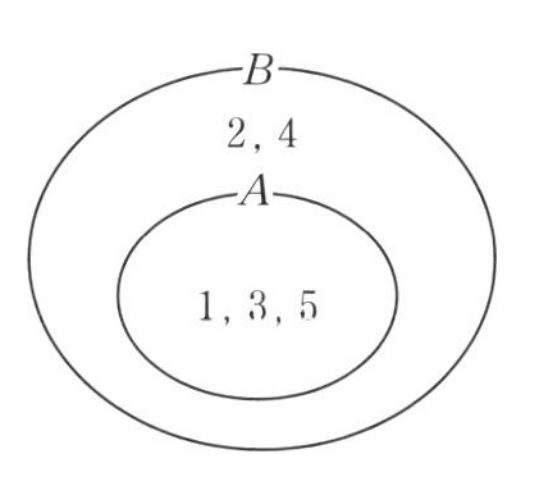

例えば，2 つの集合 A，B が

$A=\{1,\ 3,\ 5\}$，$B=\{1,\ 2,\ 3,\ 4,\ 5\}$

のとき，A は B の部分集合です（$A\subset B$）。

部分集合であることの定義をキチンと書くと，次のようになります。← キチンと書くと難しい

部分集合の定義

2 つの集合 A，B に対し，

A の任意の要素 x に対し，$x\in B$ が成り立つ

（つまり，$x\in A$ ならば $x\in B$ が成り立つ）

とき，A は B の部分集合であるといい，$A\subset B$ と表す。

任意の要素とあるので，すべての要素を調べなければいけません。

例えば，上の例の場合，

$1\in B$，$3\in B$，$5\in B$ ← A の任意の要素に対して，B の要素かどうかを調べる

なので，

A の任意の要素 x に対し，$x\in B$

が成り立ちます。← つまり，$A\subset B$

問題 1-2

易 ▮▮▮ 難

次の 2 つの集合 A，B に対し，A は B の部分集合であることを示せ。

(1) $A=\{1,\ 2,\ 3,\ 4,\ 5\}$，$B=\{x\mid x^2-6x<0\}$

(2) $A=\{n\mid n$ は 4 の倍数$\}$，$B=\{n\mid n$ は 2 の倍数$\}$

方針

(1)　x が $x^2-6x<0$ を満たせば，x は集合 B の要素です。1，2，3，4，5 のすべてが $x^2-6x<0$ を満たすことを確認します。

(2)　集合 A は無限集合なので，(1)のように要素を個別にチェックすることはできません。この場合，集合 A の任意の要素 x がどのように表されるかを考えることがポイントです。

問題 1-2 の解答

(1) $\begin{cases} 1^2 - 6 \cdot 1 < 0 \text{ より, } 1 \in B \\ 2^2 - 6 \cdot 2 < 0 \text{ より, } 2 \in B \\ 3^2 - 6 \cdot 3 < 0 \text{ より, } 3 \in B \\ 4^2 - 6 \cdot 4 < 0 \text{ より, } 4 \in B \\ 5^2 - 6 \cdot 5 < 0 \text{ より, } 5 \in B \end{cases}$

集合 B の条件
$x^2 - 6x < 0$
を満たすかどうかをチェック。

よって，A の任意の要素 x に対して，$x \in B$ が成り立つので，

$A \subset B$

(2) 集合 A の任意の要素 x は

$x = 4m$ ← 集合 A は 4 の倍数の集合なので，その要素 x は $4 \times$ (整数) と表せる

と表せる (m は整数)。

このとき，

$x = 2 \times 2m$ ← $2 \times$ (整数)の形で表せる

と変形できるので，$x \in B$ である。

よって，A の任意の要素 x に対して，$x \in B$ が成り立つので，

$A \subset B$

◎和集合，共通部分，補集合

集合の演算$\cap$，$\cup$と補集合では，どの部分を指すかを見抜けるようにしてください。

問題 1-3

易 ■□□ 難

全体集合を $U = \{1, 2, 3, 4, 5, 6, 7, 8, 9, 10\}$，その部分集合 A, B をそれぞれ $A = \{2, 4, 6, 8, 10\}$，$B = \{5, 10\}$ とする。このとき，次の集合をそれぞれ求めよ。

(1) $A \cap \overline{B}$　(2) $\overline{A} \cap B$　(3) $A \cup \overline{B}$

(4) $\overline{A} \cap \overline{B}$　(5) $\overline{\overline{A} \cup B}$

方針

集合の要素をベン図に書きこんで考えます。(4)，(5)は次のド・モルガンの法則を使います。

ド・モルガンの法則

(i) $\overline{A \cup B} = \overline{A} \cap \overline{B}$ ← 長いバー(——)を短いバー2つに分けると

(ii) $\overline{A \cap B} = \overline{A} \cup \overline{B}$ ← ∩と∪が逆になる

問題 1-3 の解答

ベン図の中に集合の要素を書きこむと，右図のようになる。

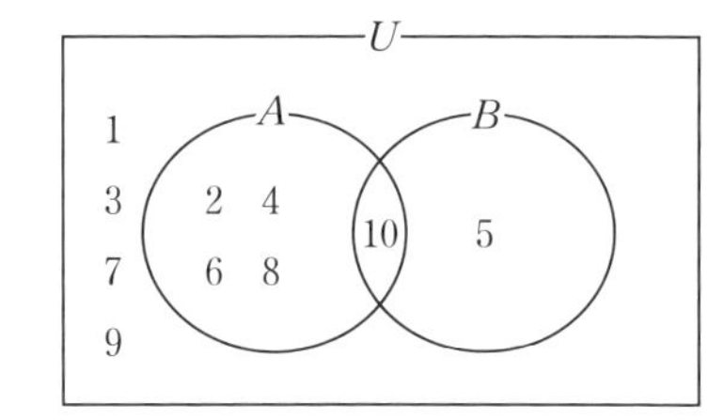

(1) $A \cap \overline{B} = \{2,\ 4,\ 6,\ 8\}$

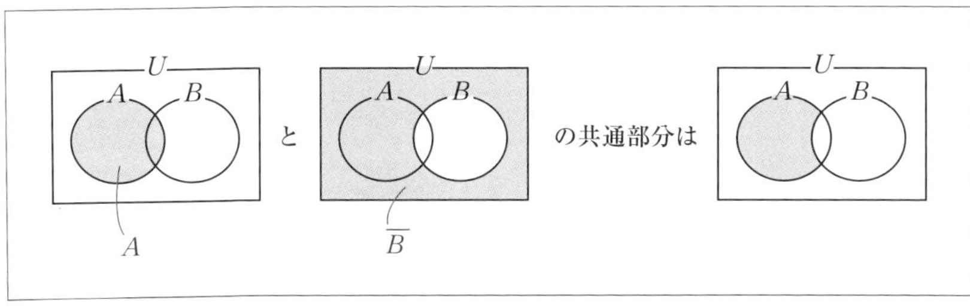

(2) $\overline{A} \cap B = \{5\}$

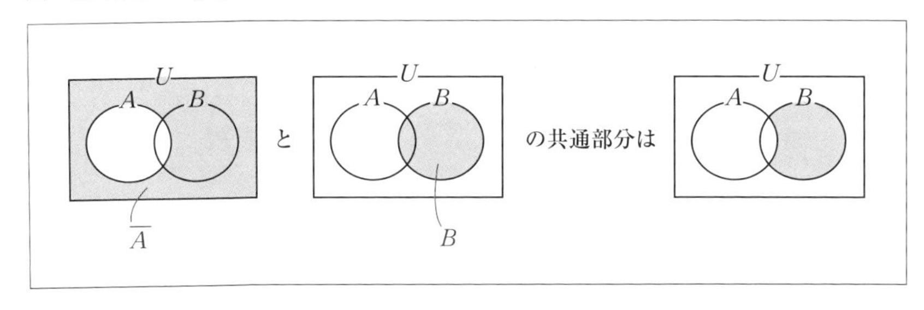

(3)　$\boldsymbol{A} \cup \overline{\boldsymbol{B}} = \{1,\ 2,\ 3,\ 4,\ 6,\ 7,\ 8,\ 9,\ 10\}$ ← 5 以外（下の**コメント**参照）

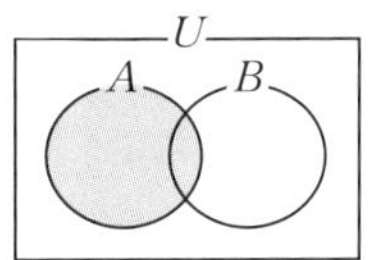

と

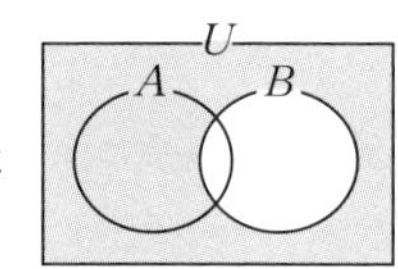

の和集合は

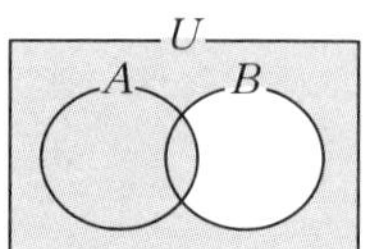

コメント

ド・モルガンの法則より，

$$\overline{A \cup \overline{B}} = \overline{A} \cap \overline{\overline{B}}$$

$$= \overline{A} \cap B \leftarrow \overline{\overline{B}} = B$$

これより，(3)の補集合が(2)とわかります。

(4)　ド・モルガンの法則より，

$$\overline{\boldsymbol{A}} \cap \overline{\boldsymbol{B}} = \overline{A \cup B}$$

$$= \{1,\ 3,\ 7,\ 9\}$$

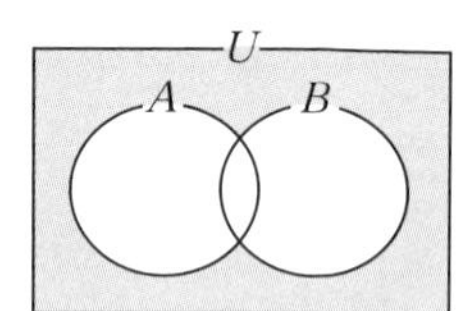

(5)　ド・モルガンの法則より，

$$\overline{\overline{\boldsymbol{A}} \cup \boldsymbol{B}} = \overline{\overline{A}} \cap \overline{B}$$

$$= A \cap \overline{B} \qquad \leftarrow \overline{\overline{A}} = A$$

$$= \{2,\ 4,\ 6,\ 8\}$$ ← (1)と同じ集合

問題 1-4

易 ■■□□ 難

2 つの集合

$$A = \{2,\ 5a - a^2,\ 6\},\ B = \{3,\ 4,\ 3a - 1,\ a + b\}$$

がある。

(1)　4 が $A \cap B$ の要素であるとき，a の値を求めよ。

(2)　$A \cap B = \{4,\ 6\}$ であるとき，a，b の値の組 $(a,\ b)$ を求めよ。

（千葉工大）

方針

(1)　4 が $A \cap B$ の要素とは

$$4 \in A \quad \textbf{かつ} \quad 4 \in B$$

を意味します。$4 \in B$ は明らかなので，$4 \in A$ となる条件を調べます。

(2)　$A \cap B = \{4,\ 6\}$ であるとき，4 は $A \cap B$ の要素です。←必要条件
よって，a は(1)で求めた値でなければいけません。あとは場合分けして，6 が $A \cap B$ の要素になる条件を調べます。このとき，4，6 以外の数が $A \cap B$ の要素になってはいけないことに注意してください。

問題 1-4 の解答

(1)　$4 \in A$ であればよい。 ← 方針参照

条件は

$5a - a^2 = 4$ ← 条件は $5a - a^2$ が 4 になること

$a^2 - 5a + 4 = 0$

$(a - 1)(a - 4) = 0$

$\therefore\ \boldsymbol{a = 1,\ 4}$

(2)　$A \cap B = \{4,\ 6\}$ であるとき，$4 \in A \cap B$ である。

よって，(1)より，$a = 1,\ 4$ でなければならない。

case1　$a = 1$ のとき

このとき，

$A = \{2,\ 4,\ 6\}$，$B = \{3,\ 4,\ 2,\ 1 + b\}$

であるから，$2 \in A \cap B$ となり不適。 ← $A \cap B = \{4,\ 6\}$ に不適

case2　$a = 4$ のとき

このとき，

$A = \{2,\ 4,\ 6\}$，$B = \{3,\ 4,\ 11,\ 4 + b\}$

より，$A \cap B = \{4,\ 6\}$ となるためには

$4 + b = 6$

であればよい。 ← $4 + b = 6$ であれば，$A \cap B = \{4,\ 6\}$

$\therefore\ b = 2$

以上より，求める答は

$\boldsymbol{(a,\ b) = (4,\ 2)}$

◎有限集合の要素の個数（数学A）

有限集合 A に対し，$n(A)$ で A の要素の個数を表します。

例 $A=\{2,\ 4,\ 6,\ 8,\ 10\}$ のとき，$n(A)=5$

問題 1-5

易 難

集合 A，B が全体集合 U の部分集合で，$n(U)=100$，$n(A)=30$，$n(B)=55$, $n(A\cap B)=15$ であるとき，次の集合の要素の個数を求めよ。

(1) $\overline{A}$　(2) $A\cup B$　(3) $\overline{A}\cap B$

(4) $A\cap\overline{B}$　(5) $\overline{A}\cup B$

方針

次の公式を利用します。

集合の要素の個数に関する公式

(i) $n(\overline{A})=n(U)-n(A)$

(ii) $n(A\cup B)=n(A)+n(B)-n(A\cap B)$

問題 1-5 の解答

(1) $n(\overline{A})=n(U)-n(A)$

$=100-30$

$=\mathbf{70}$

(2) $n(A\cup B)=n(A)+n(B)-n(A\cap B)$

$=30+55-15$

$=\mathbf{70}$

(3) $n(\overline{A} \cap B) = n(B) - n(A \cap B)$
$= 55 - 15$
$= \mathbf{40}$

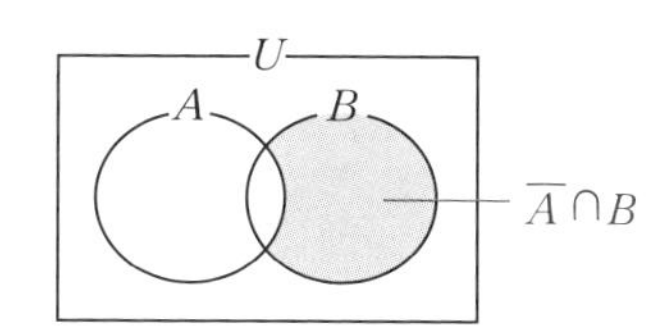

(4) $n(A \cap \overline{B}) = n(A) - n(A \cap B)$
$= 30 - 15$
$= \mathbf{15}$

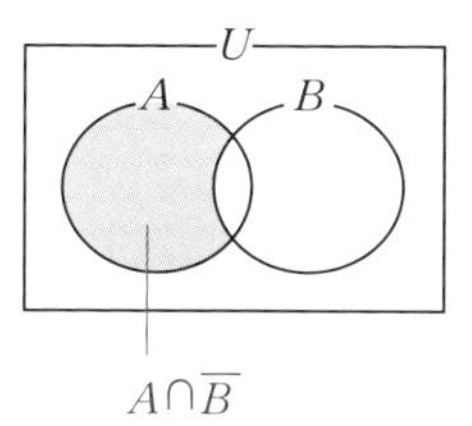

(5) $n(\overline{A} \cup B) = n(\overline{A}) + n(B) - n(\overline{A} \cap B)$ ← 公式(ii)
$= 70 + 55 - 40$ ← (1), (3)を利用
$= \mathbf{85}$

コメント

(5)は補集合を利用する方法もあります。

問題 1-5 (5)の別解

ド・モルガンの法則より,

$\overline{\overline{A} \cup B} = \overline{\overline{A}} \cap \overline{B}$
$= A \cap \overline{B}$ …① ← $\overline{\overline{A}} = A$

よって,

$n(\overline{A} \cup B) = n(U) - n(\overline{\overline{A} \cup B})$ ← 公式(i)
$= n(U) - n(A \cap \overline{B})$ ← ①より
$= 100 - 15$ ← (4)を利用
$= \mathbf{85}$

◎集合の相等

整数の問題では，2つの集合が同じ集合であることを利用することが度々あります。2つの集合の相等は次で定義されます。

集合の相等

2つの集合 A, B に対し，

$A \subset B$ かつ $B \subset A$

のとき，A と B は等しいといい，$A = B$ と表す。

例 $A = \{1, 2, 4\}$, $B = \{x \mid x$ は4の正の約数$\}$ のとき，

$A \subset B$ ← $1 \in B$, $2 \in B$, $4 \in B$ より，$A \subset B$

であり，

$B \subset A$ ←

でもあるから，$A = B$

集合 B の任意の要素を x とすると，x は4の正の約数なので，x は1か2か4のどれかに等しい。
よって，$x \in A$
したがって，$B \subset A$

問題 1-6

易 ▪▪▮ 難

次の集合 A, B について，$A = B$ であることを示せ。

$A = \{x \mid x$ は整数$\}$

$B = \{2m + 3n \mid m, n$ は整数$\}$

方針

$B \subset A$ は明らかなので，$A \subset B$ をどう証明するかがポイントになります。そのためには，任意の整数(＝集合 A の任意の要素) x が

$x = 2m + 3n$ (m, n は整数) …(☆)

と表されることを示さなければなりません。

そこで，まず1が

$1 = 2m + 3n$ (m, n は整数) …①

と表されることを示します。

それができれば，①の両辺を x 倍することにより，x が(☆)の形で表されることが証明できます。

問題 1-6 の解答

(step1)　$B \subset A$ の証明

集合 B の任意の要素 x は

$x = 2m + 3n$

と表せる。$2m + 3n$ は整数であるから，← m，n が整数なので，$2m + 3n$ も整数

$x = 2m + 3n \in A$

よって，$B \subset A$

(step2)　$A \subset B$ の証明

$1 = 2 \cdot (-1) + 3 \cdot 1$ …①

より，$1 \in B$ である。← $m = -1$，$n = 1$ とすると，$1 = 2m + 3n$ と表せる

ここで，集合 A の任意の要素 x をとると，x は整数であり，①より，

$x = 2 \cdot (-x) + 3 \cdot x$ ← ①の両辺を x 倍した

であるから，

$x = 2m + 3n$ ← $m = -x$，$n = x$ とすればよい（x は整数なので，m，n は整数）

と表される。よって，$x \in B$ である。

したがって，$A \subset B$

以上，**(step1)**，**(step2)** より，

$A = B$

コメント

一般に a と b が互いに素な整数とするとき，

$\{x \mid x \text{は整数}\} = \{am + bn \mid m,\ n \text{は整数}\}$

が成り立ちます（p.97 の定理を利用して **問題 1-6** と同様に証明します）。↙ **問題 6-8**，**問題 20-6**

A，B が有限集合のときは，次を利用する場合もあります。

集合の相等（有限集合のとき）

2 つの有限集合 A，B が

$B \subset A$　かつ　$n(A) = n(B)$

であれば，$A = B$ である。

第2章 命題と論証

正しい(真)か正しくない(偽)かが明確に定まる式や文が命題です。

・「$3+4=7$」は命題であり，真
・「5は3の倍数である」は命題であり，偽
・「1000は大きな数である」は命題ではない。 ← 正しいか正しくないかがあいまいなものは命題でない

本書では，p ならば q（$p \Rightarrow q$）の形の命題を中心に扱います（p, q は条件）。
↑ p を仮定，q を結論という

$p \Rightarrow q$ が真であるとは，

p が成り立ついかなる場合においても q が成り立つ

ことをいいます。次の2つの 例 で確認してください。

命題「x が3以下の自然数（p）　ならば　x^2 は10より小さい（q）」の真偽。

(答)

$x=1$ のとき，$x^2(=1)$ は10より小さい（q は成り立つ）。
$x=2$ のとき，$x^2(=4)$ は10より小さい（q は成り立つ）。
$x=3$ のとき，$x^2(=9)$ は10より小さい（q は成り立つ）。

以上により，p が成り立ついかなる場合においても q が成り立つので，命題は真。

例

命題「x が3以下の自然数（p）　ならば　$2x^2$ は10より小さい（q）」の真偽。

(答)

$x=1$ のとき，$2x^2(=2)$ は10より小さい（q は成り立つ）。
$x=2$ のとき，$2x^2(=8)$ は10より小さい（q は成り立つ）。
$x=3$ のとき，$2x^2(=18)$ は10より小さくない（q は成り立たない）。

以上により，命題は偽。

このように，p は成り立つが q が成り立たない例（この場合は $x=3$）が少なくとも1つ存在する場合（つまり，反例が1つでも存在する場合），命
↖ p が成り立つが q が成り立たない例

題は偽となります。

　このように考えると，命題の真偽は

$\begin{cases} \text{真…反例が存在しないもの} \\ \text{偽…反例が少なくとも1つ存在するもの} \end{cases}$

ととらえることもできます。偽であることの証明は，次のように反例を1つあげておけばO.K.です。

次の命題が偽であることを示せ。

「自然数nが6の倍数かつ8の倍数（p）であれば　nは48の倍数である（q）」

（答）　反例：$n = 24$ ← pが成り立つがqが成り立たない例が1つでもあれば，偽

問題 2-1

易■□□難

　次の命題を証明せよ。

(1)　xが5以下の自然数ならば，$x^2 - 6x < 0$である。

(2)　整数nが4の倍数ならば，nは2の倍数である。

方針

(1)　xが5以下の自然数は，$x = 1$，2，3，4，5の5つしかありません。そのすべてで$x^2 - 6x < 0$であることを示します。

(2)　整数nが4の倍数なので，$n = 4m$（mは整数）と表せます。任意のmに対し，nが2の倍数であることを示します。

問題 2-1 の解答

(1)　$\begin{cases} 1^2 - 6 \cdot 1 < 0 \text{より，} x = 1 \text{のとき} x^2 - 6x < 0 \\ 2^2 - 6 \cdot 2 < 0 \text{より，} x = 2 \text{のとき} x^2 - 6x < 0 \\ 3^2 - 6 \cdot 3 < 0 \text{より，} x = 3 \text{のとき} x^2 - 6x < 0 \\ 4^2 - 6 \cdot 4 < 0 \text{より，} x = 4 \text{のとき} x^2 - 6x < 0 \\ 5^2 - 6 \cdot 5 < 0 \text{より，} x = 5 \text{のとき} x^2 - 6x < 0 \end{cases}$

したがって，xが5以下の自然数のとき，$x^2-6x<0$である。
（xが5以下の自然数：p，$x^2-6x<0$：q）
↖ pが成り立ついかなる場合においてもqが成り立つことが示された

(2) 仮定より，nは4の倍数なので，

$n=4m$

と表せる（mは整数）。このとき，

$n=2\times 2m$ ← 任意の整数mに対し，$2m$は整数であるから，$n=2\times 2m=2\times$（整数）の形

と変形できるので，nは2の倍数である。

したがって，整数nが4の倍数ならば，nは2の倍数である。
（整数nが4の倍数：p，nは2の倍数：q）
↖ pが成り立ついかなる場合においてもqが成り立つことが示された

コメント

問題 2-1 は，**問題 1-2** と同じなのですが，気付きましたか？
一般に$p\Rightarrow q$の命題の真偽は，集合の包含関係ととらえることができます。きちんと説明すると，次のようになります。

条件p，qを満たすものの集合をそれぞれP，Qで表すとき，

pが成り立ついかなる場合においてもqが成り立つ

（$p\Rightarrow q$が真）

ということは，

集合Pの任意の要素xに対して，$x\in Q$が成り立つ

（$P\subset Q$）

に対応します。よって，

命題「$p\Rightarrow q$」が真であることは　$P\subset Q$

が成り立つことと同じになります。これは，命題の真偽の判定に非常に有効です。

問題 2-2

易 ■ ■ ■ 難

　次の条件 p, q について，命題「$p \Rightarrow q$」の真偽を調べよ。ただし，x は実数とする。

(1)　$p : 2 < x < 3$　　　$q : x < 5$

(2)　$p : |x| < 2$　　　$q : x < 1$

(3)　$p : x^2 - 5x + 4 = 0$　　$q : x^2 \leqq 9$

方針

　1変数の方程式，不等式は数直線上の点の集合ととらえることができます。よって，集合におきかえて，$P \subset Q$ が成り立つかどうかを調べます。偽の場合，集合 $P \cap \overline{Q}$ の要素が反例です（$P \cap \overline{Q}$ の要素は，p は成り立ちますが q は成り立ちません）。

問題 2-2 の解答

　条件 p, q を満たすものの集合を P, Q で表す。

(1)　右図より，$P \subset Q$ である

から，命題は真。

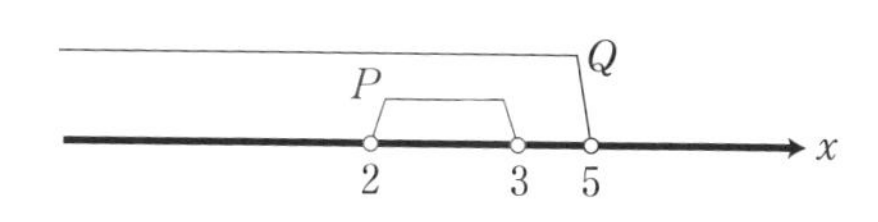

(2)　**偽**。反例は，$x = \dfrac{3}{2}$

$P \cap \overline{Q}$ の要素が反例

(3)　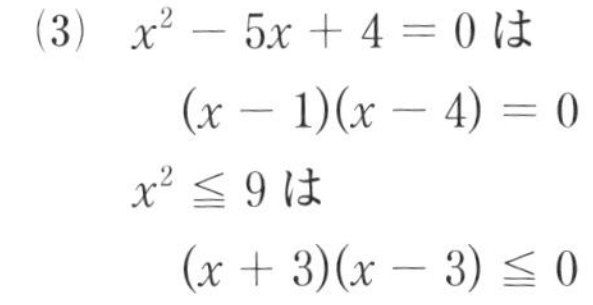

$x^2 - 5x + 4 = 0$ は

$(x - 1)(x - 4) = 0$

$x^2 \leqq 9$ は

$(x + 3)(x - 3) \leqq 0$

より，右図のようになる。

　よって，**偽**。反例は，$x = 4$ ← $P \cap \overline{Q}$ の要素が反例

コメント

偽であることを示す場合，「$P \not\subset Q$であるから，偽」と書いてもよいです。また，反例は1つあげておけばO.K. です（すべてを書く必要はありません）。

問題 2-3

易 ■■ 難

次の条件 p, q について，命題「$p \Rightarrow q$」の真偽を調べよ。ただし，x, y は実数とする。

(1)　$p : x^2 \leqq 5$　　　$q : x^2 + y^2 = 5$

(2)　$p : x + y \leqq 4$　　　$q : x \leqq 2$ かつ $y \leqq 2$

(3)　$p : x + y < 0$　　　$q : x < 0$ または $y < 0$　　　((3)茨城大)

方針

数学Ⅱの領域を利用します。

2変数 x, y の方程式，不等式は座標平面上の点の集合としてとらえることができます。よって，集合におきかえて，$P \subset Q$ かどうかを調べます。

問題 2-3 の解答

条件 p, q を満たすものの集合を P, Q と表す。

(1)　右図より，$P \not\subset Q$であるから，命題は偽。 ← 反例は，$(x, y) = (1, 0)$

$x^2 \leqq 5$ は $-\sqrt{5} \leqq x \leqq \sqrt{5}$ となるので，2直線 $x = \sqrt{5}$ と $x = -\sqrt{5}$ にはさまれた領域

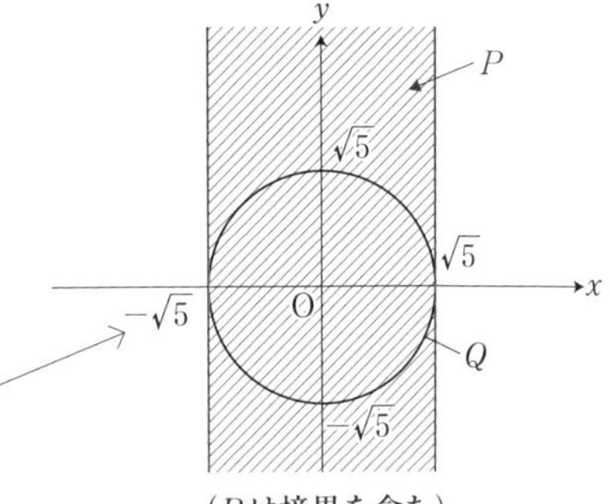

（Pは境界を含む）

(2) **偽**。反例は，$(x,\ y)=(0,\ 4)$ ← $P\cap\overline{Q}$ の要素が反例

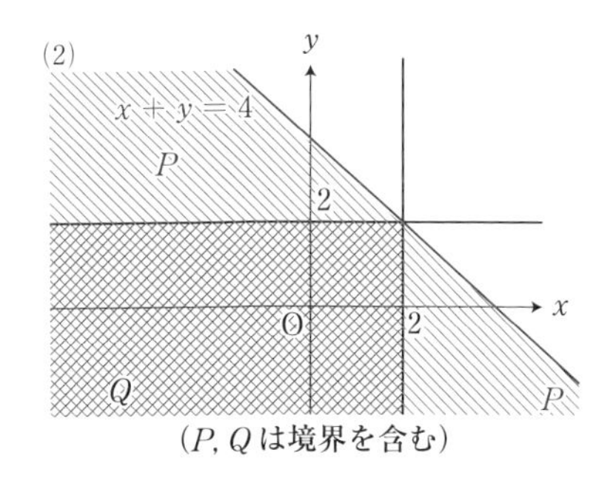

(P, Q は境界を含む)

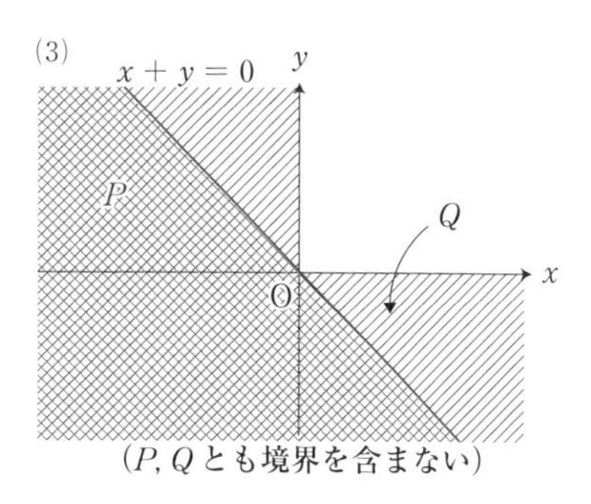

(P, Q とも境界を含まない)

(3) 右上図より，$P\subset Q$ であるから，
命題は真。

◎有理数と無理数

ここで，有理数と無理数の復習をしましょう。

> 有理数…$\dfrac{整数}{整数}$ と表すことのできる数 ← 分母は 0 以外の整数です
>
> 無理数…実数（数直線上の数）のうち，有理数でないもの
> $\left(\text{つまり，実数のうち，}\dfrac{整数}{整数}\text{の形で表せないもの}\right)$

例

・3 は $\dfrac{3}{1}$ と表されるので，有理数 ← 同様に，整数は有理数

・0.25 は $\dfrac{25}{100}=\dfrac{1}{4}$ と表されるので，有理数 ← 同様に，有限小数は有理数

・0.333… は $\dfrac{1}{3}$ と表されるので，有理数 ← 同様に，循環小数は有理数

・$\sqrt{2}$ は $\dfrac{整数}{整数}$ の形で表せないので，無理数 ← 問題 2-9 参照

有理数には，次の性質があります。この性質を有理数は加減乗除について閉じているといいます。

↖ 計算結果が再びその集合内の要素であることを閉じているといいます

有理数の性質

(i) 2つの有理数の和は有理数である。

(ii) 2つの有理数の差は有理数である。

(iii) 2つの有理数の積は有理数である。

(iv) 2つの有理数の商は有理数である。← 除法では0で割ることを除きます

- $\dfrac{1}{3}+\dfrac{2}{5}=\dfrac{11}{15}$ ← 2つの有理数の和は必ず $\dfrac{\text{整数}}{\text{整数}}$ の形で表される
- $\dfrac{2}{3}-\dfrac{1}{4}=\dfrac{5}{12}$ ← 2つの有理数の差は必ず $\dfrac{\text{整数}}{\text{整数}}$ の形で表される
- $\dfrac{1}{2}\times\dfrac{3}{5}=\dfrac{3}{10}$ ← 2つの有理数の積は必ず $\dfrac{\text{整数}}{\text{整数}}$ の形で表される
- $\dfrac{4}{3}\div\dfrac{5}{2}=\dfrac{8}{15}$ ← 2つの有理数の商は必ず $\dfrac{\text{整数}}{\text{整数}}$ の形で表される

問題 2-4

易 ■■ 難

次の命題の真偽を調べよ。ただし，a，b，c は実数とする。

(1) $a \geqq 0$ かつ $ab \geqq ac$ ならば，$b \geqq c$ である。　（宮城教大・改）

(2) a，b が有理数で，$ac=b$ ならば，c は有理数である。

方針

(1) $a>0$ のときは，$ab \geqq ac$ の両辺を a で割ることにより，

$b \geqq c$ ← $a>0$ より，不等号の向きは変わらない

が成り立つことがわかります。ということは，もし反例があるとしたら，$a=0$ の場合しかありません。$a=0$ の場合，この命題が真か偽か（つまり，反例があるかどうか）考えてみてください。

(2) $a \neq 0$ のときは，$ac=b$ の両辺を a で割ると，

$c=\dfrac{b}{a}$ ← c は（有理数）÷（有理数）の形なので有理数

となり，c は有理数です。ということは，もし反例があるとしたら，

$a = 0$ の場合しかありません（このとき，$ac = b$ より，b も 0 になる）。よって，$a = b = 0$ のときにこの命題が真か偽かを考えます。

問題 2-4 の解答

(1) 偽。反例は，$a = 0$，$b = 1$，$c = 2$

(2) 偽。反例は，$a = b = 0$，$c = \sqrt{2}$

◎逆，裏，対偶

次は，逆，裏，対偶の確認です。

命題の逆，裏，対偶

命題 $p \Rightarrow q$ に対して

$q \Rightarrow p$ を $p \Rightarrow q$ の逆　← 仮定と結論を逆にしたもの

$\overline{p} \Rightarrow \overline{q}$ を $p \Rightarrow q$ の裏　← 仮定と結論を否定したもの

$\overline{q} \Rightarrow \overline{p}$ を $p \Rightarrow q$ の対偶 ← 仮定と結論を逆にしてさらに否定したもの

という。

例 命題「$x = 2 \Longrightarrow x^2 = 4$」の

逆は　「$x^2 = 4 \Longrightarrow x = 2$」

裏は　「$x \neq 2 \Longrightarrow x^2 \neq 4$」

対偶は「$x^2 \neq 4 \Longrightarrow x \neq 2$」

命題「$p \Rightarrow q$」とその対偶「$\overline{q} \Rightarrow \overline{p}$」は真偽が一致します。これは集合の包含関係

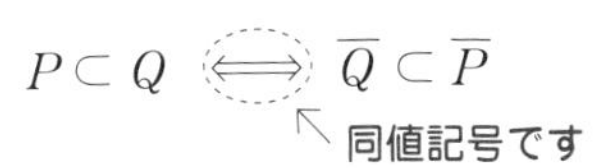

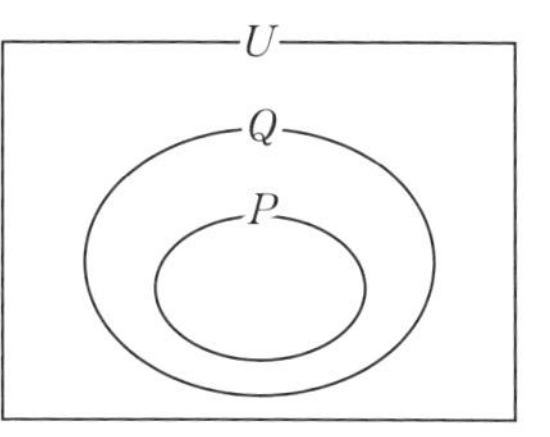

からわかります。同様に，逆「$q \Rightarrow p$」と裏「$\overline{p} \Rightarrow \overline{q}$」も真偽が一致します。 ← 逆の対偶が裏です

問題 2-5

易 ■ 難

a, bを実数とする。命題「$ab=0$ならば$a=0$かつ$b=0$」の逆，対偶を書き，それぞれの真偽を答えよ。　　　(鹿児島大)

方針

ド・モルガンの法則より，条件pかつq，pまたはqの否定は次のようになります。

$\overline{p\text{かつ}q}$　は　$\overline{p}$または$\overline{q}$
$\overline{p\text{または}q}$　は　$\overline{p}$かつ$\overline{q}$

問題 2-5 の解答

逆は

「$a=0$かつ$b=0$　ならば　$ab=0$」

で真。← $a=0$かつ$b=0$のとき，$ab=0\times0=0$

対偶は

「$a\neq0$または$b\neq0$　ならば　$ab\neq0$」

で偽。← 元の命題は偽である（反例：$a=2$, $b=0$）。よって，対偶も偽。

◎「すべて」と「ある（少なくとも1つ）」の否定

「すべてのxに対してpである」の否定は「少なくとも1つのxに対してpでない」になります。

また，pの否定を$\overline{p}$とするとき，$\overline{p}$の否定は$\overline{\overline{p}}=p$なので，「少なくとも1つの$x$に対して$p$である」の否定は「すべての$x$に対して$p$でない」になります。

「4つの整数a, b, c, dはすべて偶数である」の否定は
「4つの整数a, b, c, dのうち，少なくとも1つが奇数である」

例 「少なくとも1つのxに対して，$f(x) < 0$である」の否定は
「すべてのxに対して，$f(x) \geqq 0$である」

問題 2-6

易■■■難

次の命題の否定を述べよ。

(1) 少なくとも1つの整数nについて，$n^2 = 4$

(2) 任意の実数x，yに対して，$x^2 + y^2 \geqq 0$

問題 2-6 の解答

(1) **すべての整数nについて，$n^2 \neq 4$**

(2) **少なくとも1つの実数x，yについて，$x^2 + y^2 < 0$**

◎対偶証明法

命題「$p \Rightarrow q$」を証明する場合，その対偶「$\overline{q} \Rightarrow \overline{p}$」の方が簡単に証明できる場合があります。「$p \Rightarrow q$」と「$\overline{q} \Rightarrow \overline{p}$」は真偽が一致するので,「$\overline{q} \Rightarrow \overline{p}$」が証明できれば,「$p \Rightarrow q$」も証明されたことになります。このようにして「$p \Rightarrow q$」を証明する方法を対偶証明法といいます。

問題 2-7

易■■■難

nは整数とする。次の命題を証明せよ。

n^2が偶数ならばnは偶数である …(☆)

方針

直接証明しようと考えて，

$n^2 = 2k$ **（kは整数）**

とおいても手づまりです（nがどうなるかはわかりません）。このような場合，対偶の活用を考えます。

(☆)の対偶は

「n が奇数ならば n^2 は奇数である」
です。このとき，仮定より，$n = 2k - 1$（k は整数）と表せるので，両辺を 2 乗することにより，n^2 が奇数であることを示すことができます。

問題 2-7 の解答

(☆) の対偶

「n が奇数ならば n^2 は奇数である」

を示す。仮定より，n は奇数であるから，

$n = 2k - 1$　(k は整数)

と表せる。このとき，

$$\begin{aligned} n^2 &= (2k-1)^2 \\ &= 4k^2 - 4k + 1 \\ &= 2(2k^2 - 2k) + 1 \leftarrow (2\text{ の倍数}) + 1\text{ の形} \end{aligned}$$

となるので，n^2 は奇数である。

よって，対偶が示されたので，もとの命題も真。

コメント

本問は p.142 の素数の性質(i)からもわかります。

◎背理法

最後は背理法のおさらいです。ある命題を証明するときに，

その命題が成り立たないと仮定し，矛盾を導く

ことにより，その命題が成り立つことを証明する方法が背理法です。

例　a は 0 でない実数とする。次の命題を証明せよ。

$ax = 0$　ならば　$x = 0$

（答）　背理法で示す。$x \neq 0$ と仮定する。← $x = 0$ が成り立たないと仮定する

このとき，$ax = 0$ の両辺を x で割ると，← $x \neq 0$ より，x で割ってよい

$a = 0$

仮定より，$a \neq 0$ であるから，これは矛盾。

したがって，

$x = 0$ ← $x \neq 0$ とすると矛盾が起こったので $x = 0$

背理法の有名な問題を 2 つほど。どちらも理解できたら，証明を覚えてしまうくらい読みこんでください。

問題 2-8

易 ■■ 難

(1) 有理数 a，b に対して，$a + b\sqrt{2} = 0$ ならば $a = b = 0$ であることを証明せよ。ただし，$\sqrt{2}$ が無理数であることは証明なしに用いてよい。

(2) $(a + \sqrt{2})(b + 2\sqrt{2}) = 6 + 4\sqrt{2}$ を満たす有理数 a，b を求めよ。

（鳥取大・改）

方針

(1) 背理法を用いて，$b = 0$ を証明します。$b = 0$ が証明できれば，$a + b\sqrt{2} = 0$ に代入することにより，$a = 0$ も導くことができます。

(2) 与えられた式の左辺を展開し，

$\bigcirc + \triangle\sqrt{2} = 0$ （○，△は有理数）

の形に変形し，(1)を利用します。

問題 2-8 の解答

(1) $b = 0$ を背理法で示す。$b \neq 0$ と仮定する。← $b = 0$ が成り立たないと仮定する

このとき，$a + b\sqrt{2} = 0$ の両辺を b で割ると，← $b \neq 0$ より b で割ってよい

$$\frac{a}{b} + \sqrt{2} = 0$$

$$\therefore \sqrt{2} = -\frac{a}{b}$$

a，b は有理数なので $-\frac{a}{b}$ も有理数 (p.24)

左辺は無理数，右辺は有理数であるから，これは矛盾。

したがって，

$b=0$ ← $b \neq 0$ と仮定すると矛盾が起こったので $b=0$

これを，$a+b\sqrt{2}=0$ に代入して，

$a=0$

以上より，

$a=b=0$

(2) $(a+\sqrt{2})(b+2\sqrt{2})=6+4\sqrt{2}$

より，

$ab+4+2a\sqrt{2}+b\sqrt{2}=6+4\sqrt{2}$

$\therefore\ (ab-2)+(2a+b-4)\sqrt{2}=0$

$ab-2$，$2a+b-4$ は有理数であるから，(1)より，

$ab-2=0$，$2a+b-4=0$ ↖ p.24

これを解くと，

$a=1$，$b=2$

↑計算部分

$$\begin{cases} ab-2=0 & \cdots① \\ 2a+b-4=0 & \cdots② \end{cases}$$

②より，$b=-2a+4$

①に代入すると，

$a(-2a+4)-2=0$

$a^2-2a+1=0$

$(a-1)^2=0$

$\therefore\ a=1$

よって，$(a,\ b)=(1,\ 2)$

コメント

(1)は次の形で使うこともあります。

> 有理数 a, b, c, d に対して,
> $a+b\sqrt{2}=c+d\sqrt{2}$ ならば $a=c$, $b=d$

(証明)

$a+b\sqrt{2}=c+d\sqrt{2}$ より,

$(a-c)+(b-d)\sqrt{2}=0$

↙ p.24

$a-c$, $b-d$ は有理数であるから, 問題 2-8 (1)より,

$a-c=b-d=0$

$\therefore\ a=c$, $b=d$

問題 2-9

易 ■■□ 難

$\sqrt{2}$ は無理数であることを証明せよ。

方針

無理数は「実数のうち, 有理数ではない数」のことです。よって, 背理法を用いて「有理数である」と仮定して矛盾を導きます。このように「〜ではない」ことの証明には背理法が有効になることが多いです。

また, $\sqrt{2}$ が有理数であると仮定すると,

$$\sqrt{2}=\frac{n}{m}\quad (m,\ n \text{ は自然数})$$

と表されます。← 有理数は $\dfrac{\text{整数}}{\text{整数}}$ と表される数

ここで，m と n は互いに素としてよいことに注意してください。

↑理由

例えば，

$$\frac{n}{m}=\frac{14}{10} \text{ ならば } \frac{n}{m}=\frac{7}{5}$$

$$\frac{n}{m}=\frac{60}{45} \text{ ならば } \frac{n}{m}=\frac{4}{3}$$

このように，すべての有理数は既約分数（分母，分子がこれ以上約分できない整数である分数）として表せる!!

これより，矛盾を導きます。

問題 2-9 の解答

背理法で示す。$\sqrt{2}$ が有理数であると仮定すると，

$$\sqrt{2}=\frac{n}{m} \quad (m \text{ と } n \text{ は互いに素な自然数})$$

と表される。これより，

$n=m\sqrt{2}$

$\therefore\ n^2=2m^2 \cdots①$ ← $n^2=2\times$(整数) の形なので，n^2 は偶数

n^2 は偶数であるから，n は偶数。← 問題 2-7

よって，

$n=2n_1$ (n_1 は自然数)

とおける。これを①に代入すると，

$(2n_1)^2=2m^2$

$\therefore\ m^2=2{n_1}^2$ ← $m^2=2\times$(整数) の形なので，m^2 は偶数

m^2 は偶数であるから，m は偶数。← 問題 2-7

よって，m と n は 2 を公約数にもつので，m と n が互いに素であることに矛盾。

したがって，$\sqrt{2}$ は無理数である。

コメント

別証明が p.267 にあります。

◎オマケ

対偶証明法は背理法とみなすことができます。

「$p \Rightarrow q$」の証明において，q でないと仮定します。

このとき，対偶「$\overline{q} \Rightarrow \overline{p}$」が真であれば，$q$ でないとき，$\overline{p}$ が成り立ちます。ところが仮定より，p が成り立つので $p \cap \overline{p}$ となり矛盾。よって，q が成り立つことがわかります。

例えば，**問題 2-7** を背理法で書くと次のようになります。

> 背理法で示す。n が奇数であると仮定する。← q でないと仮定する
> このとき，
> $n = 2k - 1$　(k は整数)
> と表される。ここで
> $$n^2 = (2k-1)^2$$
> $$= 4k^2 - 4k + 1$$
> $$= 2(2k^2 - 2k) + 1$$
> より，n^2 は奇数である。← $\overline{q}$ より $\overline{p}$ を導いた（対偶を証明した）
> 仮定より，n^2 は偶数であるから，これは矛盾。← $p \cap \overline{p}$ となり矛盾
> したがって，n は偶数である。← q が成り立つことがわかった

なお，**問題 2-9** のように「$p \Rightarrow q$」の形の命題でないときは，対偶証明法を使うことはできません（対偶証明法は背理法とみなせるが，背理法は対偶証明法とみなせるとは限らない）。

必要条件，十分条件と整数問題との関係

ここでは，必要条件，十分条件とその数学的意味を学びます。
まずは定義のおさらいから。

必要条件，十分条件

2つの条件 p，q について，　文中の主語が p
命題 $p \Rightarrow q$ が真のとき，p は q であるための十分条件であるという。
命題 $p \Leftarrow q$ が真のとき，p は q であるための必要条件であるという。

必要条件，十分条件の判定では，どちらが主語なのかに注意してください。上の定義では p が文中の主語です。つまり，

・十分条件であるとは，矢印が主語から出る命題が真のとき
・必要条件であるとは，矢印が主語に向かう命題が真のとき

となります（ということは，p と q を逆にすると必要条件と十分条件は逆になります)。ちょっと確認してみましょう。

問題 3-1

易　難

次の空欄に「必要」，「十分」のどちらかを埋めよ。ただし，p，q は条件とする。

(1)　命題 $p \Rightarrow q$ が真のとき，
　p は q であるための［ア］条件であり，
　q は p であるための［イ］条件である。

(2)　命題 $p \Leftarrow q$ が真のとき，
　p は q であるための［ウ］条件であり，
　q は p であるための［エ］条件である。

(3)　命題 $p \Rightarrow q$ が真で，命題 $p \Leftarrow q$ が偽のとき，p は q であるための［オ］条件であるが，［カ］条件ではない。

(4)　命題 $p \Rightarrow q$ が偽で，命題 $p \Leftarrow q$ が真のとき，p は q であるための［キ］条件であるが，［ク］条件ではない。

方針

(1) [ア] は主語が p で，[イ] は主語が q であることに注意してください。(2)も同様です。

問題 3-1 の解答

(1) [ア] ＝十分，[イ] ＝必要
(2) [ウ] ＝必要，[エ] ＝十分
(3) [オ] ＝十分，[カ] ＝必要
(4) [キ] ＝必要，[ク] ＝十分

ここまでは，単なる知識の問題。必要条件，十分条件の判定では，命題の真偽の判定が重要です。

例 $p : x = 2$，$q : x^2 = 4$ のとき

$\begin{cases} p \Rightarrow q \text{ は真} \\ p \Leftarrow q \text{ は偽} \end{cases}$

$p \Rightarrow q$ は真 ← $x = 2$ ならば x の 2 乗は 4 だから真
$p \Leftarrow q$ は偽 ← 反例：$x = -2$

なので，p は q であるための十分条件であるが必要条件ではない。

例 $p : ab = 0$，$q : a = 0$ または $b = 0$ のとき

$p \Rightarrow q$ は真 ← $ab = 0$ ならば，a，b の少なくとも一方は 0 なので真
$p \Leftarrow q$ は真 ← $a = 0$ または $b = 0$ ならば，ab は 0 なので真

なので，p は q であるための必要十分条件（$p \Leftrightarrow q$ と表す）。

↖ p と q は同値であるといいます

問題 3-2

易 ■ 難

次の２つの条件 p, q について,

　p は q であるための [　　] 。

(1)〜(4)のそれぞれの場合について，空欄に当てはまるものを下の①〜④のうちから１つずつ選べ。ただし，n は整数，x は実数とする。

(1)　p：n が６の倍数　　　　q：n は３の倍数

(2)　p：$1 < x < 2$　　　　q：$0 < x < 3$

(3)　p：$0 < x < 2$　　　　q：$1 < x < 3$

(4)　p：$x^2 - 4x + 3 > 0$　　　　q：$x^2 > 9$

① 必要十分条件である

② 必要条件であるが，十分条件ではない

③ 十分条件であるが，必要条件ではない

④ 必要条件でも十分条件でもない

((1)，(4)駒澤大)

方針

第２章 で学んだように，真偽の判定には集合の包含関係を利用するのが便利です。p, q を満たすものの集合をそれぞれ P, Q とするとき，

p は q であるための十分条件であるとは，$p \Rightarrow q$ が真ということなので，集合の包含関係は

$P \subset Q$

一方，p は q であるための必要条件であるとは，$p \Leftarrow q$ が真ということなので，集合の包含関係は

$Q \subset P$

となります。

問題 3-2 の解答

p, q を満たすものの集合をそれぞれ P, Q とする。

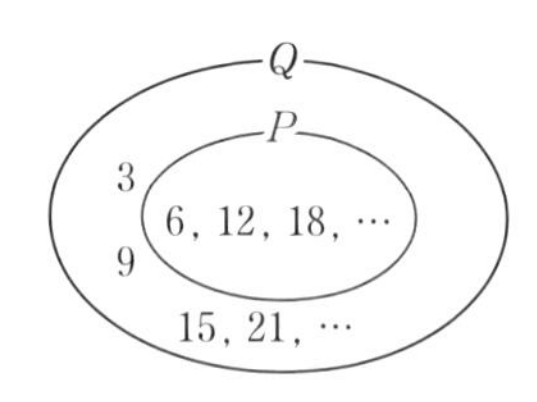

(1)　$P \subset Q$ であるから（右図），

　③

(2) $P \subset Q$であるから（右図），

③

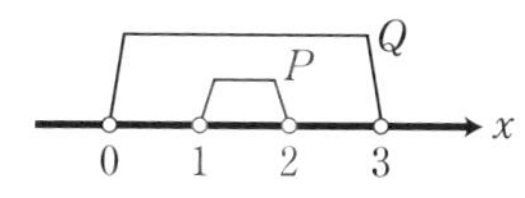

PはQに含まれない，
QもPに含まれない

(3) $P \not\subset Q$，$Q \not\subset P$であるから（右図），

④

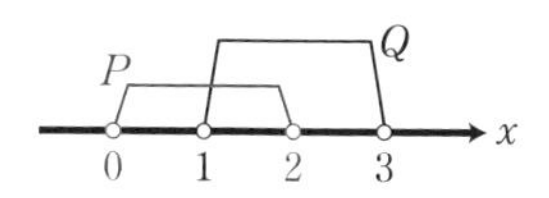

(4) pは$(x-1)(x-3)>0$より，

$x<1$，$x>3$

qは$(x+3)(x-3)>0$より，

$x<-3$，$x>3$

よって，$Q \subset P$であるから（右図），

②

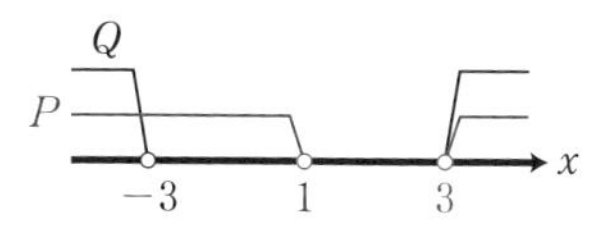

問題 3-3

易 難

次の空欄に当てはまるものを下の①～④のうちから1つずつ選べ。

(1) a，bがともに有理数であることは，$a+b$が有理数であるための□。

(2) a，bがともに有理数であることは，abが有理数であるための□。

(3) 整数a，bがともに奇数であることは，abが奇数であるための□。

(4) 整数a，bがともに偶数であることは，abが偶数であるための□。

(5) △ABCと△PQRの面積が等しいことは，△ABCと△PQRが合同であるための□。

(6) x，yを実数とする。すべてのxに対し$xy=0$であることは，$y=0$であるための□。

① 必要十分条件である

② 必要条件であるが，十分条件ではない

③ 十分条件であるが，必要条件ではない

④ 必要条件でも十分条件でもない

((1)，(2)東京理大，(3)西南学院大，(5)慶大)

方針

今度は集合の包含関係が使えない（使いにくい）問題です。それぞれ $p \Rightarrow q$ と $p \Leftarrow q$ の真偽を調べます。

(1), (2)　a, b が有理数のとき，$a+b$ と ab は有理数なので (p.24)，十分条件であることは明らかです。必要条件であるかどうかを調べます。

(3), (4)　a, b の偶数，奇数の組合せは，2^2 $(=4)$ 通りあります。表にして調べます。

(5)　△ABC と△PQR が合同ならば，△ABC と△PQR は面積が等しいので，必要条件であることは明らかです。十分条件であるかどうかを調べます。

問題 3-3 の解答

(1)「a，b がともに有理数 $\Longrightarrow$ $a+b$ が有理数」は真。

「a，b がともに有理数 $\Longleftarrow$ $a+b$ が有理数」は偽。

↑ 反例は $a=\sqrt{2}$，$b=-\sqrt{2}$

よって，③

(2)「a，b がともに有理数 $\Longrightarrow$ ab が有理数」は真。

「a，b がともに有理数 $\Longleftarrow$ ab が有理数」は偽。

↖ 反例は $a=b=\sqrt{2}$

よって，③

(3)

a	b	ab
偶数	偶数	偶数
偶数	奇数	偶数
奇数	偶数	偶数
奇数	奇数	奇数

← a，b の偶奇の組合せは左の 4 通り

これより，

a，b がともに奇数 $\Longleftrightarrow$ ab が奇数

↙ a，b がともに奇数のとき，ab は奇数
逆に，ab が奇数となるのは，a，b がともに奇数のとき

であるから，求める答は，①

(4)　(3)の表より，

「a，b がともに偶数 $\Longrightarrow$ ab が偶数」は真。

「a，b がともに偶数 $\Longleftarrow$ ab が偶数」は偽。← 反例は $a=2$，$b=3$
（一方が偶数で，他方が奇数であるものが反例）

よって，③

(5)「$\triangle$ABC と$\triangle$PQR の面積が等しい $\Longrightarrow$ $\triangle$ABC $\equiv$ $\triangle$PQR」は偽。

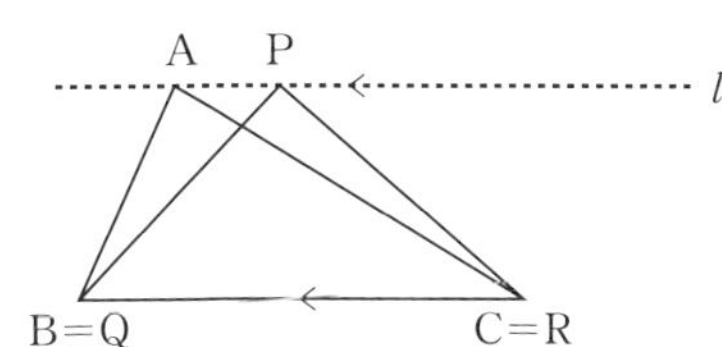

← B = Q，C = R とし，BC に平行な直線を l とする。l 上に A，P をとれば，$\triangle$ABC と$\triangle$PQR は面積は等しいが合同とは限らない

逆に，

「$\triangle$ABC と$\triangle$PQR の面積が等しい $\Longleftarrow$ $\triangle$ABC $\equiv$ $\triangle$PQR」は真。

よって，②

↖ 合同ならば明らかに面積は等しい

(6) すべての x に対して，$xy = 0$ のとき，$x = 1$ とすることにより，

$y = 0$

$\therefore$「すべての x に対して $xy = 0 \Longrightarrow y = 0$」は真。

逆に，$y = 0$ のとき，すべての x に対して，

$xy = x \cdot 0 = 0$

$\therefore$「すべての x に対して $xy = 0 \Longleftarrow y = 0$」も真。

よって，①

コメント

a が偶数，b が奇数であることを（偶，奇）のように表すと，(4)の集合 P と集合 Q の包含関係は右図のようになります。これより，$P \subset Q$ とわかります。

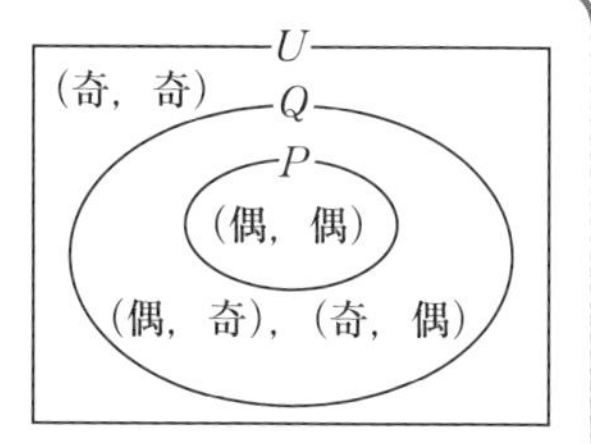

◎必要条件と整数問題の関わり

この章の最後に，整数問題を解くときの，必要条件の重要性について触れておきます。なお，この部分は本書全体の根幹部分なので，必要に応じて，何度も読み返してください。

q を問題の答とします。q に対する必要条件 p を見つけることができると，

命題 $p \Leftarrow q$ が真

です（必要条件の定義）。このとき，この命題の対偶も真なので，命題

$\overline{p} \Rightarrow \overline{q}$ も真

です。これは，次のことを意味します。

必要条件を満たさなければ，問題の答にはなりえない !!

例えば，次の問題を見てください（詳しい解答は p.125）。

> 方程式 $x^2 + y^2 = 5$ を満たす整数の組 $(x,\ y)$ を求めよ。

2 つの条件 p，q を

$$\begin{cases} p：-\sqrt{5} \leqq x \leqq \sqrt{5} \\ q：(x,\ y) \text{ は } x^2 + y^2 = 5 \text{ を満たす整数の組} \end{cases}$$ ← 問題の答

とおくと，p は q であるための必要条件です（ 問題 2-3 (1)の図より）。

これより，$x = \pm 3,\ \pm 4,\ \pm 5,\ \cdots$ のときは必要条件を満たさないので，$x^2 + y^2 = 5$ の整数解にはなりえないことがわかります。

例えば，$x = \pm 3$ のとき，
$9 + y^2 = 5$
$\therefore\ y^2 = -4$
となり不適です。
（他の数も同様に不適）

よって，

$x^2 + y^2 = 5$ の整数解を求めたければ， $x = 2,\ 1,\ 0,\ -1,\ -2$ の場合のみ調べればよい。…(☆) （他の場合は不適だから調べる必要はない）

とわかります（(☆) の作業を十分性の確認といいます）。

このように，必要条件 p が求まると，問題の答ではない所 $(\overline{p})$ を見つけることができるので，範囲を絞りこむことができるわけです。

第 4 章以降では，たくさんの必要条件が登場します。ここでは，細かい議論はあとまわしにして，必要条件の使い方の流れを追ってみてください。

↖なぜそうなるかは本書を読み進めるとわかります

a_1, a_2, a_3, b_1, b_2, b_3 をそれぞれ1から9までの整数とし, a_1, a_2, a_3, b_1, b_2, b_3 の中に同じ数がいくつあってもよいとする。$[a_1a_2a_3]$ は3桁(けた)の整数

$$a_1 \times 100 + a_2 \times 10 + a_3 \times 1$$

を表し, $[b_1b_2b_3]$ は3桁の整数

$$b_1 \times 100 + b_2 \times 10 + b_3 \times 1$$

を表し, $[b_1b_2b_326]$ は5桁の整数

$$b_1 \times 10000 + b_2 \times 1000 + b_3 \times 100 + 2 \times 10 + 6 \times 1$$

を表すとする。

p, q, r を次の条件とする。

p：$[a_1a_2a_3] - 1$ は50で割り切れる。

q：$[b_1b_2b_326]$ は $[a_1a_2a_3]$ の26倍である。

r：$[b_1b_2b_3]$ は整数の2乗ではない。

このとき, 以下の問いに答えよ。

(1) 命題「$q \Rightarrow p$」が真であれば証明し, 偽であれば反例をあげよ。

(2) 条件 q を満たす組 $(a_1, a_2, a_3, b_1, b_2, b_3)$ は何組あるか。

(3) 命題「$q \Rightarrow r$」が真であれば証明し, 偽であれば反例をあげよ。

((2)の発想の仕方)

この問題では, (1)より, p は q の必要条件であるとわかります。

よって, p を満たす9組（なぜ9組しかないのかは解答にあります）について q を満たすかどうか調べればオシマイです。↖

詳しくは 問題 20-5 の解答にあります
（今は読みとばしてください）

n を自然数とする。n, $n+2$, $n+4$ がすべて素数であるのは $n=3$ の場合だけであることを示せ。

この問題では, 仮定より n は素数です。したがって, n が3の倍数であることが示せれば, $n=3$ となります。← 理由は 問題 10-5 の解答にあります
（今は読みとばしてください）

よって,

$$\begin{cases} \text{(i)} & n \text{ が3で割って1余る数のとき} \\ \text{(ii)} & n \text{ が3で割って2余る数のとき} \end{cases}$$

の2つの場合が不適であることが示せれば,

n は3の倍数であることが必要条件

となってオシマイです。

n が3の倍数でないときは，不適（問題の答にはなりえない）
ということは
問題の答となるためには n が3の倍数であることが必要条件。
$(\overline{p} \Rightarrow \overline{q}$ が真なので，$p \Leftarrow q$ も真ということ）

m を2015以下の正の整数とする。${}_{2015}\mathrm{C}_m$ が偶数となる最小の m を求めよ。

本問は,条件を満たす最小の正の整数 m を求める問題です。ということは,理論上は $m = 1, 2, 3, \cdots$ と小さい順に調べればオシマイです。ただし,それでは非効率的です。そこで,

$m \leqq 31$ は不適 ←どうして31が出てくるのかは 問題 19-10 の解答にあります（今は読みとばしてください）

であることを示します。すると,

$m \geqq 32$ であることが必要条件

となり，$m = 32$ から順に調べていけばよいとわかります。

少しはイメージがつかめたでしょうか。
では，本書のメインテーマの整数に移りましょう。

第 4 章 約数と倍数

・4 は 12 の約数である
・12 は 4 の倍数である

これらは，小学校で習いました。約数，倍数をきちんと定義すると次のようになります。

約数と倍数

2 つの整数 a，b に対し，

$$a = bk$$

となる**整数** k が存在するとき，b は a の約数であるといい，a は b の倍数であるという。

$12 = 4k$ となる整数 k が存在する（$k = 3$ とすればよい）ので，4 は 12 の約数であり，12 は 4 の倍数である。

コメント

k は整数であることに注意してください。例えば，

$$12 = 7k \quad \cdots①$$

となる実数 k は存在します $\left(k = \dfrac{12}{7}\right)$ が，整数 k は存在しません。 ← 12 は 7 の倍数ではない

約数では負の整数も考えます。

12 の約数は

$$\underbrace{-12,\ -6,\ -4,\ -3,\ -2,\ -1,}_{\text{負の約数}}\ \underbrace{1,\ 2,\ 3,\ 4,\ 6,\ 12}_{\text{正の約数}}$$

倍数では，0 や負の整数も考えます。

例 2の倍数は

$\cdots,\ -8,\ -6,\ -4,\ -2,\ 0,\ 2,\ 4,\ 6,\ 8,\ \cdots$

問題 4-1

易 ■ □ □ 難

次を証明せよ。

(1) 1はすべての整数の約数である。

(2) 0はすべての整数の倍数である。

問題 4-1 の解答

(1) 任意の整数 a に対し,

$$a = 1 \cdot k$$

となる整数 k が存在する($k = a$ とすればよい)。よって,1は a の約数である。

(2) 任意の整数 a に対し,

$$0 = ak$$

となる整数 k が存在する($k = 0$ とすればよい)。よって,0は a の倍数である。

◎素因数分解における正の約数のイメージ

a の正の約数は,a の素因数分解の一部分になっています。

$24(= 2 \times 2 \times 2 \times 3)$ の正の約数のイメージ

1 ⇨ $2 \times 2 \times 2 \times 3$

2 ⇨ $2 \times 2 \times 2 \times 3$

3 ⇨ $2 \times 2 \times 2 \times 3$

4 ⇨ $2 \times 2 \times 2 \times 3$ ← 24の素因数分解の一部分が24の約数

6 ⇨ $2 \times 2 \times 2 \times 3$

8 ⇨ $2 \times 2 \times 2 \times 3$

12 ⇨ $2 \times 2 \times 2 \times 3$

24 ⇨ $2 \times 2 \times 2 \times 3$

問題 4-2

易 ▂▄ 難

a, b, c を整数とする。b は a の約数，c は b の約数のとき，c は a の約数であることを示せ（つまり，約数の約数は約数である）。

方針

前ページ下の 例 のイメージを考えると明らかです（一部分の一部分は一部分）。証明は

$$a = ck$$

となる整数 k が存在することを示します。約数と倍数は逆の関係なので，問題 4-2 より，「倍数の倍数は倍数である」（a は b の倍数，b は c の倍数のとき，a は c の倍数である）も成り立ちます。

問題 4-2 の解答

b は a の約数，c は b の約数であるから，

$$\begin{cases} a = bk_1 & \cdots ① \\ b = ck_2 & \cdots ② \end{cases}$$

となる整数 k_1，k_2 が存在する。 ← 約数の定義

①，②より，

$a = ck_1k_2$ ← ①，②より b を消去

であり，k_1k_2 は整数であるから，$a = ck$ となる整数 k が存在する（$k = k_1k_2$ とすればよい）。 ← (整数)×(整数) は整数なので k_1k_2 は整数

したがって，c は a の約数である。

◎倍数判定法

与えられた数が a の倍数かどうかは次の公式で判断します。倍数判定法の証明は **問題 4-3** を見てください。ここでは，その使い方を学びます。

↖①，④は明らかですので省略します

公式（倍数判定法）

① 2 の倍数 $\Longrightarrow$ 一の位が偶数

② 3 の倍数 $\Longrightarrow$ 各位の数の和が 3 の倍数

③ 4 の倍数 $\Longrightarrow$ 下 2 桁が 4 の倍数

④ 5 の倍数 $\Longrightarrow$ 一の位が 0 または 5

⑤ 6 の倍数 $\Longrightarrow$ 2 の倍数かつ 3 の倍数と考えて，①，②を利用

⑥ 8 の倍数 $\Longrightarrow$ 下 3 桁が 8 の倍数

⑦ 9 の倍数 $\Longrightarrow$ 各位の数の和が 9 の倍数

・574 の 1 の位が 4（偶数）なので，574 は 2 の倍数。

・318 の各位の数の和 $3+1+8\ (=12)$ が 3 の倍数なので，318 は 3 の倍数。

・442 の下 2 桁 42 は 4 の倍数でないので，442 は 4 の倍数ではない。

・2168 の下 3 桁 168 は 8 の倍数なので，2168 は 8 の倍数。

・455 の一の位は 5 なので，455 は 5 の倍数。

・636 の

　一の位は 6（偶数）なので，636 は 2 の倍数。
　各位の数の和 $6+3+6\ (=15)$ が 3 の倍数なので，636 は 3 の倍数。

　よって，636 は 6 の倍数。

・925 の各位の数の和 $9+2+5\ (=16)$ が 9 の倍数ではないので，925 は 9 の倍数ではない。

易 難

10進法で表される5桁の数 $N = 3149a$ がある（a は0以上9以下の整数）。

(1) Nが2の倍数のとき，a の値を求めよ。

(2) Nが3の倍数のとき，a の値を求めよ。

(3) Nが4の倍数のとき，a の値を求めよ。

(4) Nが5の倍数のとき，a の値を求めよ。

(5) Nが6の倍数のとき，a の値を求めよ。

(6) Nが8の倍数のとき，a の値を求めよ。

(7) Nが9の倍数のとき，a の値を求めよ。

方針

Nの各位の数の和は ←（一の位）+（十の位）+（百の位）+（千の位）+（万の位）

$$3 + 1 + 4 + 9 + a = a + 17$$

です。(2)，(7)では，これが3の倍数もしくは9の倍数となる条件を調べます。

また，4の倍数は2の倍数でもあるので，(3)の a の値の集合は(1)の a の値の集合に含まれます（つまり，{(3)の答} ⊂ {(1)の答}）。

同様に，

{(5)の答} ⊂ {(1)の答}

{(5)の答} ⊂ {(2)の答}

{(7)の答} ⊂ {(2)の答}

{(6)の答} ⊂ {(3)の答} ⊂ {(1)の答}

が成り立ちます。

問題 4-3 の解答

(1) $a = 0,\ 2,\ 4,\ 6,\ 8$ ← 一の位が偶数であればよい

(2) 各位の数の和 $a + 17$ が3の倍数であればよい。よって，

$a = 1,\ 4,\ 7$

(3) 下2桁 $9a$ が4の倍数であればよい。よって，

$a = 2,\ 6$ ← 92と96は4の倍数

(4)　$a = 0,\ 5$ ← 一の位が 0 または 5

(5)　2 の倍数かつ 3 の倍数であればよいので，

　　$a = 4$ ← $\{0,\ 2,\ 4,\ 6,\ 8\} \cap \{1,\ 4,\ 7\} = \{4\}$

(6)　下 3 桁 $49a$ が 8 の倍数であればよい。よって，

　　$a = 6$ ← 496 は 8 の倍数

(7)　各位の数の和 $a + 17$ が 9 の倍数であればよい。よって，

　　$a = 1$

問題 4-4

易 難

(1)　百の位の数が 3，十の位の数が 7，一の位の数が a である 3 桁の自然数を $37a$ と表記する。$37a$ が 4 で割り切れるとき，a の値を求めよ。

(2)　千の位の数が 7，百の位の数が b，十の位の数が 5，一の位の数が c である 4 桁の自然数を $7b5c$ と表記する。$7b5c$ が 4 でも 9 でも割り切れる b，c の組 $(b,\ c)$ を求めよ。　（センター試験・改）

方針

(2)　$7b5c$ が 4 の倍数となる条件は，下 2 桁 $5c$ が 4 の倍数となることなので，これより c の値を決定することができます。あとは，c の値で場合分けして，$7b5c$ が 9 の倍数となる b の値を求めます。

問題 4-4 の解答

(1)　下 2 桁 $7a$ が 4 の倍数であればよい。よって，

　　$a = 2,\ 6$ ← 72 と 76 は 4 の倍数

(2)　$7b5c$ が 4 の倍数であるためには，下 2 桁 $5c$ が 4 の倍数であればよい。よって，

　　$c = 2,\ 6$ ← 52 と 56 は 4 の倍数

　(i)　**$c = 2$ のとき**

　　このとき，$7b52$ の各位の数の和は

　　　$7 + b + 5 + 2 = b + 14$

　　であるから，これが 9 の倍数となるのは ← 各位の数の和が 9 の倍数ならば $7b52$ も 9 の倍数

　　　$b = 4$

(ii) $c = 6$ **のとき**

このとき，$7b56$ の各位の数の和は

$7 + b + 5 + 6 = b + 18$

であるから，これが 9 の倍数となるのは ← 各位の数の和が 9 の倍数ならば $7b56$ も 9 の倍数

$b = 0,\ 9$

以上，(i)，(ii)より求める答は

$(b,\ c) = (4,\ 2),\ (0,\ 6),\ (9,\ 6)$

◎正の約数の個数

例えば，200 $(= 2^3 \cdot 5^2)$ の正の約数は

$2^a \cdot 5^b \quad (0 \leqq a \leqq 3,\ 0 \leqq b \leqq 2)$ ← 0 乗は 1

の形をしています。 ← 素因数分解の一部分（p.44 下の例 参照）

このとき，a は 0，1，2，3 の 4 通りの値をとり，b は 0，1，2 の 3 通りの値をとるので，200 の正の約数の個数は

$4 \times 3 = 12$（個）

となります。これは，下のイメージをもっておくとよいと思います。

4 個

	2^0	2^1	2^2	2^3
5^0	$2^0 \cdot 5^0$	$2^1 \cdot 5^0$	$2^2 \cdot 5^0$	$2^3 \cdot 5^0$
5^1	$2^0 \cdot 5^1$	$2^1 \cdot 5^1$	$2^2 \cdot 5^1$	$2^3 \cdot 5^1$
5^2	$2^0 \cdot 5^2$	$2^1 \cdot 5^2$	$2^2 \cdot 5^2$	$2^3 \cdot 5^2$

3 個

← 赤字の $4 \times 3\ (= 12)$ 個が 200 の正の約数

これを一般化したものが次の公式です。

公式（正の約数の個数）

正の整数 n の素因数分解を

$n = {p_1}^{a_1}{p_2}^{a_2}\cdots{p_l}^{a_l}$ ← 以下，この形で書いたときは，$p_1,\ p_2,\ \cdots,\ p_l$ は素数，$a_1,\ \cdots,\ a_l$ は自然数とします

とするとき，n の正の約数の個数 $d(n)$ は

$d(n) = (a_1 + 1)(a_2 + 1)\cdots(a_l + 1)$

問題 4-5

易 ▂▄ 難

1188の正の約数を考える。

(1) 正の約数は全部で何個あるか。

(2) 2の倍数は何個あるか。

(3) 6の倍数は何個あるか。

(センター試験・改)

方針

(1) 1188を素因数分解すると，

$$1188 = 2^2 \cdot 3^3 \cdot 11$$

です。前ページの公式に当てはめます。

(2) 1188の正の約数かつ2の倍数は

$$2^a \cdot 3^b \cdot 11^c \quad (1 \leqq a \leqq 2,\ 0 \leqq b \leqq 3,\ 0 \leqq c \leqq 1)$$

← $a \geqq 1$ にすると2の倍数になる

の形をしています。よって，aのとりうる値は1，2の2通りになります。

(3) (2)と同様です。1188の正の約数かつ6の倍数は

$$2^a \cdot 3^b \cdot 11^c \quad (1 \leqq a \leqq 2,\ 1 \leqq b \leqq 3,\ 0 \leqq c \leqq 1)$$

← $a \geqq 1, b \geqq 1$ にすると6の倍数になる

の形をしています。よって，aのとりうる値は1，2の2通り，bのとりうる値は1，2，3の3通りになります。

問題 4-5 の解答

$1188 = 2^2 \cdot 3^3 \cdot 11$ ← 素因数分解

(1) 1188の正の約数の個数は

$3 \times 4 \times 2 =$ **24（個）** ← 約数の個数公式

(2) 1188の正の約数のうち，2の倍数は

$$2^a \cdot 3^b \cdot 11^c \quad (1 \leqq a \leqq 2,\ 0 \leqq b \leqq 3,\ 0 \leqq c \leqq 1)$$

の形。ここで，aのとりうる値は2通り，bのとりうる値は4通り，cのとりうる値は2通りであるから，求める答は

$2 \times 4 \times 2 =$ **16（個）**

(3) 1188の正の約数のうち，6の倍数は

$$2^a \cdot 3^b \cdot 11^c \quad (1 \leqq a \leqq 2,\ 1 \leqq b \leqq 3,\ 0 \leqq c \leqq 1)$$

の形。(2)と同様に数えると，求める答は

$2 \times 3 \times 2 =$ **12（個）** ← aのとりうる値は2通り，bのとりうる値は3通り，cのとりうる値は2通り

◎正の約数の総和

200の正の約数を合計することを考えます（下の表）。← p.49と同じ表です

まず，横に並んでいる4つの数を足します。横に並んでいる数は$5^{●}$の部分が同じなので，$5^{●}$でくくることができます（(☆)）。

次に，このようにしてできた3つの数を足します。3つの数はすべて$2^0+2^1+2^2+2^3$を因数にもつので，$2^0+2^1+2^2+2^3$でくくることができ，(☆☆)のようになります。

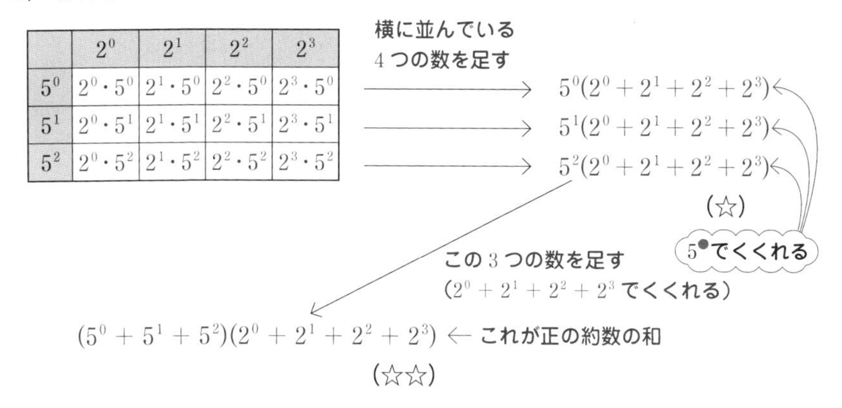

	2^0	2^1	2^2	2^3
5^0	$2^0\cdot5^0$	$2^1\cdot5^0$	$2^2\cdot5^0$	$2^3\cdot5^0$
5^1	$2^0\cdot5^1$	$2^1\cdot5^1$	$2^2\cdot5^1$	$2^3\cdot5^1$
5^2	$2^0\cdot5^2$	$2^1\cdot5^2$	$2^2\cdot5^2$	$2^3\cdot5^2$

これを一般化したものが次の公式です。

公式(正の約数の総和)

正の整数nの素因数分解を

$$n=p_1^{a_1}p_2^{a_2}\cdots p_l^{a_l}$$

とするとき，nの正の約数の和$\sigma(n)$は

$$\sigma(n)=(1+p_1+p_1^2+\cdots+p_1^{a_1})(1+p_2+p_2^2+\cdots+p_2^{a_2})\cdots(1+p_l+p_l^2+\cdots+p_l^{a_l})$$

コラム

1の素因数分解について ← 高校では習いません

数学では，「0個の積」のことを空積(くうせき)といい，その値は1と定義します。

例えば，$n!$（$=1\times2\times3\times\cdots\times n$ ←1からnまでの積）というのを場合の数で習ったはずですが，$0!$はいくつかわかりますか？　$0!$は0個の整数の積（つまり，空積）と考えることができるので，

$0!=1$ ← 空積の値は1

と定義します。こう定義することにより，いろいろな公式が矛盾なく成り立ちます。

例

$$\begin{aligned}{}_5\mathrm{C}_5&=\frac{5!}{5!(5-5)!}\quad\leftarrow {}_n\mathrm{C}_r=\frac{n!}{r!(n-r)!}\ \text{（定義）}\\&=\frac{5!}{5!0!}\\&=1\quad\leftarrow 0!=1\ \text{と定義したので}\ \frac{5!}{5!0!}=1\ \text{となる}\end{aligned}$$

では，1の素因数分解を考えてみましょう。1を割り切る素数pは存在しないので，1は0個の素数の積（つまり，空積）と考えることができます。よって，1の素因数分解を

$1=1$ ← 空積の値は1

と定義します。 ← 1の素因数分解は例外的な形ですね

nの正の約数の個数$d(n)$，nの正の約数の和$\sigma(n)$は，$n=1$のとき，ともに空積となるので，その値は1と定義されます。

$$d(n)=\underbrace{(a_1+1)(a_2+1)\cdots(a_l+1)}_{n=1\ \text{のとき空積}}\quad\leftarrow \text{p.49 の公式}$$

$$\sigma(n)=\underbrace{(1+p_1+\cdots+p_1^{a_1})(1+p_2+\cdots+p_2^{a_2})\cdots(1+p_l+\cdots+p_l^{a_l})}_{n=1\ \text{のとき空積}}\quad\leftarrow \text{p.51 の公式}$$

実際，

$$\begin{cases}d(1)=(\text{1の正の約数の個数})=1 & \leftarrow \text{1の正の約数は1のみ}\\ \sigma(1)=(\text{1の正の約数の和})=1\end{cases}$$

なので，$n=1$の場合もp.49とp.51の公式は矛盾なく成り立ちます。

問題 4-6

易 ■□□ 難

(1) 756 の正の約数の個数を求めよ。

(2) 756 の正の約数すべての和を求めよ。　(青山学院大)

問題 4-6 の解答

素因数分解すると，

$756 = 2^2 \cdot 3^3 \cdot 7$

(1) 756 の正の約数の個数は

$3 \times 4 \times 2 = $ **24 (個)** ← p.49 の公式

(2) 756 の正の約数すべての和は

$(1 + 2 + 2^2)(1 + 3 + 3^2 + 3^3)(1 + 7)$

$= 7 \times 40 \times 8$

$= \mathbf{2240}$

最後の 2 問はかなり本格的です。

問題 4-7

易 ■■□ 難

自然数 n の正の約数は 6 個あり，それらの総和 $\sigma(n)$ が 124 であるとき，n の値を求めよ。　(昭和薬大・改)

方針

正の約数の個数から素因数分解の形がわかります。

例えば，自然数 m の正の約数の個数が 18 個の場合，m の素因数分解は次の 4 つの場合しかありません。

㋐ $m = p^{17}$ ← 正の約数の個数は 18

㋑ $m = pq^8$ ← 正の約数の個数は 2×9

㋒ $m = p^2q^5$ ← 正の約数の個数は 3×6

㋓ $m = pq^2r^2$ ← 正の約数の個数は $2 \times 3 \times 3$

(p，q，r は異なる素数)

> 18 を 2 以上の自然数の積に分解すると…
> 1 つの自然数の積 ⇒ 18
> 2 つの自然数の積 ⇒ 2×9, 3×6
> 3 つの自然数の積 ⇒ $2 \times 3 \times 3$
> よって，m の素因数分解は 4 つしかない

問題 4-7 では，n の正の約数が 6 個なので，n の素因数分解は

$$\begin{cases} \text{(i)} & n = p^5 & \leftarrow \text{正の約数の個数は } 6 \\ \text{(ii)} & n = pq^2 & \leftarrow \text{正の約数の個数は } 2 \times 3 \end{cases}$$

(p, q は異なる素数)

のどちらかです。(i)の場合，n の正の約数の総和 $\sigma(n)$ は

$$\sigma(n) = 1 + p + p^2 + p^3 + p^4 + p^5$$

(ii)の場合は

$$\sigma(n) = (1 + p)(1 + q + q^2)$$

あとは，それぞれの場合で，$\sigma(n) = 124$ となる条件を調べます。

問題 4-7 の解答

自然数 n の正の約数が 6 個であるから，n の素因数分解は

$$\begin{cases} \text{(i)} & n = p^5 \\ \text{(ii)} & n = pq^2 \end{cases} \leftarrow \text{方針参照}$$

のどちらかしかない (p, q は異なる素数)。

(i) $n = p^5$ のとき

この場合，n の正の約数の総和 $\sigma(n)$ は

$$\sigma(n) = 1 + p + p^2 + p^3 + p^4 + p^5$$

ここで，$p = 2$ のときは

$$\sigma(n) = 1 + 2 + 2^2 + 2^3 + 2^4 + 2^5 = 63$$

であり，$\sigma(n) \neq 124$

$p \geqq 3$ のときは

$$\sigma(n) = 1 + p + p^2 + p^3 + p^4 + p^5$$
$$\geqq 1 + 3 + 3^2 + 3^3 + 3^4 + 3^5 > 124$$

より，この場合も $\sigma(n) \neq 124$

よって，$n = p^5$ のとき，$\sigma(n) = 124$ となることはない。

(ii) $n = pq^2$ のとき

この場合，n の正の約数の総和 $\sigma(n)$ は

$$\sigma(n) = (1 + p)(1 + q + q^2)$$

ここで，

$$1 + q + q^2 = 1 + q(q + 1)$$
$$= 1 + (\text{偶数}) \leftarrow q(q+1) \text{ は連続する 2 整数の積なので偶数}$$

（第 6 章 p.84）

より，$1+q+q^2$ は奇数。また，

$1+q+q^2 \geqq 1+2+2^2=7$ ← q は素数なので $q \geqq 2$

であるから，これが，$124\ (=2^2\times 31)$ の約数であるためには

$1+q+q^2=31$ …① ← 124 の奇数の約数で 7 以上のものは 31 しかない

でなければならない。また，このとき，

$1+p=4$ …② ← $\sigma(n)=(1+p)(1+q+q^2)=124$，$1+q+q^2=31$ より

であるから，

$p=3$，$q=5$ ← ①，②を解いた

よって，

$n=3\cdot 5^2=75$

以上，(i)，(ii)より，求める答は

$\boldsymbol{n=75}$

問題 4-8

易 ▪▪▪▪ 難

次の条件(i)，(ii)をともに満たす正の整数 n をすべて求めよ。

(i) n の正の約数は 12 個。

(ii) n の正の約数を小さい方から順に並べたとき，7 番目の数は 12。

(東京工大)

方針

ポイントは 3 つあります。

ポイント①

(i)より，n の正の約数は 12 個なので，n の素因数分解の形は次の 4 つのうちのどれかです。 ← 問題 4-7 と同様に考える

㋐ $n=p^{11}$ ← 正の約数の個数は 12

㋑ $n=pq^5$ ← 正の約数の個数は 2×6

㋒ $n=p^2q^3$ ← 正の約数の個数は 3×4

㋓ $n=pqr^2$ ← 正の約数の個数は $2\times 2\times 3$

(p，q，r は異なる素数)

ポイント②

12 は n の約数なので，n は $12\ (=2^2\cdot 3)$ の倍数です。ということは，

したがって，n は 2^2 と 3 を因数にもつ

ポイント① において，㋐は起こりえません。また，㋑の場合は $p=3$, $q=2$，㋒の場合は $(p,\ q)=(2,\ 3),\ (3,\ 2)$，㋓の場合は，$r=2$，$p$，$q$ のどちらかが 3 でなければなりません。

ポイント③

約数の約数は約数なので 問題 4-2，12 の約数 1，2，3，4，6，12 は n の約数です。(ii)より，12 は 7 番目に小さい n の正の約数なので，n は 12 より小さい約数をこれら以外にあと 1 つだけもつことがわかります。その数は，5，7，8，9，10，11 のいずれかです。よって，6 つに場合分けして処理します。

問題 4-8 の解答

(ii)より，12 は n の約数。また，12 の約数

1，2，3，4，6，12 …(☆)

も n の約数(問題 4-2)。12 は 7 番目の約数であるから，

n の正の約数 a で $a<12$ となるものが (☆)以外にただ 1 つだけ存在する	…(☆☆)

← 条件(ii)はこのように言いかえることができる

case 1　$a=5$ のとき

この場合，n は 10 を約数にもつので，(☆☆)に反する。よって，この場合は不適。

↖ n は 2，5 を約数にもつので，n は 10 を約数にもつ

case 2　$a=7$ のとき

この場合，n は，2^2，3，7 を因数にもつので，

$n=3\cdot7\cdot2^2\ (=84)$ ← ポイント① の㋓の形でなければならない

の形でなければならない。このとき，(☆☆)を満たすのでこの場合は適。

case 3　$a=8$ のとき

この場合，n は，2^3，3 を因数にもつので

$n=3\cdot2^5$ または $3^2\cdot2^3$ ← ポイント① の㋑または㋒の形でなければならない

の形でなければならない。

$n=3\cdot2^5\ (=96)$ のとき，(☆☆)を満たすので，この場合は適。

$n=3^2\cdot2^3$ のときは，n は 9 を約数にもつので (☆☆)に反する。よって，この場合は不適。

case 4　$a=9$ のとき

この場合，n は 2^2，3^2 を因数にもつので，

$n = 2^2 \cdot 3^3$ または $3^2 \cdot 2^3$ ← ポイント① の㋒の形でなければならない

の形でなければならない。

$n = 3^2 \cdot 2^3$ のときは，**case 3** より不適。

$n = 2^2 \cdot 3^3\ (= 108)$ のときは，(☆☆)を満たすので，この場合は適。

case 5　$a = 10$ のとき

↙ 10 が n の約数なら 5 も n の約数（問題 4-2）

この場合，n は 5 を約数にもつので（☆☆)に反する。よって，この場合は不適。

case 6　$a = 11$ のとき

この場合，n は 2^2，3，11 を因数にもつので，

$n = 3 \cdot 11 \cdot 2^2\ (= 132)$ ← ポイント① の㋓の形でなければならない

の形でなければならない。このとき，(☆☆)を満たすので，この場合は適。

以上より，求める答は

$n = 84,\ 96,\ 108,\ 132$

最大公約数・最小公倍数

まずは，用語の確認から。

公約数	… 2 つ以上の整数に共通な約数
最大公約数	… 公約数のうち最大のもの
公倍数	… 2 つ以上の整数に共通な倍数
最小公倍数	… 公倍数のうち，正で最小のもの

問題 5-1

易 ■ 難

(1) 36 の正の約数と 54 の正の約数をそれぞれすべて書け。

(2) 36 と 54 の正の公約数をすべて求めよ。また，最大公約数を求めよ。

(3) 4 の正の倍数と 6 の正の倍数をそれぞれ小さい方から 10 個書け。

(4) 4 と 6 の正の公倍数を小さい方から 3 個書け。また，4 と 6 の最小公倍数を求めよ。

方針

(1) $36 = 2^2 \cdot 3^2$, $54 = 2 \cdot 3^3$ なので，正の約数はそれぞれ 9 個（3×3），8 個（2×4）です。小さい順にすべて書き上げます。

問題 5-1 の解答

(1)
$$\begin{cases} 36 \text{ の正の約数} \cdots 1,\ 2,\ 3,\ 4,\ 6,\ 9,\ 12,\ 18,\ 36 & \cdots ① \\ 54 \text{ の正の約数} \cdots 1,\ 2,\ 3,\ 6,\ 9,\ 18,\ 27,\ 54 & \cdots ② \end{cases}$$

(2) (1)より，36 と 54 の公約数は

1，2，3，6，9，18 ← ①，②で共通のもの

また，36 と 54 の最大公約数は

18 ← 公約数の中で最大のもの

(3)
$$\begin{cases} 4 \text{ の正の倍数} \cdots 4,\ 8,\ 12,\ 16,\ 20,\ 24,\ 28,\ 32,\ 36,\ 40 \\ 6 \text{ の正の倍数} \cdots 6,\ 12,\ 18,\ 24,\ 30,\ 36,\ 42,\ 48,\ 54,\ 60 \end{cases}$$

(4)　(3)より，4 と 6 の正の公倍数を小さい方から 3 個書くと，

　12，24，36

また，4 と 6 の最小公倍数は

　12 ← 正の公倍数の中で最小のもの

◎最大公約数と最小公倍数の表現1

以下では，

$$\begin{cases} G(a,\ b) : a \text{ と } b \text{ の最大公約数} \\ L(a,\ b) : a \text{ と } b \text{ の最小公倍数} \end{cases}$$

← Greatest Common Divisor なので G を使います

← Least Common Multiple なので L を使います

と表すことにします。

a と b の正の公約数は，a と b の素因数分解における共通部分ととらえることができます。

36 と 54 の正の公約数（問題 5-1）

$$1 \Rightarrow \begin{cases} 36 = 2 \times 2 \times 3 \times 3 \\ 54 = 2 \times 3 \times 3 \times 3 \end{cases}$$

$$2 \Rightarrow \begin{cases} 36 = \boxed{2} \times 2 \times 3 \times 3 \\ 54 = \boxed{2} \times 3 \times 3 \times 3 \end{cases}$$

$$3 \Rightarrow \begin{cases} 36 = 2 \times 2 \times \boxed{3} \times 3 \\ 54 = 2 \times \boxed{3} \times 3 \times 3 \end{cases}$$

$$6 \Rightarrow \begin{cases} 36 = \boxed{2} \times 2 \times \boxed{3} \times 3 \\ 54 = \boxed{2} \times \boxed{3} \times 3 \times 3 \end{cases}$$

$$9 \Rightarrow \begin{cases} 36 = 2 \times 2 \times \boxed{3 \times 3} \\ 54 = 2 \times \boxed{3 \times 3} \times 3 \end{cases}$$

$$18 \Rightarrow \begin{cases} 36 = \boxed{2} \times 2 \times \boxed{3 \times 3} \\ 54 = \boxed{2} \times \boxed{3 \times 3} \times 3 \end{cases}$$

最大公約数は，a と b の素因数分解における共通部分で最大のものと考えることができます。これは素因数分解において，各素因数で指数の小さい方を選んでいることを意味します。

$$\begin{cases} 36 = 2^2 \cdot 3^2 \\ 54 = 2^1 \cdot 3^3 \end{cases}$$

⇩ **各素因数(この場合は2, 3)で，指数の小さい方を選ぶ**

$G(36,\ 54) = 2^1 \cdot 3^2$ ← 指数の小さい方を選ぶと，素因数分解における共通部分で最大のものとなる

$= 18$

同様に，最小公倍数は素因数分解において，各素因数で指数の大きい方を選んでいるととらえることができます。

$$\begin{cases} 4 = 2^2 \cdot 3^0 \\ 6 = 2^1 \cdot 3^1 \end{cases}$$

⇩ **各素因数(この場合は2, 3)で，指数の大きい方を選ぶ**

$L(4,\ 6) = 2^2 \cdot 3^1$ ← 指数の大きい方を選ぶと，両方に共通な倍数となりかつ最小である

$= 12$

最大公約数と最小公倍数を表現する公式1

2つの自然数a，bの素因数分解を

$$\begin{cases} a = p_1^{a_1} p_2^{a_2} \cdots p_l^{a_l} \\ b = p_1^{b_1} p_2^{b_2} \cdots p_l^{b_l} \end{cases}$$

とするとき，a，bの最大公約数$G(a,\ b)$，最小公倍数$L(a,\ b)$の素因数分解は

$$G(a,\ b) = p_1^{c_1} p_2^{c_2} \cdots p_l^{c_l}$$

$$L(a,\ b) = p_1^{d_1} p_2^{d_2} \cdots p_l^{d_l}$$

ただし，

$$c_1 = \min\{a_1,\ b_1\},\ c_2 = \min\{a_2,\ b_2\},\ \cdots,\ c_l = \min\{a_l,\ b_l\}$$

$$d_1 = \max\{a_1,\ b_1\},\ d_2 = \max\{a_2,\ b_2\},\ \cdots,\ d_l = \max\{a_l,\ b_l\}$$

ここで，$\min\{x,\ y\}$はxとyのうちの小さい方，$\max\{x,\ y\}$はxとyのうちの大きい方を表します。

例

$\min\{3,\ 5\} = 3$

$\max\{3,\ 5\} = 5$

$\min\{4,\ 4\} = 4$ ← $x = y$ のときは $\min\{x,\ x\} = x$ とします

$\max\{4,\ 4\} = 4$ ← $x = y$ のときは $\max\{x,\ x\} = x$ とします

問題 5-2

易 難

次の 2 数の最大公約数，最小公倍数を求めよ。ただし，答えは素因数分解の形で答えてよい。

(1) $2^5 \cdot 3^7,\quad 2^4 \cdot 3^8$

(2) $2^4 \cdot 5^3,\quad 2^2 \cdot 3^2 \cdot 5^3$

方針

(2) $2^4 \cdot 5^3$ は素因数 3 がないので，

$$2^4 \cdot 3^0 \cdot 5^3$$

と考えます。

問題 5-2 の解答

(1) $\min\{5,\ 4\} = 4,\ \min\{7,\ 8\} = 7$ ← 指数の小さい方を求める

より，最大公約数は

$$2^4 \cdot 3^7$$

$\max\{5,\ 4\} = 5,\ \max\{7,\ 8\} = 8$ ← 指数の大きい方を求める

より，最小公倍数は

$$2^5 \cdot 3^8$$

(2) $\min\{4,\ 2\} = 2,\ \min\{0,\ 2\} = 0,\ \min\{3,\ 3\} = 3$ ← 指数の小さい方を求める

より，最大公約数は

$$2^2 \cdot 3^0 \cdot 5^3 = 2^2 \cdot 5^3$$

$\max\{4,\ 2\} = 4,\ \max\{0,\ 2\} = 2,\ \max\{3,\ 3\} = 3$ ← 指数の大きい方を求める

より，最小公倍数は

$$2^4 \cdot 3^2 \cdot 5^3$$

◎最大公約数と最小公倍数の表現 2

2 つの自然数 a，b に対し，$g=G(a,\ b)$，$l=L(a,\ b)$ とするとき，次が成り立ちます。

最大公約数と最小公倍数を表現する公式 2

$$\begin{cases} a=a_1g \\ b=b_1g \quad (a_1 \text{ と } b_1 \text{ は互いに素な整数}) \\ l=a_1b_1g \end{cases}$$

g は a，b の素因数分解における共通部分で最大のものなので a_1 と b_1 は互いに素となる

例 1

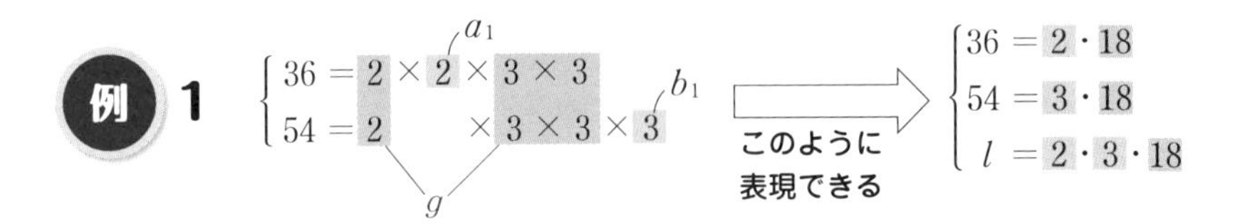

例 2

$$\begin{cases} 48=2\times 2\times 2\times 2\times 3 \\ 180=2\times 2\times 3\times 3\times 5 \end{cases}$$

a_1，b_1，g

このように表現できる

$$\begin{cases} 48=4\cdot 12 \\ 180=15\cdot 12 \\ l=4\cdot 15\cdot 12 \end{cases}$$

これを使うと，次の有名公式が成り立つこともわかります。

公式（最大公約数と最小公倍数の関係）

$l=L(a,\ b)$，$g=G(a,\ b)$ とすると，

$lg=ab$ ←（最小公倍数）×（最大公約数）＝（2 数の積）

（証明）

上の記号を用いると，

$$\begin{cases} lg=a_1b_1g\times g=a_1b_1g^2 \\ ab=a_1g\times b_1g=a_1b_1g^2 \end{cases}$$

よって，

$lg=ab$

最大公約数，最小公倍数は，小学校で習ったように，下の図の筆算を利用して求めることもできます。

$G(36,\ 54) = 2 \times 3 \times 3$
$= 18$

この積が $G(36,\ 54)$ →

```
2 ) 36  54
3 ) 18  27
3 )  6   9
     2   3  ← 2数が互いに素になるまで
```

$L(36,\ 54) = 2 \times 3 \times 3 \times 2 \times 3$
$= 108$

この積が $L(36,\ 54)$ →

```
2 ) 36  54
3 ) 18  27
3 )  6   9
     2   3  ← 2数が互いに素になるまで
```

ちょっと練習してみましょう。

問題 5-3

易 難

(1) 60と210の最大公約数を求めよ。 (金沢工大)

(2) 1254と4788の最小公倍数を求めよ。 (愛媛大)

問題 5-3 の解答

(1) 右図より，

$G(60,\ 210) = 2 \times 3 \times 5$
$= 30$

```
2 ) 60  210
3 ) 30  105
5 ) 10   35
     2    7
```

(2) 右図より，

$L(1254,\ 4788) = 2 \times 3 \times 19 \times 11 \times 42$
$= 52668$

```
 2 ) 1254  4788
 3 )  627  2394
19 )  209   798
       11    42
```

次の 問題 5-4 と 問題 5-5 は直観的には明らかですが，きちんと証明すると難しいです。ただし，とてもよい頭の訓練になるので，1行ずつよく考えながら読み進めてください。

問題 5-4

易 ▮▮▮▮ 難

2つの整数 a と b の最小公倍数を l とする。このとき，a と b の任意の公倍数 c は l の倍数であることを証明せよ。

方針

c を l で割った商を q，余りを r とすると，

$c=lq+r\quad(0\leqq r<l)$ ←（割る数）×（商）＋（余り）

が成り立ちます。$r=0$ が証明できれば，c は l で割り切れるので c は l の倍数となります。

そこで，$r\neq 0$ と仮定します（背理法）。このとき，

l は a と b の最小公倍数なので，l は a の倍数（㋐）かつ l は b の倍数（㋑）です。

また，c は a と b の公倍数なので，c は a の倍数（㋒）かつ c は b の倍数（㋓）です。

㋐，㋒より，l と c は a で割り切れるので，

$r=c-lq$

も a で割り切れます。よって，r は a の倍数です。

同様に，㋑，㋓より，r は b の倍数です。

これにより，r は a と b の公倍数（両方に共通の倍数）となり矛盾です。

なぜ，矛盾かわかりますか（解答の ポイント 参照）？　じっくり考えてみてください。

問題 5-4 の解答

c を l で割った商を q，余りを r とすると，

$c=lq+r$ …①　$(0\leqq r<l)$

が成立する。　↖ r は l で割った余りなので l より小さい

ここで，$r\neq 0$ と仮定する。 ← 背理法で $r=0$ を示したい

問題文の仮定より，

$$\begin{cases} l=ak_1 & \text{← } l \text{ は } a \text{ と } b \text{ の最小公倍数なので，} l \text{ は } a \text{ の倍数である} \\ c=ak_2 & \text{← } c \text{ は } a \text{ と } b \text{ の公倍数なので，} c \text{ は } a \text{ の倍数である} \end{cases}$$

となる整数 k_1，k_2 が存在する。①に代入すると，

$ak_2 = ak_1 \cdot q + r$

$\therefore\ r = a(k_2 - k_1 q)$

よって，

$r = ak$

k_2，k_1，q は整数なので，
$k_2 - k_1 q$ は整数

となる整数kが存在するので（$k = k_2 - k_1 q$ とすればよい），rはaの倍数である。← 要するに

$c = lq + r$

c と l が a で割り切れるので r も a で割り切れるということ

l と c が b の倍数であることから示せます

同様に，rはbの倍数であるから，rはaとbの公倍数である。← r は a と b の両方に共通な倍数

$0 < r < l$であるから，これは矛盾。← **ポイント**

l は最小公倍数なので，l より小さい正の公倍数は存在しません。$0 < r < l$ なのでこれは矛盾です

背理法で $r \neq 0$ と仮定していることに注意!!

したがって，　$r = 0$

よって，cはlで割り切れる。

問題 5-5

易 難

2つの整数aとbの最大公約数をgとする。このとき，aとbの任意の公約数cはgの約数であることを証明せよ。

方針

これはかなり巧妙な証明です。 ← 自分で気付けなくてよい（読んで理解できればO.K.）

$g_1 = L(g,\ c)$ とおき，$g_1 = g$ を証明します。$g_1 = g$ が証明できれば，g と c の最小公倍数が g ということなので，g は c の倍数（つまり c は g の約数）となります。

$g_1 = g$ の証明は，

$g_1 \geqq g$ …(☆)　**かつ**　$g_1 \leqq g$ …(☆☆)

の 2 つに分けて証明します。 ←「$a = b \Leftrightarrow a \geqq b$ かつ $a \leqq b$」

この証明方法は，**問題 7-1 でも用います。**

問題 5-5 の解答

$g_1 = L(g,\ c)$ とおき，

$g_1 = g$

を証明する。 ← これが方針

まず，明らかに

$g_1 \geqq g$ …(☆) ← g_1 は g と c の最小公倍数なので g_1 は g 以上である

である。

また，

a は g の倍数 ← g は a と b の最大公約数なので g は a の約数（つまり a は g の倍数）
a は c の倍数 ← c は a と b の公約数なので c は a の約数（つまり a は c の倍数）

なので，a は g と c の公倍数。 ← a は g と c の両方に共通の倍数

よって，問題 5-4 より，

a は g_1 の倍数 …① ← 公倍数は最小公倍数の倍数

である。

同様に，

b は g_1 の倍数 …②

である。 ← b についても同様の議論ができる

①，②より，

g_1 は a，b の公約数 ← ①より g_1 は a の約数，②より g_1 は b の約数，よって，g_1 は a，b に共通の約数

であるから，

$g_1 \leqq g$ …(☆☆) ← 公約数は最大公約数以下である

(☆)，(☆☆)より，

$g_1 = g$

よって，c と g の最小公倍数が g であるから， ← これより g は c の倍数とわかる

c は g の約数

である。

コメント

2 つの整数 a と b の最大公約数を g とするとき，

$g = ax + by$

となる整数 x，y が存在します（p.97 の定理）。それを利用すると，次のように証明することもできます。← だいぶ簡単になります

問題 5-5 の別解

a と b の最大公約数が g とするとき，

$g = ax + by$ …①

となる整数 x，y が存在する。← p.97 の定理

仮定より，

$$\begin{cases} a = ck_1 \\ b = ck_2 \end{cases}$$

← c は a と b の公約数なので c は a と b の共通の約数

を満たす整数 k_1，k_2 が存在する。①に代入すると，

$$\begin{aligned} g &= ck_1x + ck_2y \\ &= c(k_1x + k_2y) \end{aligned}$$

よって，$g = ck$ となる整数 k が存在する（$k = k_1x + k_2y$ とすればよい）。

したがって，c は g の約数である。

↑ 要するに

$g = ax + by$

a と b が c で割り切れるので g も c で割り切れるということ

問題 5-6

易 ■■□□ 難

正の整数 a と b $(a \geqq b)$ の最小公倍数が 198 で最大公約数が 6 である。このとき a，b の値を求めよ。 （東海大・改）

方針

a と b の最小公倍数が 198，最大公約数が 6 なので，

$$\begin{cases} a = 6a_1 \\ b = 6b_1 \\ 198 = 6a_1b_1 \end{cases}$$

（a_1 と b_1 は互いに素な整数）

と表すことができます（p.62 の公式 2）。これを解けばオシマイです。

問題 5-6 の解答

a と b の最小公倍数が 198，最大公約数が 6 であるから，

$$\begin{cases} a = 6a_1 & \cdots ① \\ b = 6b_1 & \cdots ② \\ 198 = 6a_1b_1 & \cdots ③ \end{cases}$$
（a_1 と b_1 は互いに素な整数）

と表せる。③より，

$a_1b_1 = 33$

$a \geqq b$ より，$a_1 \geqq b_1$ であるから，

$(a_1,\ b_1) = (33,\ 1),\ (11,\ 3)$ ← $a > 0$，$b > 0$ より負の数は考えなくてよい

①，②に代入することにより，求める答は

$(\boldsymbol{a},\ \boldsymbol{b}) = (\mathbf{198},\ \mathbf{6}),\ (\mathbf{66},\ \mathbf{18})$

問題 5-7

易 ■■ 難

和が 22，最小公倍数が 60 となる 2 つの自然数を求めよ。

（東京電機大）

方針

これも p.62 の公式 2 を利用します。

求める 2 数を a，b ($a \geqq b$)，$g = G(a,\ b)$ とおくと，

$$\begin{cases} a = a_1g \\ b = b_1g \end{cases}$$
（a_1 と b_1 は互いに素な整数）

と表せ，最小公倍数が 60 なので

$a_1b_1g = 60 \quad \cdots ①$ ← **この式より，g は 60 の約数と読みとれます（一般に，$G(a, b)$ は $L(a, b)$ の約数です）**

また，2 数の和が 22 なので

$a + b = 22$

$a_1g + b_1g = 22$

$\therefore\ (a_1 + b_1)g = 22 \quad \cdots ②$ ← **この式より，g は 22 の約数と読みとれます**

①，②より，

g **は 60 と 22 の公約数** ← **ということは最大公約数 2 ($= G(60,\ 22)$) の約数**

なので，g は 1 または 2 です。あとは場合分けして処理します。

問題 5-7 の解答

求める 2 数を a, b ($a \geqq b$) とし，$g = G(a, b)$ とおく。

このとき，

$$\begin{cases} a = a_1 g \\ b = b_1 g \end{cases} \quad (a_1 \text{ と } b_1 \text{ は互いに素な整数})$$ ← p.62 の公式 2

と表せる。a と b の最小公倍数が 60 であるから，

$a_1 b_1 g = 60$ …① ← p.62 の公式 2

また，a と b の和が 22 であるから，

$a + b = 22$

$a_1 g + b_1 g = 22$

$\therefore (a_1 + b_1)g = 22$ …②

①より g は 60 の約数，
②より g は 22 の約数，
よって，g は 60 と 22 の公約数

①，②より，g は 60 と 22 の公約数であるから，g は 1 または 2 のいずれかである。

(i) **$g = 1$ のとき**

このとき，

$$\begin{cases} a_1 b_1 = 60 & \cdots① \\ a_1 + b_1 = 22 & \cdots② \end{cases}$$

これを満たす整数 a_1，b_1 は存在しないので，この場合は不適。

a_1	b_1	$a_1 b_1$	$a_1 + b_1$
偶	偶	偶	偶
偶	奇	偶	奇
奇	偶	偶	奇
奇	奇	奇	偶

上の表より，$a_1 b_1$，$a_1 + b_1$ が偶数となるのは a_1 と b_1 がともに偶数のときしかありません。これは a_1 と b_1 が互いに素であることに反します。

(ii) **$g = 2$ のとき**

このとき，

$$\begin{cases} a_1 b_1 = 30 \\ a_1 + b_1 = 11 \end{cases}$$ ← 積が 30 で和が 11 なので a_1，b_1 は 6 と 5 とわかる

これより，

$(a_1, b_1) = (6, 5)$ ← $a \geqq b$ より $a_1 \geqq b_1$

以上，(i)，(ii)より求める 2 数は

12 と 10 ← $a = 2a_1$，$b = 2b_1$

コメント

一般に，a_1 と b_1 が互いに素のとき，a_1+b_1，a_1b_1 も互いに素となります（問題 11-2）。← この事実を覚えておく必要はありません。下のこと($g=2$)が理解できればO.K.です

よって，

$$\begin{cases}60=ga_1b_1\\22=g(a_1+b_1)\end{cases} \leftarrow \begin{cases}60=gc_1\\22=gc_2\end{cases}$$

の形(c_1 と c_2 は互いに素な整数)

より，g は 60 と 22 の最大公約数とわかります（つまり，$g=2$）。

問題 5-8

易 ▂▄ 難

(1) 正の整数 a と 24 の最大公約数が 4 であり，最小公倍数が 120 であるとき，a の値を求めよ。（金沢工大）

(2) 正の整数 a と 12 の最小公倍数が 180 であるとき，a の値を求めよ。

方針

(1) p.62 の公式

$lg=ab$ ←（最小公倍数）×（最大公約数）＝（2 数の積）

に代入してオシマイです。ただし，これは必要条件なので十分性を確かめる必要があります。

> 2 つの整数 a と b の
> 最大公約数を g,
> 最小公倍数を l とする
>
> 
>
> $gl=ab$
>
> （逆は成り立たない）

(2) 素因数分解を利用します。

a は 180 $(=2^2\cdot3^2\cdot5)$ の約数なので，a は 2，3，5 以外の素因数をもつことはありません。よって，

$$a=2^{l_1}\cdot3^{l_2}\cdot5^{l_3}$$

とおくことができます。

このとき，a と 12（$= 2^2 \cdot 3$）の最小公倍数が 180 なので，

$\max\{l_1, 2\} = 2$，$\max\{l_2, 1\} = 2$，$\max\{l_3, 0\} = 1$ ← p.60 の公式

が成り立ちます。あとはこの方程式を解きます。

問題 5-8 (1) の解答

(1) a と 24 の最大公約数が 4，最小公倍数が 120 なので，

$4 \times 120 = a \times 24$

が成り立つ（必要条件）。これを解くと，

$a = 20$

逆に，$a = 20$ のとき，a と 24 の最大公約数は 4，最小公倍数は 120 となり条件を満たす。よって，

$\boldsymbol{a = 20}$ ↖十分性の確認

```
2) 20  24
2) 10  12
    5   6
```

コメント

十分性を満たさない場合は解なしになります。

> **例** 正の整数 a と 24 の最大公約数が 4，最小公倍数が 48 であるとき a の値を求めよ。

（答）

a と 24 の最大公約数が 4，最小公倍数が 48 であるから，

$4 \times 48 = a \times 24$

が成り立つ（必要条件）。これを解くと，

$a = 8$

ところが，$a = 8$ のときは a と 24 の最大公約数は 8 であるから不適（十分性を満たさない）。

よって，条件を満たす a は存在しない。

次のようにする方法もあります。

問題 5-8 (1) の別解

a と 24 の最大公約数が 4 なので，

$a = 4a_1$ （a_1 は 6 と互いに素な整数）← p.62 の公式 2

とおける。a と 24 の最小公倍数が 120 なので,

$a_1 \cdot 6 \cdot 4 = 120$ ← $a_1 b_1 g = l$

$\therefore a_1 = 5$ ← この数は 6 と互いに素であるから適

よって,

$\boldsymbol{a} = 20$ ← $4a_1$ を計算

コメント

前ページの 例 も同じように別解が作れます。

(例 の別解)

a と 24 の最大公約数が 4 なので,

$a = 4a_1$ (a_1 は 6 と互いに素な整数) ← p.62 の公式 2

とおける。a と 24 の最小公倍数 48 なので,

$a_1 \cdot 6 \cdot 4 = 48$ ← $a_1 b_1 g = l$

$\therefore a_1 = 2$

a_1 は 6 と互いに素でなければならないので,これは不適。

よって,条件を満たす a は存在しない。

問題 5-8 (2) の解答

(2) $180 = 2^2 \cdot 3^2 \cdot 5$ かつ a は 180 の約数なので,

(a と 12 の最小公倍数が 180 なので,180 は a の倍数(つまり,a は 180 の約数))

$a = 2^{l_1} \cdot 3^{l_2} \cdot 5^{l_3}$ (l_1, l_2, l_3 は 0 以上の整数)

とおける。 ← a は 180 の約数なので,2,3,5 以外の素因数をもたない

このとき,a と 12 ($= 2^2 \cdot 3$) の最小公倍数が 180 ($= 2^2 \cdot 3^2 \cdot 5$) であるから,

$$\begin{cases} \max\{l_1, 2\} = 2 & \cdots ① \\ \max\{l_2, 1\} = 2 & \cdots ② \\ \max\{l_3, 0\} = 1 & \cdots ③ \end{cases}$$

①より,$l_1 = 0, 1, 2$ ← $\max\{l_1, 2\} = 2$ のとき l_1 は 0 または 1 または 2

②より,$l_2 = 2$

③より,$l_3 = 1$

したがって,

$\boldsymbol{a} = 2^0 \cdot 3^2 \cdot 5^1, 2^1 \cdot 3^2 \cdot 5^1, 2^2 \cdot 3^2 \cdot 5^1 = \mathbf{45, 90, 180}$

p.62の公式2を利用して解くこともできます。

問題5-8 (2) の別解

$g = G(a, 12)$ とし，

$$\begin{cases} a = a_1 g \\ 12 = b_1 g \\ 180 = a_1 b_1 g \end{cases}$$

（a_1 と b_1 は互いに素な整数）← p.62の公式2

とおく。

$$a_1 = \frac{a_1 b_1 g}{b_1 g} = \frac{180}{12} = 15$$

$12 = b_1 g$ より，b_1 は12の約数で a_1 と互いに素であるから，

$b_1 = 1，2，4$

よって，

$$g = \frac{12}{b_1} = 12，6，3$$

これより，

$\boldsymbol{a} = a_1 g = \mathbf{180，90，45}$ ← $a_1 = 15$，$g = 12，6，3$

問題 5-9

易 ▪▪ 難

225との最大公約数が15となる2017以下の自然数 n の個数を求めよ。

（九大）

方針

n と225の最大公約数が15なので，

$n = 15k$

の形です。ここで，$225 = 3^2 \cdot 5^2$ なので，k が3の倍数もしくは5の倍数のときは，n と225の最大公約数が15より大きい数になってしまうので不適です。したがって，k は3の倍数でも5の倍数でもない自然数である必要があります。そのような k で，

$n \leqq 2017$

となるものの個数を数えます。

問題 5-9 の解答

$225 = 3^2 \cdot 5^2$

であるから，225 との最大公約数が 15 となる自然数 n は

$n = 15k$

と表される（k は 3 の倍数でも 5 の倍数でもない自然数）。

n は 2017 以下であるから，　↖つまり k と 15 は互いに素な自然数

$15k \leqq 2017$

$\therefore\ k = \dfrac{2017}{15} = 134.\cdots$

よって，134 以下の自然数 k で 3 の倍数でも 5 の倍数でもないものの個数を求めればよい。 ← これは下の図の $\overline{A \cup B}$ の個数

ここで，

$$\begin{cases} U : 1 \text{ から } 134 \text{ までの自然数の集合} \\ A : U \text{ の要素のうち，} 3 \text{ の倍数の集合} \\ B : U \text{ の要素のうち，} 5 \text{ の倍数の集合} \end{cases}$$

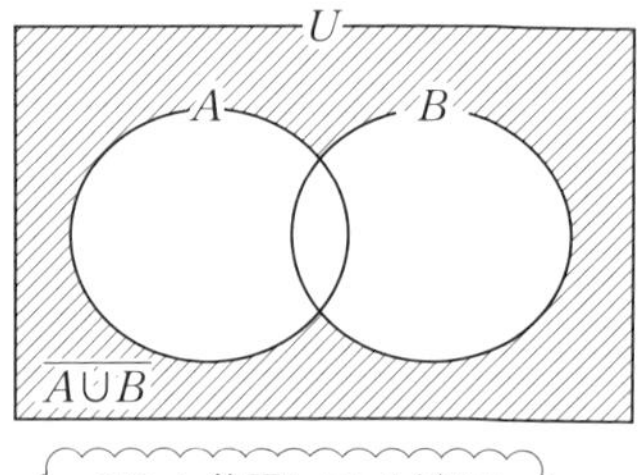

とおくと，$n(U) = 134$ であり，

$$\begin{cases} n(A) = 44 & \leftarrow 3,\ 6,\ 9,\ \cdots,\ 132 \text{ の } 44 \text{ 個} \\ n(B) = 26 & \leftarrow 5,\ 10,\ 15,\ \cdots,\ 130 \text{ の } 26 \text{ 個} \\ n(A \cap B) = 8 & \leftarrow 15,\ 30,\ 45,\ \cdots,\ 120 \text{ の } 8 \text{ 個} \end{cases}$$

p.260 も参照してください

より，

$n(A \cup B) = n(A) + n(B) - n(A \cap B)$ ← p.14 の公式

$= 44 + 26 - 8 = 62$

よって，求める答は

$n(\overline{A \cup B}) = n(U) - n(A \cup B)$

$= 134 - 62$

$=$ **72（個）**

問題 5-10

易 ▪▪▪ 難

2 つの自然数 A，B $(A < B)$ の最小公倍数を L とする。

このとき，

$L^2 - AB = 1680$ $\cdots$(☆)

を満たす自然数の組 $(A,\ B)$ を求めよ。　（福岡大）

方針

$g = G(A,\ B)$ とおくと，p.62 の公式 2 より，

$$\begin{cases} A = ag \\ B = bg \quad (a \text{ と } b \text{ は互いに素な整数}) \\ L = abg \end{cases}$$

と表せます。

これを(☆)に代入して，方程式を解きます。

問題5-10の解答

$g = G(A,\ B)$ とおくと，

$$\begin{cases} A = ag \\ B = bg \quad (a \text{ と } b \text{ は互いに素な整数}) \\ L = abg \end{cases}$$

と表せる。(☆)に代入すると，

$$(abg)^2 - ag \cdot bg = 1680$$

$$a^2b^2g^2 - abg^2 = 1680$$

$$(a^2b^2 - ab)g^2 = 1680$$

$ab(ab - 1)g^2 = 1680 \quad \cdots$(☆☆) ← g^2 は 1680 の約数とわかる

ここで，g^2 は平方数であり，1680 $(= 2^4 \cdot 3 \cdot 7 \cdot 5)$ の約数であるから，g^2 は 1，4，16 のうちどれかである。

(i) $g^2 = 1$ のとき

このとき，(☆☆)は

$ab(ab - 1) = 1680 \quad \cdots$(☆☆☆)

↑ ↑ 2 連続整数の積が 1680 の形

ここで，

$$\begin{cases} 41 \times 40 = 1640 \\ 42 \times 41 = 1722 \end{cases}$$

より，2 連続整数の積は 1680 にならない。←

よって，(☆☆☆)を満たす a，b は存在しない。

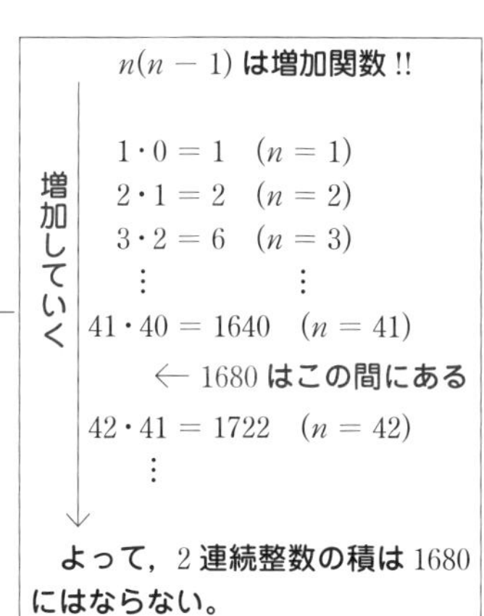

(ii) $g^2 = 4$ のとき

このとき，(☆☆)は

$ab(ab - 1) = 420$ → 21×20

$\therefore\ ab = 21$

よって,

$(a,\ b) = (1,\ 21),\ (3,\ 7)$ ← $A < B$ **なので**, $a < b$

$\therefore\ (A,\ B) = (2,\ 42),\ (6,\ 14)$ ← $g = 2$ **より**, $A = 2a$, $B = 2b$

(iii) **$g^2 = 16$ のとき**

このとき, (☆☆)は

$ab(ab - 1) = 105$ …(☆☆☆)

$ab(ab - 1)$ は 2 連続整数の積であるから偶数であるが, 右辺は奇数である。

よって, (☆☆☆)を満たす a, b は存在しない。 ← p.83 参照

以上, (i), (ii), (iii)より, 求める自然数の組は

$(\boldsymbol{A},\ \boldsymbol{B}) = (2,\ 42),\ (6,\ 14)$

問題 5-11

易 ▪▪▪ 難

自然数 a, b に対し, $a \diamond b$ は a と b の正の公約数の個数を表すものとする。例えば, 6 と 10 の正の公約数は 1 と 2 の 2 つだから,

$6 \diamond 10 = 2$ となる。

このとき, 次の問いに答えよ。

(1) $8 \diamond 12$ を求めよ。

以下では, c は 100 以下の自然数とする。

(2) $c \diamond 20 = 3$ となる c の個数を求めよ。

(3) $c \diamond 20 = 4$ となる c の個数を求めよ。 (東京理大)

方針

公約数は, 最大公約数の約数なので (問題 5-5), $g = G(a,\ b)$ とおくと,

$a \diamond b =$ (**g の正の約数の個数**)

となります。

(2), (3) g の正の約数の個数が与えられているので, これより g の素因数分解の形がわかります (問題 4-8, 問題 4-9 参照)。

問題5-11の解答

(1)　$G(8,\ 12)=4$ であるから，$8\diamondsuit 12$ は $4\ (=2^2)$ の正の約数の個数と一致する。よって，

$8\diamondsuit 12=3$ ← 4の正の約数は3個

(2)　$g=G(c,\ 20)$ とおくと，

$c\diamondsuit 20=3 \iff g$ の正の約数の個数が3

であるから，g の素因数分解の形は

$g=p^2$（p は素数）

とわかる。g は20の約数でもあるので，← g は c と20の最大公約数なので，g は20の約数

$g=4$ ← 20の約数で p^2 の形のものは 2^2 しかない

でなければならない。

よって，c は100以下の自然数で

4の倍数かつ5の倍数でない数 ← c が4の倍数かつ5の倍数だと $g=G(c,\ 20)=20$ になってしまうから不適

である。← c は右図の $A\cap\overline{B}$ の要素

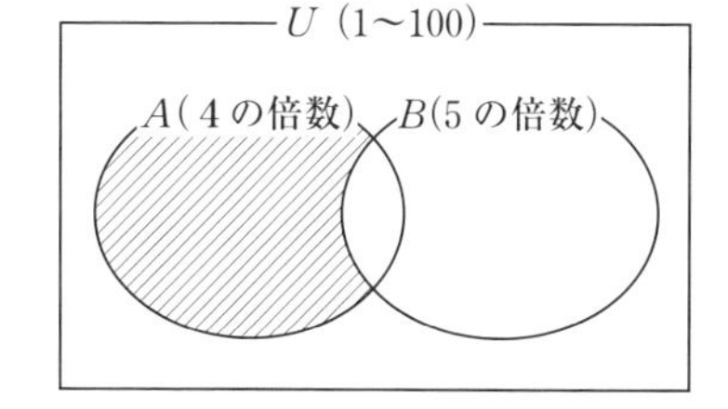

したがって，求める c の個数は

$25-5$ ← $n(A\cap\overline{B})=n(A)-n(A\cap B)$

$=20$（個）

(3)　$c\diamondsuit 20=4 \iff g$ の正の約数の個数が4

であるから，g の素因数分解の形は

(i) $g=p^3$　または　(ii) $g=pq$　（$p,\ q$ は異なる素数）

とわかる。

(i)　**$g=p^3$ のとき**

g は20 $(=2^2\cdot 5)$ の約数であるからこの場合は不適。← 20の約数で p^3 の形のものは存在しない

(ii)　**$g=pq$ のとき**

g は20 $(=2^2\cdot 5)$ の約数であるから，

$g=10$ ← 20の約数で pq の形のものは $2\cdot 5$ しかない

でなければならない。

よって，c は100以下の自然数で

10の倍数かつ4の倍数でない数 ← c が10の倍数かつ4の倍数だと $g=G(c,\ 20)=20$ となり不適

である。

したがって，求める c の個数は10，30，50，70，90の**5個**。

↑ (2)のように求めてもO.K.（直接数えた方が速い）

第 6 章 整数の割り算における商と余り

まずは，整数の除法のおさらいから。

整数の除法

整数 a を正の整数 b で割ったときの商を q，余りを r とすると，

$$a = bq + r \quad (0 \leqq r < b) \quad \cdots (☆)$$

が成り立つ。

例 19 を 5 で割ると，商は 3，余りは 4 なので，

$$19 = 5 \cdot 3 + 4$$

が成り立つ。

逆に，(☆) が成り立つとき，a を b で割ったときの商は q で余りは r であることを意味します。

例

$$a = 5(b + c) + 3$$

のとき（a，b，c は整数），a を 5 で割った商は $b + c$，余りは 3

このとき，$0 \leqq r < b$（余りは 0 以上で，割る数の b より小さい）に注意してください。

例

$$a = 5q + 11 \quad (a,\ q \text{ は整数})$$

は，a を 5 で割ったときの商が q，余りが 11 であるという意味ではありません。この式は

$$a = 5(q + 2) + 1$$ ← この部分を 5 より小さくする!!

と変形することにより，a を 5 で割った商は $q + 2$，余りは 1 を意味します。

問題 6-1

易 難

m，n は 7 で割ったときの余りがそれぞれ 3，2 となる整数である。
次の数を 7 で割ったときの余りを求めよ。

(1) $m+n$　(2) mn　(3) $2m+n$
(4) $m-2n$　(5) m^2+n^2

方針

与えられた数をそれぞれ

$7q+r$ （q，r **は整数で，** $0 \leqq r < 7$）

の形に変形します。r の部分が 0 以上 6 以下の整数となるように，式変形を工夫してみてください。

問題 6-1 の解答

仮定より，2 つの整数 m，n は

$$\begin{cases} m = 7q_1 + 3 & \leftarrow m \text{ を 7 で割ると余り 3 であることを表現} \\ n = 7q_2 + 2 & \leftarrow n \text{ を 7 で割ると余り 2 であることを表現} \end{cases}$$

と表せる（q_1，q_2 は整数）。

(1)
$$m+n = (7q_1+3)+(7q_2+2)$$
$$= 7(q_1+q_2)+5 \quad \cdots(☆)$$

より，$m+n$ を 7 で割った余りは **5**

(2)
$$mn = (7q_1+3)(7q_2+2)$$
$$= 49q_1q_2 + 14q_1 + 21q_2 + 6$$
$$= 7(7q_1q_2 + 2q_1 + 3q_2) + 6$$

より，mn を 7 で割った余りは **6**

(3)
$$2m+n = 2(7q_1+3)+(7q_2+2)$$
$$= 14q_1 + 7q_2 + 8$$
$$= 7(2q_1+q_2+1)+1 \quad \leftarrow 7(2q_1+q_2)+8 \text{ ではダメ!!}$$

より，$2m+n$ を 7 で割った余りは **1**

(4)
$$m-2n = (7q_1+3)-2(7q_2+2)$$
$$= 7q_1 - 14q_2 - 1$$
$$= 7(q_1-2q_2-1)+6 \quad \leftarrow 7(q_1-2q_2)-1 \text{ ではダメ!!}$$

より，$m-2n$ を 7 で割った余りは 6

(5)　$m^2+n^2=(7q_1+3)^2+(7q_2+2)^2$

$=49{q_1}^2+49{q_2}^2+42q_1+28q_2+13$

$=7(7{q_1}^2+7{q_2}^2+6q_1+4q_2+1)+6$ ← $7(7{q_1}^2+7{q_2}^2+6q_1+4q_2)+13$ ではダメ!!

より，m^2+n^2 を 7 で割った余りは 6

コメント

$a=bq+r$

の q が整数であることに注意してください。例えば，(1)では，q_1，q_2 が整数なので，q_1+q_2 も整数です（(☆)の式の部分）。一般に，

(整数)＋(整数) は整数
(整数)－(整数) は整数
(整数)×(整数) は整数

← この性質を「整数の集合は，和，差，積について閉じている」といいます

なので，(2)〜(5)に出てくる

$7q_1q_2+2q_1+3q_2$ ← (2)

$2q_1+q_2+1$ ← (3)

q_1-2q_2-1 ← (4)

$7{q_1}^2+7{q_2}^2+6q_1+4q_2+1$ ← (5)

も整数になります。以降の問題では，特に言及しませんが各自確認しておいてください。

問題 6-2

易 ■■ 難

自然数 n が 6 と互いに素であるとき，n^2 を 6 で割った余りが 1 であることを示せ。　（鹿児島大）

方針

n を 6 で割った余りは 0 〜 5 なので，自然数 n は下の㋐〜㋕の 6 つに分類できます。このうち，n が 6 と互いに素であるものは，㋑と㋕です。よって，2 つの場合に場合分けして処理します。

㋐ $n = 6k$ **のとき** ← n と 6 は公約数 6 をもつ

㋑ $n = 6k + 1$ **のとき** ← n と 6 は互いに素

㋒ $n = 6k + 2$ **のとき** ← n と 6 は公約数 2 をもつ

㋓ $n = 6k + 3$ **のとき** ← n と 6 は公約数 3 をもつ

㋔ $n = 6k + 4$ **のとき** ← n と 6 は公約数 2 をもつ

㋕ $n = 6k + 5$ **のとき** ← n と 6 は互いに素

(k は整数)

問題 6-2 の解答

n と 6 は互いに素なので，$n = 6k + 1$ と $n = 6k + 5$ の 2 つの場合がある (k は整数)。

(i) **$n = 6k + 1$ のとき**

このとき，

$$n^2 = (6k + 1)^2$$
$$= 36k^2 + 12k + 1$$
$$= 6(6k^2 + 2k) + 1$$ ← 6 × (整数) + 1 の形

したがって，この場合は n^2 を 6 で割った余りは 1 である。

(ii) **$n = 6k + 5$ のとき**

このとき，

$$n^2 = (6k + 5)^2$$
$$= 36k^2 + 60k + 25$$
$$= 6(6k^2 + 10k + 4) + 1$$ ← 6 × (整数) + 1 の形

したがって，この場合も n^2 を 6 で割った余りは 1 である。

以上，(i)，(ii)より，自然数 n が 6 と互いに素であるとき，n^2 を 6 で割った余りが 1 であることが示された。

コメント

㋕の場合（n を 6 で割った余りが 5 の場合）は

$n = 6k - 1$ ← $n = 6(k-1) + 5$ と変形すると 6 で割った余りは 5

と表すこともできます。これを利用すると，次のような場合分けをしない解答をつくることもできます。

問題 6-2 の別解

n と 6 は互いに素なので，$n = 6k \pm 1$ と表せる（k は整数）。

このとき，

$$
\begin{aligned}
n^2 &= (6k \pm 1)^2 \\
&= 36k^2 \pm 12k + 1 \\
&= 6(6k^2 \pm 2k) + 1 \quad \text{（複号同順）} \leftarrow 6 \times \text{(整数)} + 1 \text{ の形}
\end{aligned}
$$

したがって，自然数 n が 6 と互いに素であるとき，n^2 を 6 で割った余りが 1 であることが示された。

このように，整数 m で割った余りに関する問題では，m で割った余りで分類して，場合分けするのが定石です。

有名問題をもう１つ。　↖ 問題 6-6 のような例外もあります

問題 6-3

易 ▪▪ 難

(1) n を自然数とするとき，n^2 は 3 の倍数かまたは 3 で割った余りが 1 であることを証明せよ。

(2) 自然数 a, b, c が $a^2 + b^2 = c^2$ を満たすとき，a, b のうち少なくとも 1 つは 3 の倍数であることを証明せよ。（滋賀大）

方針

(1) 3 で割った余りに関する問題なので，整数 n を 3 で割った余りで分類して証明します。

(2) 背理法で証明します。このとき，(1)を利用して，平方数 n^2 がどう表されるかを考えます。

問題 6-3 の解答

(1) 以下，k を整数とする。

(i) **$n = 3k$ のとき**

$n^2 = (3k)^2 = 9k^2 = 3 \cdot 3k^2$ ← n^2 は 3 で割り切れる

(ii) **$n = 3k + 1$ のとき**

$n^2 = (3k + 1)^2 = 9k^2 + 6k + 1 = 3(3k^2 + 2k) + 1$ ↙ n^2 を 3 で割った余りは 1

(iii) **$n = 3k + 2$ のとき**

$n^2 = (3k + 2)^2 = 9k^2 + 12k + 4 = 3(3k^2 + 4k + 1) + 1$ ↙ n^2 を 3 で割った余りは 1

(i)，(ii)，(iii)いずれの場合も n^2 を 3 で割った余りは 0 または 1 である。

したがって，n を自然数とするとき，n^2 は 3 の倍数かまたは 3 で割った余りが 1 であることが示された。

(2) a，b が両方とも 3 の倍数でないと仮定する。← 背理法

ここで，(1)より次のことがわかる。

(☆)

n が 3 の倍数のとき	n^2 は 3 の倍数
n が 3 の倍数でないとき	n^2 は 3 で割った余りが 1

← (1)(i)より
← (1)(ii)，(iii)より

これより，

$a^2 = 3l + 1$，$b^2 = 3m + 1$ （l，m は整数）

↙ a，b ともに 3 の倍数でないので，a^2，b^2 は 3 で割った余りが 1

と表せるので，

$$a^2 + b^2 = (3l + 1) + (3m + 1)$$
$$= 3(l + m) + 2$$

よって，$a^2 + b^2$ を 3 で割った余りは 2 である。

一方，c^2 を 3 で割った余りは 0 または 1 であるから，

↑(☆)よりわかる

$a^2 + b^2 = c^2$ ←―― 左辺と右辺で 3 で割った余りが異なるので (左辺) = (右辺) は不成立

は不成立であり，これは矛盾。

したがって，a，b のうち少なくとも一方は 3 の倍数である。

◎連続する整数の積

整数は，小さい順に並べると，奇数と偶数が連続して繰り返します。

0	1	2	3	4	5	6	7	8	9	10	11	…
(偶)	(奇)	(偶)	(奇)	(偶)	(奇)	(偶)	(奇)	(偶)	(奇)	(偶)	(奇)	…

よって，連続する 2 整数 n，$n + 1$ のどちらかは偶数になります（もう一

方は奇数)。したがって，連続する 2 つの整数の積

$n(n+1)=$ (偶数) $\times$ (奇数)

は 2 の倍数（偶数）になります。

今度は整数を 3 で割った余りを考えます。今度は 0，1，2 が連続して繰り返します。

0	1	2	3	4	5	6	7	8	9	10	11	…
(0)	(1)	(2)	(0)	(1)	(2)	(0)	(1)	(2)	(0)	(1)	(2)	…

（カッコ内は 3 で割った余り）

よって，連続する 3 整数 n，$n+1$，$n+2$ の中の 1 つは 3 の倍数になります。また，n，$n+1$ のどちらか一方は偶数です。したがって，連続する 3 つの整数の積

$n(n+1)(n+2)$ ← 因数の中に 3 の倍数と 2 の倍数があるので n，$n+1$，$n+2$ の積は 6 の倍数になる

は 6 の倍数になります。

これは次のように一般化できます。

公式（連続する整数の積）

連続する k 個の整数の積

$n(n+1)(n+2)\cdots(n+k-1)$

は $k!$ の倍数である。

この公式は，n が自然数の場合，次のように解釈することもできます。

〈$k=3$ の場合〉

$$n(n+1)(n+2)=6\times\frac{n(n+1)(n+2)}{6}=6\times{}_{n+2}C_3$$

と変形する。${}_{n+2}C_3$ は，$n+2$ 人の中から 3 人選ぶ組合せの数を表すので，整数。よって，右辺は，

$6\times{}_{n+2}C_3=6\times$ (整数)

の形であるから 6 の倍数。したがって，$n(n+1)(n+2)$ は 6 の倍数。

この証明は，n が 0 以下の整数のときには意味をなさないので注意してください（例えば，$n=-3$ のとき，${}_{n+2}C_3={}_{-1}C_3$ ← 意味をなさない）。

問題 6-4

易■■□□難

整数 n に対して，n^3-n は 6 の倍数であることを示せ。　(愛媛大)

方針

一般に，

問題 5-4

a の倍数かつ b の倍数 (a と b の公倍数)	$\Longleftrightarrow$ a と b の最小公倍数 l の倍数

です。これを利用すると，

6 の倍数 $\Longleftrightarrow$ (i) 2 の倍数　かつ　(ii) 3 の倍数

なので，(i)，(ii)をそれぞれ 問題 6-3 のように証明することもできます（メンドウです）。

ここでは，前ページの公式の利用を考えます。n^3-n を因数分解すると，連続する 3 整数の積が現れるので，前ページの公式で瞬殺できます。

問題 6-4 の解答

$$n^3-n=n(n^2-1)$$
$$=(n-1)n(n+1) \leftarrow n^2-1=(n+1)(n-1)$$

より，n^3-n は 3 連続整数の積である。よって，n^3-n は $6\ (=3!)$ の倍数である。

問題 6-5

易■■■□難

n を奇数とする。次の問に答えよ。

(1) n^2-1 は 8 の倍数であることを証明せよ。

(2) n^5-n は 3 の倍数であることを証明せよ。

(3) n^5-n は 120 の倍数であることを証明せよ。　(千葉大)

方針

(2), (3)　$A = n^5 - n$

とおき，A を因数分解します。

$$A = n(n^4 - 1)$$
$$= n(n^2 - 1)(n^2 + 1) \leftarrow n^4 - 1 = (n^2 + 1)(n^2 - 1)$$
$$= (n + 1)n(n - 1)(n^2 + 1) \leftarrow n^2 - 1 = (n + 1)(n - 1)$$

このとき，

$(n + 1)n(n - 1)$ は 3 連続整数の積

なので，$(n + 1)n(n - 1)$ は 6 の倍数（ということは，3 の倍数でもある）となり，

A は 3 の倍数 …① ← A の因数 $(n + 1)n(n - 1)$ が 3 の倍数であれば A も 3 の倍数

となって，(2)はオシマイです。

また，(1)より，$n^2 - 1$ が 8 の倍数なので

A は 8 の倍数 …② ← A の因数 $n^2 - 1$ が 8 の倍数であれば A も 8 の倍数

です。よって，A が 120 の倍数であるためには

A が 5 の倍数であればよい!! ← A が 5 の倍数であれば，①，②と合わせると，A は 3，8，5 の最小公倍数 120 の倍数（問題 5-4）

とわかります。

問題 6-5 の解答

(1)　n は奇数なので，

$$n = 2k + 1 \quad (k \text{ は整数})$$

と表せる。このとき，

$$n^2 - 1 = (2k + 1)^2 - 1$$
$$= 4k^2 + 4k$$
$$= 4k(k + 1) \quad \cdots ①$$

ここで，$k(k + 1)$ は 2 連続整数の積であるから，2 の倍数である。したがって，$n^2 - 1$ は 8 の倍数である。← 詳しく説明すると

> $k(k + 1)$ は 2 の倍数なので，
> $k(k + 1) = 2l$ （l は整数）
> と表せる。①に代入すると，
> $n^2 - 1 = 4 \cdot 2l$
> $= 8l$
> $\therefore$ $n^2 - 1$ は 8 の倍数

(2)　$A = n^5 - n$

とおくと，

$$A = n(n^4 - 1)$$
$$= n(n^2 - 1)(n^2 + 1)$$
$$= (n + 1)n(n - 1)(n^2 + 1) \quad \cdots②$$ ← 因数分解した

ここで，$(n + 1)n(n - 1)$ は 3 連続整数の積であるから，6 の倍数である（6 の倍数であれば 3 の倍数でもある）。

したがって，A は 3 の倍数である。

↑ A の因数 $(n + 1)n(n - 1)$ が 3 の倍数であれば，A も 3 の倍数

(3) (1)より，A は 8 の倍数でもある。← A の因数 $n^2 - 1$ が 8 の倍数なので，A も 8 の倍数

よって，A が 5 の倍数であることを示せばよい。↖ 方針参照

$$n^2 + 1 = (n + 2)(n - 2) + 5$$

であるから，これを②に代入すると，

$$A = (n + 1)n(n - 1)\{(n + 2)(n - 2) + 5\}$$
$$= \underset{\text{5 連続整数の積なので } 120(=5!) \text{ の倍数（ということは，5 の倍数）}}{(n + 2)(n + 1)n(n - 1)(n - 2)} + \underset{5 \times (\text{整数}) \text{ なので 5 の倍数}}{5(n + 1)n(n - 1)}$$

よって，A は 2 つの 5 の倍数の和で表されたので，A は 5 の倍数。

↖ $5a + 5b = 5(a + b)$ なので，2 つの 5 の倍数の和は 5 の倍数

したがって，A は 3，8，5 の最小公倍数 120 の倍数である。

コメント

A が 5 の倍数であることの証明は，問題 6-3 のように，

$$n = 5l,\ 5l + 1,\ 5l + 2,\ 5l + 3,\ 5l + 4$$

の 5 つに場合分けしても O.K. です。← 下の別解は，$n = 5k$，$5k \pm 1$，$5k \pm 2$ で分けています（p.82 と同様）

（A が 5 の倍数であることの証明（別解））

$$A = n(n^2 - 1)(n^2 + 1)$$ ← 因数分解した

以下，l を整数とする。

(i) **$n = 5l$ のとき**

このときは，明らかに A は 5 の倍数。← A の因数 n が 5 の倍数なので A も 5 の倍数

(ii) **$n = 5l \pm 1$ のとき**

このとき，

$$n^2-1=(5l\pm 1)^2-1$$
$$=25l^2\pm 10l$$
$$=5(5l^2\pm 2l)\quad (複号同順)$$

より，n^2-1 は 5 の倍数。よって，A は 5 の倍数。← A の因数 n^2-1 が 5 の倍数なので，A も 5 の倍数

(iii) $n=5l\pm 2$ のとき

このとき，

$$n^2+1=(5l\pm 2)^2+1$$
$$=25l^2\pm 20l+5$$
$$=5(5l^2\pm 4l+1)\quad (複号同順)$$

より，n^2+1 は 5 の倍数。よって，A は 5 の倍数。← A の因数 n^2+1 が 5 の倍数なので，A も 5 の倍数

以上，(i)，(ii)，(iii)より，n を整数とするとき，A は 5 の倍数であることが示された。← n が奇数であることはココでは必要ありません

ここからは問題のレベルが上がります。

問題 6-6

易 ▪▪▪▪ 難

(1) n を自然数とする。n^2 を 4 で割ったときの余りは 0 または 1 であることを証明せよ。

(2) 自然数の組 (x, y) について，$5x^2+y^2$ が 4 の倍数ならば，x，y はともに偶数であることを証明せよ。

(3) 自然数の組 (x, y) で，$5x^2+y^2=2016$ を満たすものをすべて求めよ。

（慶大・改）

方針

(1) 4 で割った余りに関する問題です。定石通りだと，n を 4 で割った余りで分類し場合分けします（問題 6-3）。ここでは，例外的に 2 で割った余りで場合分け（偶奇分け）します。

(2) 背理法で証明します。問題 6-3 と同様に平方数 n^2 がどのように表されるかを考えます。

(3) 範囲の絞りこみを行います。←「範囲の絞りこみ」は第 9 章で詳しく扱います

例えば，整数 a，b が

$$a^2 + b^2 = 5$$

を満たすとき，

$$b^2 = 5 - a^2$$

と変形すると，

$a^2 \leqq 5$ ← $b^2 \geqq 0$ なので $5 - a^2 \geqq 0$

$\therefore -\sqrt{5} \leqq a \leqq \sqrt{5}$ ← これを範囲の絞りこみといいます

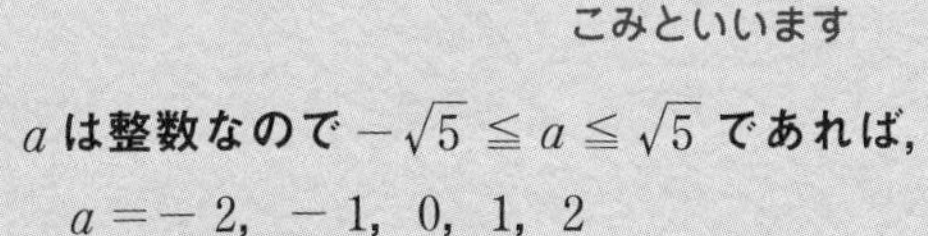

a は整数なので $-\sqrt{5} \leqq a \leqq \sqrt{5}$ であれば，

$$a = -2,\ -1,\ 0,\ 1,\ 2$$

と決定することができます。

なお，これは，右図の円からもわかります。

問題 6-6 の解答

(1) 以下，k を整数とする。

(i) $n = 2k$ のとき

$n^2 = (2k)^2 = 4k^2$ ← n^2 は 4 で割り切れる

(ii) $n = 2k + 1$ のとき

$n^2 = (2k + 1)^2 = 4k^2 + 4k + 1 = 4(k^2 + k) + 1$ ← n^2 は 4 で割った余りが 1

(i)，(ii)より，n^2 を 4 で割った余りは 0 または 1 であることが示された。

(2) (1)より，次のことがわかる。

(☆)

n が偶数のとき	n^2 は 4 の倍数
n が奇数のとき	n^2 は 4 で割った余りが 1

x，y のうち，少なくとも一方が奇数であると仮定すると，← 背理法

$$\begin{cases} \text{(i)} & x：奇数，\ y：奇数 \\ \text{(ii)} & x：奇数，\ y：偶数 \\ \text{(iii)} & x：偶数，\ y：奇数 \end{cases}$$

の3つの場合がある。

(i) **x：奇数，y：奇数のとき**

この場合，(☆)より，

$$x^2 = 4l_1 + 1,\ y^2 = 4l_2 + 1 \quad (l_1,\ l_2 \text{は整数})$$

と表せ，

$$\begin{aligned} 5x^2 + y^2 &= 5(4l_1 + 1) + (4l_2 + 1) \\ &= 20l_1 + 4l_2 + 6 \\ &= 4(5l_1 + l_2 + 1) + 2 \end{aligned}$$

← $5x^2 + y^2$ を4で割った余りは2とわかる

よって，この場合は $5x^2 + y^2$ が4の倍数ではないので矛盾。

(ii) **x：奇数，y：偶数のとき**

この場合，(☆)より，

$$x^2 = 4l_1 + 1,\ y^2 = 4l_2 \quad (l_1,\ l_2 \text{は整数})$$

と表せ，

$$\begin{aligned} 5x^2 + y^2 &= 5(4l_1 + 1) + 4l_2 \\ &= 20l_1 + 4l_2 + 5 \\ &= 4(5l_1 + l_2 + 1) + 1 \end{aligned}$$

← $5x^2 + y^2$ を4で割った余りは1とわかる

よって，この場合も $5x^2 + y^2$ が4の倍数ではないので矛盾。

(iii) **x：偶数，y：奇数のとき**

この場合，(☆)より，

$$x^2 = 4l_1,\ y^2 = 4l_2 + 1 \quad (l_1,\ l_2 \text{は整数})$$

と表せ，

$$\begin{aligned} 5x^2 + y^2 &= 5 \cdot 4l_1 + 4l_2 + 1 \\ &= 4(5l_1 + l_2) + 1 \end{aligned}$$

← $5x^2 + y^2$ を4で割った余りは1とわかる

よって，この場合も $5x^2 + y^2$ が4の倍数ではないので矛盾。

したがって，$5x^2 + y^2$ が4の倍数であれば，x，y はともに偶数である。

(3) $5x^2 + y^2 = 2016$ …① ← $2016 = 4 \times 504$ より，2016は4の倍数

$5x^2 + y^2$ は4の倍数であるから，(2)より，x，y はともに偶数。よって，

$$x = 2x_1,\ y = 2y_1 \quad (x_1,\ y_1 \text{は自然数})$$

とおける。これを①に代入すると，

$$5(2x_1)^2+(2y_1)^2=2016$$ ← 両辺を4で割った

$$\therefore\ 5{x_1}^2+{y_1}^2=504\ \cdots ②$$ ← 左辺が再び $5\bigcirc^2+\triangle^2$ の形になった

ここで，$504=4\times126$ であるから，$5{x_1}^2+{y_1}^2$ は4の倍数。再び②より，x_1，y_1 は偶数であり，

$$x_1=2x_2,\ y_1=2y_2\quad(x_2,\ y_2 \text{ は自然数})$$

とおける。これを②に代入すると，

$$5(2x_2)^2+(2y_2)^2=504$$ ← 両辺を4で割った

$$\therefore\ 5{x_2}^2+{y_2}^2=126\ \cdots ③$$

ここで，

$$5{x_2}^2=126-{y_2}^2\leqq125$$ ← $y_2\geqq1$ なので $126-{y_2}^2\leqq125$

$$\therefore\ {x_2}^2\leqq25$$ ← 範囲の絞りこみ

より，

$$x_2=1,\ 2,\ 3,\ 4,\ 5$$ ← $x>0$ より，$x_2>0$

でなければならない（必要条件）。

- $x_2=1$ のとき，③より，${y_2}^2=121$　$(y_2=11)$
- $x_2=2$ のとき，③より，${y_2}^2=106$　（不適）
- $x_2=3$ のとき，③より，${y_2}^2=81$　$(y_2=9)$
- $x_2=4$ のとき，③より，${y_2}^2=46$　（不適）
- $x_2=5$ のとき，③より，${y_2}^2=1$　$(y_2=1)$

← y_2 が自然数にならないので不適（十分ではない）

以上より，求める答は

$x=2x_1$，$x_1=2x_2$ より，$x=4x_2$
$y=2y_1$，$y_1=2y_2$ より，$y=4y_2$

$$\boldsymbol{(x,\ y)=(4,\ 44),\ (12,\ 36),\ (20,\ 4)}$$

◎ $ax=by$ を満たす整数 x，y

最後の問題を解くために，少し準備をします。次の公式は，整数問題では非常に重要です。

公式（$ax=by$ を満たす整数 x，y）

2つの整数 a と b は互いに素とする。x，y が整数のとき，

$$ax=by$$

であれば，x は b の倍数であり，y は a の倍数である。

例えば，$a = 4$，$b = 15$ の場合を考えます。

$$4x = 15y$$

を変形すると，

$$x = \frac{15y}{4}$$

左辺は整数なので，$\frac{15y}{4}$ は整数です。ところが 4 と 15 は互いに素なので約分できません。よって，$\frac{15y}{4}$ が整数になる（すなわち，分母の 4 が約分されて 1 になる）ためには，y が 4 の倍数にならなければいけません（このとき，分母は約分されて 1 となる）。

同様に

$$y = \frac{4x}{15}$$

から，x は 15 の倍数とわかります。

また，前ページの公式は次のように言いかえることができます。

公式の言いかえ

2つの整数 a と b は互いに素とする。このとき，x, y を整数とするとき，

・ax が b の倍数ならば，x は b の倍数

・by が a の倍数ならば，y は a の倍数

ちょっと，練習してみましょう。

問題 6-7

易 ■ 難

次の等式を満たす整数 x，y を求めよ。

(1) $10x = 7y$

(2) $5x + 4y = 0$

問題 6-7 の解答

(1) 10と7は互いに素であるから，xは7の倍数である。よって，

$$x = 7k \quad (k \text{は整数})$$

とおける。等式に代入すると，

$$10 \cdot 7k = 7y$$

$$\therefore \ y = 10k$$

したがって，求める整数x，yは

$$\boldsymbol{x = 7k,\ y = 10k} \quad \textbf{(}\boldsymbol{k}\textbf{は整数)}$$

(2) 5と4は互いに素であるから，xは4の倍数である。よって，

$$x = 4k \quad (k \text{は整数})$$

とおける。等式に代入すると，

$$5 \cdot 4k + 4y = 0$$

$$\therefore \ y = -5k$$

したがって，求める整数x，yは

$$\boldsymbol{x = 4k,\ y = -5k} \quad \textbf{(}\boldsymbol{k}\textbf{は整数)}$$

コメント

kは任意の整数なので，(1)，(2)を満たす整数x，yは無数にあります。

問題 6-8

易 ▮▮▮ 難

aとbは互いに素な2以上の整数とする。

(1) kを整数とするとき，akをbで割った余りを$r(k)$で表す。k，lを$b-1$以下の正の整数とするとき，

$$k \neq l \text{ ならば } r(k) \neq r(l)$$

であることを示せ。

(2) $ax + by = 1$を満たす整数x，yが存在することを示せ。

（大阪女大・改）

方針

(1)　対偶を証明します。つまり，

$$r(k) = r(l) \text{ ならば } k = l$$

を証明します。

(2)　2つの集合 A，B を

$$A = \{1,\ 2,\ 3,\ \cdots,\ b-1\}$$

$$B = \{r(1),\ r(2),\ r(3),\ \cdots,\ r(b-1)\}$$

とおき，$A = B$ を証明します。 ポイント は次の3つです。

ポイント1

> 2つの有限集合 X，Y に対し，
>
> $X \subset Y$，$n(X) = n(Y)$
>
> のとき，$X = Y$ である。

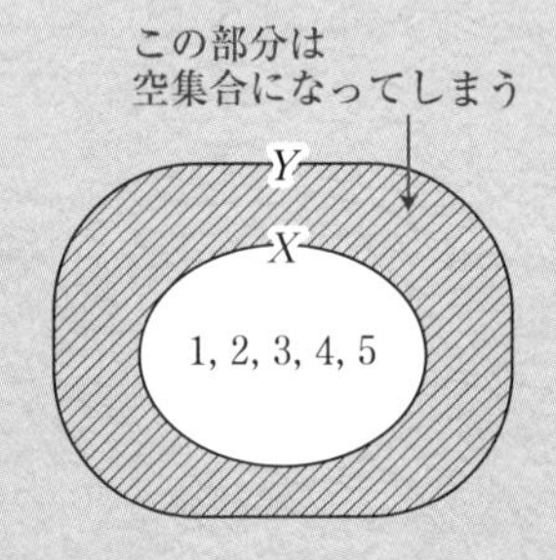

例えば，

$$Y = \{1,\ 2,\ 3,\ 4,\ 5\}$$

で，$X \subset Y$，$n(X) = n(Y) = 5$ のとき，

$X = Y$ ← X が Y の部分集合で，要素の個数が等しいなら $X = Y$

が成り立つことは直感的に明らかだと思います。

ポイント2

$r(k)$ $(k = 1,\ 2,\ 3,\ \cdots,\ b-1)$ は ak を b で割った余りなので，0，1，2，$\cdots$，$b-1$ のどれかですが，どの $r(k)$ も0にはなりません。

理由

ある k に対し，$r(k) = 0$ と仮定する。 ← 背理法

このとき，ak は b で割り切れる。 ← 余りが0なので

ところが a と b は互いに素であるから，k が b で割り切れる。

↑ p.92の公式の言いかえ

$1 \leqq k \leqq b-1$ より，これは矛盾。 ← $b-1$ 以下の自然数は b で割り切れない

したがって，どの $r(k)$ も0ではない。

これより，すべての $r(k)$ は1，2，3，$\cdots$，$b-1$ のどれかなので $B \subset A$ となります。← 集合 B の任意の要素 x に対して，$x \in A$ なので $B \subset A$

ポイント3

(1)で証明した

$k \neq l$　ならば　$r(k) \neq r(l)$

は，集合 B の要素 $r(1)$, $r(2)$, $r(3)$, $\cdots$, $r(b-1)$ は互いに相異なることを意味します。よって，

$n(B) = b - 1$

です。

ポイント1 ～ **ポイント3** を組み合わせてみましょう。少し難しいので，$b = 4$ の具体例で。このとき，

$A = \{1, 2, 3\}$

$B = \{r(1), r(2), r(3)\}$

です。**ポイント2** より，$r(k)$ $(k = 1, 2, 3)$ は 0 になることはないので，1, 2, 3 のうちどれか（4 で割った余りだから）。よって，

$B \subset A$ ←

$r(1)$ は 1, 2, 3 のどれか
$r(2)$ も 1, 2, 3 のどれか
$r(3)$ も 1, 2, 3 のどれか
よって，$B \subset A$

です。次に，(1)を使うと，

$k \neq l$ ならば $r(k) \neq r(l)$

なので，$r(1)$, $r(2)$, $r(3)$ は互いに相異なります。← **ポイント3**

↑

$1 \neq 2$　より　$r(1) \neq r(2)$
$2 \neq 3$　より　$r(2) \neq r(3)$
$3 \neq 1$　より　$r(3) \neq r(1)$
$\therefore$ $r(1)$, $r(2)$, $r(3)$ は互いに相異なる

これより，

$n(B) = 3$ ← これより，$n(A) = n(B)$ とわかります

なので，**ポイント1** より，

$A = B$

となります。

問題 6-8 の解答

(1) 対偶を示す。仮定より，

$$\begin{cases} ak = bq_1 + r(k) & \cdots① \\ al = bq_2 + r(l) & \cdots② \end{cases}$$ ← ak，al を b で割った商をそれぞれ q_1，q_2 とおくと，①，②のように表される

と表される（q_1，q_2 は整数）。

$r(k) = r(l)$ とすると，①−②より，

$a(k-l) = b(q_1 - q_2)$ ← $r(k)$，$r(l)$ は消える

a と b は互いに素であるから，

$k-l$ は b の倍数 …③

ここで，$1 \leqq k \leqq b-1$，$1 \leqq l \leqq b-1$ より，

$-(b-2) \leqq k-l \leqq b-2$ …④ ← $k-l$ の最大値は $(b-1)-1=b-2$　$k-l$ の最小値は $1-(b-1)=-(b-2)$

③，④より，

$k-l=0$ ← $-(b-2)$ 以上 $b-2$ 以下で b の倍数は 0 しかない

$\therefore\ k=l$

したがって，

$k \neq l$ ならば $r(k) \neq r(l)$ ← 対偶が示されたので元の命題も正しい

である。

(2) 2つの集合を次で定義する。

$A = \{1,\ 2,\ 3,\ \cdots,\ b-1\}$

$B = \{r(1),\ r(2),\ r(3),\ \cdots,\ r(b-1)\}$

ここで，どの $r(k)$ も 0 ではない $(k=1,\ 2,\ \cdots,\ b-1)$。

理由

ある k に対し，$r(k)=0$ と仮定すると，ak は b で割り切れる。

a と b は互いに素であるから，k が b で割り切れる。$1 \leqq k \leqq b-1$ より，これは矛盾。したがって，すべての k に対し $r(k) \neq 0$

これより，

$B \subset A$ ←── $r(k)(\neq 0)$ は b で割った余りなので，$1, 2, 3, \cdots, b-1$ のどれか。よって，任意の k に対し，$r(k) \in A$ なので，$B \subset A$

また，(1)より，

$r(1)$，$r(2)$，$r(3)$，…，$r(b-1)$

は互いに異なるので，← 方針参照

$n(B) = b-1$

$n(A) = n(B)$ であるから，

$A = B$

よって，$1 \in A$ に対し，

$1 = r(k)$ ← $A = B$ なので，$1 \in A = B$（1 は集合 B の要素）よって，$1 = r(k)$ となる k が存在する

となる $r(k) \in B$ が存在する。

ak を b で割った商を q とすると，

$ak = bq + r(k)$

と表され，$r(k) = 1$ であるから，

$ak = bq + 1$ ← $r(k) = 1$ を代入

$\therefore\ 1 = ak + b(-q)$

したがって，

$ax + by = 1$

となる整数 x，y が存在する（$x = k$，$y = -q$ とすればよい）。

コメント

(2)は，次のように拡張できることが知られています。

〈定理〉

2つの整数 a，b の最大公約数を g とする。このとき，

$ax + by = g$

となる整数 x，y が存在する。

↑

a, b が 2 以上の整数で，$g = 1$（つまり，a と b が互いに素）のときが 問題 6-8 (2)です。
（この定理は 問題 6-8 (2)の証明を少しアレンジして証明します）

なお，この定理は，整数問題のいろいろな場面で登場します。

第7章 ユークリッドの互除法

公式(互除法の原理)

同時に0ではない整数 a, b と整数 q, r について，関係式

$$a = bq + r \cdots (☆)$$

が成り立つとき，

$$G(a,\ b) = G(b,\ r)$$

整数 a を正の整数 b で割った商と余りをそれぞれ q, r とすると，(☆)が成り立ちます。これを繰り返し利用して，最大公約数を求める方法がユークリッドの互除法です。

ただし，上の公式は割り算ではないときも（つまり，$0 \leqq r < b$ の成立，不成立に関係なく）a, b, q, r が(☆)の条件さえ満たせば使えます。

問題 7-1

易▪▮▮▮難

上の公式を証明せよ。（茨城大，広島市大）

方針

$$g_1 = G(a,\ b),\ g_2 = G(b,\ r)$$

とおき，$g_1 = g_2$ を

(step1) $g_1 \leqq g_2$　　(step2) $g_2 \leqq g_1$

に分けて証明します（問題 5-5 と同じ）。

ポイントとなるのは次の事実。

最大公約数は公約数の中で一番大きい!! ← 定義

つまり，

> $g_1 = G(a,\ b)$, c **を** a **と** b **の公約数とするとき，**
>
> $c \leqq g_1$
>
> **が成り立つ。**

問題 7-1 の解答

$a = bq + r \cdots(☆)$

$g_1 = G(a, b)$, $g_2 = G(b, r)$

とおき，$g_1 = g_2$ を示す。

(step1)　$g_1 \leqq g_2$ の証明

g_1 は，a と b の最大公約数であるから，

$$\begin{cases} a = a_1 g_1 \\ b = b_1 g_1 \end{cases} \quad (a_1, \ b_1 \text{は整数})$$

← a_1 と b_1 は互いに素ですが，今回の証明では使わないのでそれを書いていません

と表せる。これを(☆)に代入すると，

$a_1 g_1 = b_1 g_1 \cdot q + r$

$\therefore \ r = (a_1 - b_1 q) g_1$ ← r について解いた

よって，g_1 は r の約数である。← 要するに

a と b が g_1 で割り切れるので
$r = a - bq$
も g_1 で割り切れるということ。

g_1 は b の約数でもあるから，← g_1 は a と b の最大公約数だから，g_1 は b の約数

g_1 は b と r の公約数 ← g_1 は b と r 両方に共通な約数

したがって，

$g_1 \leqq g_2$ ← g_2 は b と r の最大公約数なので，g_1 が b と r の公約数であれば $g_1 \leqq g_2$

である。

(step2)　$g_2 \leqq g_1$ の証明

g_2 は b と r の最大公約数であるから，

$$\begin{cases} b = b_2 g_2 \\ r = r_2 g_2 \end{cases} \quad (b_2, \ r_2 \text{は整数})$$

← b_2 と r_2 は互いに素ですが，今回の証明では使わないので，それを書いていません

と表せる。これを(☆)に代入すると，

$a = b_2 g_2 \cdot q + r_2 g_2$

$= (b_2 q + r_2) g_2$

よって，g_2 は a の約数である。← 要するに

b と r が g_2 で割り切れるので，
$a = bq + r$
も g_2 で割り切れるということ。

g_2 は b の約数でもあるから，← g_2 は b と r の最大公約数だから，g_2 は b の約数

g_2 は a と b の公約数 ← g_2 は a と b 両方に共通な約数

したがって，

$g_2 \leqq g_1$ ← g_1 は a と b の最大公約数なので，g_2 が a と b の公約数であれば $g_2 \leqq g_1$

である。

(step1)，(step2) より，

$g_1 = g_2$

すなわち，

$G(a, b) = G(b, r)$

であることが示された。

互除法の原理の証明は次の誘導で出題されたこともあります。

問題 7-2

易 ▂▄▆█ 難

同時に0ではない整数 a, b と整数 q, r について関係式

$a = bq + r$ …(☆)

が成り立つとき，

(1) 整数 d が a と b の公約数であることと，d が b と r の公約数であることは同値であることを証明せよ。

(2) $G(a,\ b) = G(b,\ r)$ であることを証明せよ。 （首都大東京・改）

方針

(1) 問題 7-1 とほぼ同じ流れです。

(2) $\begin{cases} G_1 : a \text{ と } b \text{ の公約数の集合} \\ G_2 : b \text{ と } r \text{ の公約数の集合} \end{cases}$

とおき，$G_1 = G_2$ を示します。 ← $G_1 = G_2$ であれば，それぞれの集合の中で最大の要素である $G(a,\ b)$ と $G(b,\ r)$ も一致する

そのためには

$G_1 \subset G_2$ **かつ** $G_2 \subset G_1$

であることを示します（p.16 集合の相等 参照）。

問題 7-2 の解答

(1) 「d が a と b の公約数 $\Longleftrightarrow$ d が b と r の公約数」を示す。

d が a と b の公約数と仮定する。このとき，

$$\begin{cases} a = a_1 d \\ b = b_1 d \end{cases} \quad (a_1,\ b_1 \text{ は整数})$$

と表される。(☆)に代入すると，

$$a_1 d = b_1 d \cdot q + r$$

$$\therefore\ r = (a_1 - b_1 q)d$$

↙ d は a と b の公約数だから，d は b の約数である

よって，d は r の約数。d は b の約数でもあるから，d は b と r の公約数である。

(step2)　(⇐)の証明

逆に，d が b と r の公約数と仮定する。このとき，

$$\begin{cases} b = b_2 d \\ r = r_2 d \end{cases} \quad (b_2,\ r_2 \text{は整数})$$

と表される。(☆)に代入すると，

$$\begin{aligned} a &= b_2 d \cdot q + r_2 d \\ &= (b_2 q + r_2) d \end{aligned}$$

↙ d は b と r の公約数だから，d は b の約数である

よって，d は a の約数。d は b の約数でもあるから，d は a と b の公約数である。

以上，**(step1)**，**(step2)** より，d が a と b の公約数であることと，d が b と r の公約数であることは同値であることが示された。

(2) $\begin{cases} G_1 : a \text{と} b \text{の公約数の集合} \\ G_2 : b \text{と} r \text{の公約数の集合} \end{cases}$

とおく。(1)の **(step1)** より，

$$G_1 \subset G_2$$

← $d \in G_1$ とすると，(1) (step1)より d は b と r の公約数。すなわち，$d \in G_2$　$\therefore\ G_1 \subset G_2$

である。また，(1)の **(step 2)** より，

$$G_2 \subset G_1$$

← $d \in G_2$ とすると，(1) (step2)より d は a と b の公約数。すなわち，$d \in G_1$　$\therefore\ G_2 \subset G_1$

よって，

$$G_1 = G_2$$

← $G_1 \subset G_2$ かつ $G_2 \subset G_1$ より

G_1 と G_2 は同じ集合であるから，その中で最大の要素も一致する。

$$\therefore\ G(a,\ b) = G(b,\ r)$$

ユークリッドの互除法を使って，最大公約数を求めてみましょう。

867 と 272 の最大公約数の求め方

(i)　$867 \div 272$ を計算すると，商が 3，余り 51 なので，

$$867 = 272 \cdot 3 + 51$$

です。これより，

$$G(867,\ 272) = G(272,\ 51) \cdots ①$$

(ii)　$272 \div 51$ を計算すると，商が 5，余りが 17 なので，

$$272 = 51 \cdot 5 + 17$$

です。これより,

$G(272,\ 51) = G(51,\ 17)$ …②

(iii) $51 \div 17$ を計算すると，商が 3，余りが 0（割り切れる）…③

①，②，③より，

$G(867,\ 272) = G(272,\ 51) = G(51,\ 17) = 17$ ↖

51 は 17 で割り切れるので
51 と 17 の最大公約数は 17

このように，前の回で出現した余りを次の回の計算で用いるので，計算が進むにつれて，小さい数が出現します。← 余りは割る数よりも小さいので，①，②において左辺のペアよりも右辺のペアの方が小さくなります

なお，答案は次のように書くと簡潔です。

（答案の書き方）

$$\begin{cases} 867 = 272 \cdot 3 + 51 \\ 272 = 51 \cdot 5 + 17 \\ 51 = 17 \cdot 3 \end{cases}$$

より，

$$\begin{aligned} G(867,\ 272) &= G(272,\ 51) \\ &= G(51,\ 17) \\ &= 17 \end{aligned}$$

練習してみましょう。

問題 7-3

易 ■ □ □ 難

次の 2 数の最大公約数を求めよ。

(1) 8177，3315 （龍谷大）

(2) 8177，1649 （専修大）

問題 7-3 の解答

(1)
$$\begin{cases} 8177 = 3315 \cdot 2 + 1547 \\ 3315 = 1547 \cdot 2 + 221 \\ 1547 = 221 \cdot 7 \end{cases}$$

よって，

$$
\begin{aligned}
G(8177,\ 3315) &= G(3315,\ 1547)\\
&= G(1547,\ 221)\\
&= \mathbf{221}
\end{aligned}
$$
← 1547 は 221 の倍数より
1547 と 221 の最大公約数は 221

(2) $\begin{cases} 8177 = 1649 \cdot 4 + 1581 \\ 1649 = 1581 \cdot 1 + 68 \\ 1581 = 68 \cdot 23 + 17 \\ \ \ 68 = 17 \cdot 4 \end{cases}$

よって，

$$
\begin{aligned}
G(8177,\ 1649) &= G(1649,\ 1581)\\
&= G(1581,\ 68)\\
&= G(68,\ 17)\\
&= \mathbf{17}
\end{aligned}
$$
← 68 は 17 の倍数なので，68 と 17 の最大公約数は 17

問題 7-4

易 ■ 難

次の分数を約分して既約分数に直せ。

(1) $\dfrac{5561}{6059}$ （小樽商大）　　(2) $\dfrac{148953}{298767}$ （横浜市大・医）

方針

最大公約数で約分すると **既約分数** になります。
（既約分数：もうこれ以上約分できない分数のこと）

例 $\dfrac{12}{18} = \dfrac{2}{3}$ ← 12 と 18 の最大公約数 6 で約分すると，既約分数になる

よって，ユークリッドの互除法を利用して最大公約数を求め，その数で約分します。

問題 7-4 の解答

(1) $\begin{cases} 6059 = 5561 \cdot 1 + 498 \\ 5561 = 498 \cdot 11 + 83 \\ 498 = 83 \cdot 6 \end{cases}$

より，

$$
\begin{aligned}
G(6059,\ 5561) &= G(5561,\ 498)\\
&= G(498,\ 83)\\
&= 83
\end{aligned}
$$
← 498 は 83 の倍数より，498 と 83 の最大公約数は 83

よって，

$$
\begin{aligned}
\frac{5561}{6059} &= \frac{83 \cdot 67}{83 \cdot 73}\\
&= \mathbf{\frac{67}{73}}
\end{aligned}
$$
← 最大公約数が 83 なので，分母，分子とも 83 で割り切れる

(2) $\begin{cases} 298767 = 148953 \cdot 2 + 861 \\ 148953 = 861 \cdot 173 \end{cases}$

より，

$$
\begin{aligned}
G(298767,\ 148953) &= G(148953,\ 861)\\
&= 861
\end{aligned}
$$
← 148953 は 861 の倍数なので，148953 と 861 の最大公約数は 861

よって

$$
\begin{aligned}
\frac{148953}{298767} &= \frac{861 \cdot 173}{861 \cdot 347}\\
&= \mathbf{\frac{173}{347}}
\end{aligned}
$$
← 最大公約数が 861 なので，分母，分子とも 861 で割り切れる

次の 2 問は**恒等式**

$$a = bq + r$$

について，互除法の原理を使います。前述 (p.98) のように，b と r の大小（r は b より小さいか否か）は気にする必要はありません。

問題 7-5

易 ■■ 難

任意の自然数 n に対し，$28n + 5$ と $21n + 4$ は互いに素であることを証明せよ。（大阪市大）

問題 7-5 の解答

$$28n + 5 = (21n + 4) \cdot 1 + 7n + 1$$
$$21n + 4 = (7n + 1) \cdot 3 + 1$$
← 右辺を展開すると左辺に一致します

よって，

$$
\begin{aligned}
G(28n+5,\ 21n+4) &= G(21n+4,\ 7n+1) \\
&= G(7n+1,\ 1) \\
&= 1
\end{aligned}
$$

したがって，$28n+5$ と $21n+4$ は互いに素である。

問題 7-6

易 難

自然数 n に対して，$3n^3+n$ と n^3+1 の最大公約数を g とする。

(1) すべての n に対して，$g \neq 5$ であることを示せ。

(2) $g=14$ となるような n の最小値を求めよ。　（学習院大）

方針

問題 7-5 と同じ要領で，恒等式

$a=bq+r$ ← 割り算である必要はない

を利用して，g を簡単な 2 数の最大公約数として表現します。

すると，

$$
\begin{cases}
3n^3+n=(n^3+1)\cdot 3+n-3 \\
n^3+1=(n-3)(n^2+3n+9)+28
\end{cases}
$$

より，

$$
\begin{aligned}
g &= G(3n^3+n,\ n^3+1) \\
&= G(n^3+1,\ n-3) \\
&= G(n-3,\ 28)
\end{aligned}
$$

(1) **g は $n-3$ と 28 の最大公約数なので，g は 28 の約数です。**
よって，$g \neq 5$ は明らかです。

(2) **14 は 28 の約数なので，14 が $n-3$ の約数であれば，14 は $n-3$ と 28 の公約数です。これが最大公約数であるためには，さらに**

$n-3$ が 4 の倍数でない

という条件を付け加える必要があります。

$n-3$ が 4 の倍数になると，$n-3$ は 14 の倍数でもあるので，$n-3$ は 4 と 14 の最小公倍数 28 の倍数。このとき，
$g=G(n-3,\ 28)=28$
となり不適。

問題 7-6 の解答

(1) $3n^3+n=(n^3+1)\cdot 3+n-3$
$n^3+1=(n-3)(n^2+3n+9)+28$ ← 右辺を展開すると左辺に一致します

より，

$$g=G(3n^3+n,\ n^3+1)=G(n^3+1,\ n-3)$$
$$=G(n-3,\ 28)$$

これより，g は $n-3$ と 28 の最大公約数と一致する。特に，g は 28 の約数である。よって，$g \neq 5$ ← g は 28 の約数なので 5 にはなりえない

(2) $g=14$ となるには，$n-3$ が 14 の倍数でかつ 4 の倍数でなければよい。

よって，

$n-3=14k$ （k は奇数） ← k が偶数のときは $n-3$ が 4 の倍数になってしまいます

$\therefore\ n=14k+3$

これは $k=1$ のとき最小で，求める n の最小値は

$\boldsymbol{n=17}$ ← $k=0$（偶数）はダメ!!

◎ $g=ax+by$ となる x，y を求める

まず，準備から。

a と b の 1 次式は，$\alpha a+\beta b$ の形に直すことができます。

例

$9a+(b-3a)\cdot 4$ ← a と b の 1 次式

(与式) $=9a+4b-12a$
$=-3a+4b$

同様に，次の式においても，7 と 13 に注目し，○ × 13 ＋ △ × 7 の形に直すことができます。

例

$5\cdot 13+(7-6\cdot 13)\cdot 2$
$=5\cdot 13+2\cdot 7-12\cdot 13$
$=-7\cdot 13+2\cdot 7$ ← $5\cdot 13-12\cdot 13=(5-12)\cdot 13=-7\cdot 13$

少しわかりにくいので，もう 1 問。次の式を，○ × 5 ＋ △ × 11 の形に直してみてください。

$23 \cdot 5 + (11 - 10 \cdot 5) \cdot 4$

(答)　$23 \cdot 5 + 4 \cdot 11 - 40 \cdot 5$

$= \mathbf{-17 \cdot 5 + 4 \cdot 11}$ ← $23 \cdot 5 - 40 \cdot 5 = (23 - 40) \cdot 5 = -17 \cdot 5$

↖ ちなみに，○ × 5 ＋ △ × 11 への直し方は 1 通りではありません

コメント

p.97 の定理より，2 つの整数 a と b の最大公約数が g のとき

$g = ax + by$ …①

となる整数 x，y が存在します（存在は保証されている）。① を満たす x，y は次の手順で見つけることができます。

$g=ax+by$ となる整数 x, y の求め方(拡張ユークリッド互除法)

(i)　互除法の原理を用いて，問題 7-3 の要領で計算していくと r の部分に g が現れる。

$a_1 = b_1q_1 + r_1$

$a_2 = b_2q_2 + r_2$　$(a_2 = b_1,\ b_2 = r_1)$

$a_3 = b_3q_3 + r_3$　$(a_3 = b_2,\ b_3 = r_2)$

⋮　　← r の部分に最大公約数 g が現れる

$a_k = b_kq_k + r_k$　$(a_k = b_{k-1},\ b_k = r_{k-1})$　$b_l = r_{l-1}$ なのでそこに代入

(ii)　$r = \square \times a_l + ⬠ \times b_l$ に $r_{l-1} = a_{l-1} - b_{l-1}q_{l-1}$ を代入し，その式を○ × a_{l-1} ＋ △b_{l-1} の形に直す（$l = k$，…，3，2，1 の順で行う）。

これもわかりにくいので，具体例で。

例えば，175 $(= 5^2 \cdot 7)$ と 65 $(= 5 \cdot 13)$ の最大公約数は 5 です。

$5 = 175x + 65y$ …(☆)

を満たす整数 x，y は次のように求めます。

$$\begin{cases} 175 = 65 \cdot 2 + 45 & \cdots ① \\ 65 = 45 \cdot 1 + 20 & \cdots ② \\ 45 = 20 \cdot 2 + 5 & \cdots ③ \end{cases}$$

↖ r の部分に最大公約数が現れる

③より，

$5 = 45 - 20 \cdot 2$
$\quad = 45 - (65 - 45) \cdot 2$ ← ②より，$20 = 65 - 45$
$\quad = -2 \cdot 65 + 3 \cdot 45$ ← ○ × 65 + △ × 45 の形に直す
$\quad = -2 \cdot 65 + 3(175 - 65 \cdot 2)$ ← ①より，$45 = 175 - 65 \cdot 2$
$\quad = \mathbf{3 \cdot 175 - 8 \cdot 65}$ ← ○ × 175 + △ × 65 の形に直す

よって，$x = 3$，$y = -8$ とすると，

$5 = 175x + 65y$

コメント

(☆)の式の両辺を 5 で割ると，

$1 = 35x + 13y$

これを満たす x，y を求めた方が計算が簡単です。

(別解)

$$\begin{cases} 35 = 13 \cdot 2 + 9 & \cdots ① \\ 13 = 9 \cdot 1 + 4 & \cdots ② \\ 9 = 4 \cdot 2 + 1 & \cdots ③ \end{cases}$$

← r の部分に最大公約数が現れる

③より，

$1 = 9 - 4 \cdot 2$
$\quad = 9 - (13 - 9) \cdot 2$ ← ②より，$4 = 13 - 9$
$\quad = -2 \cdot 13 + 3 \cdot 9$ ← ○ × 13 + △ × 9 の形に直す
$\quad = -2 \cdot 13 + 3(35 - 13 \cdot 2)$ ← ①より，$9 = 35 - 13 \cdot 2$
$\quad = 3 \cdot 35 - 8 \cdot 13$ ← ○ × 35 + △ × 13 の形に直す

よって，$x = 3$，$y = -8$ とすると，

$35x + 13y = 1$

この式の両辺を 5 倍すると，$x = 3$，$y = -8$ に対し，

$175x + 65y = 5$

問題 7-7

易■■□難

次の2整数a, bは最大公約数が1である（証明しなくてよい）。

$ax + by = 1$

となる整数x, yを1つ求めよ。← 条件を満たすx, yは無数にあります（第8章）

(1) $a = 16$, $b = 5$

(2) $a = 16$, $b = 7$

(3) $a = 25$, $b = 9$

(4) $a = 51$, $b = 23$

問題 7-7 の解答

(1) $16 = 5 \cdot 3 + 1$

より，

$1 = 16 - 5 \cdot 3$

よって，$(x, y) = (1, -3)$ とすると，$16x + 5y = 1$

(2) $\begin{cases} 16 = 7 \cdot 2 + 2 & \cdots ① \\ 7 = 2 \cdot 3 + 1 & \cdots ② \end{cases}$

②より，

$1 = 7 - 2 \cdot 3$

$= 7 - (16 - 7 \cdot 2) \cdot 3$ ← ①より，$2 = 16 - 7 \cdot 2$

$= -3 \cdot 16 + 7 \cdot 7$ ← $\bigcirc \times 16 + \triangle \times 7$ の形に直す

よって，$(x, y) = (-3, 7)$ とすると，$16x + 7y = 1$

(3) $\begin{cases} 25 = 9 \cdot 2 + 7 & \cdots ③ \\ 9 = 7 \cdot 1 + 2 & \cdots ④ \\ 7 = 2 \cdot 3 + 1 & \cdots ⑤ \end{cases}$

⑤より，

$1 = 7 - 2 \cdot 3$

$= 7 - (9 - 7) \cdot 3$ ← ④より，$2 = 9 - 7$

$= -3 \cdot 9 + 4 \cdot 7$ ← $\bigcirc \times 9 + \triangle \times 7$ の形に直す

$= -3 \cdot 9 + 4(25 - 9 \cdot 2)$ ← ③より，$7 = 25 - 9 \cdot 2$

$= 4 \cdot 25 - 11 \cdot 9$ ← $\bigcirc \times 25 + \triangle \times 9$ の形に直す

よって，$(x,\ y) = (4,\ -11)$ とすると，$25x + 9y = 1$

(4) $\begin{cases} 51 = 23 \cdot 2 + 5 & \cdots ⑥ \\ 23 = 5 \cdot 4 + 3 & \cdots ⑦ \\ 5 = 3 \cdot 1 + 2 & \cdots ⑧ \\ 3 = 2 \cdot 1 + 1 & \cdots ⑨ \end{cases}$

⑨より，

$1 = 3 - 2 \cdot 1$

$= 3 - (5 - 3) \cdot 1$ ← ⑧より，$2 = 5 - 3$

$= -1 \cdot 5 + 2 \cdot 3$ ← ○ × 5 + △ × 3 の形に直す

$= -1 \cdot 5 + 2(23 - 5 \cdot 4)$ ← ⑦より，$3 = 23 - 5 \cdot 4$

$= 2 \cdot 23 - 9 \cdot 5$ ← ○ × 23 + △ × 5 の形に直す

$= 2 \cdot 23 - 9(51 - 23 \cdot 2)$ ← ⑥より，$5 = 51 - 23 \cdot 2$

$= -9 \cdot 51 + 20 \cdot 23$ ← ○ × 51 + △ × 23 の形に直す

よって，$(x,\ y) = (-9,\ 20)$ とすると，$51x + 23y = 1$

第8章 1次不定方程式 $ax+by=c$

1次不定方程式 $ax+by=c$ の整数解の求め方を学びます。← a, b, c は整数

◎ $c=0$ の場合

$c=0$ のときは，p.91 の公式を使って処理します。なお，a と b が互いに素ではない場合は，両辺を a と b の最大公約数で割ることにより，互いに素の場合に帰着できます。

$12x+18y=0$ ← 12 と 18 の最大公約数は 6

⇩ 両辺を 6 で割ると

$2x+3y=0$ ← a と b が互いに素の場合に帰着

問題 8-1

易 ■ 難

次の方程式の整数解を求めよ。

(1) $4x-3y=0$　　(2) $7x+10y=0$

問題 8-1 の解答

(1) 4 と 3 は互いに素であるから，x は 3 の倍数である。よって，

$x=3k$ （k は整数）

とおける。方程式に代入すると，

$4\cdot3k-3y=0$

$\therefore\ y=4k$

したがって，$\boldsymbol{x=3k,\ y=4k}$ （$\boldsymbol{k}$ **は整数**）

(2) 7 と 10 は互いに素であるから，x は 10 の倍数である。よって，

$x=10k$ （k は整数）

とおける。方程式に代入すると，

$7\cdot10k+10y=0$

$\therefore\ y=-7k$

したがって，$\boldsymbol{x=10k,\ y=-7k}$ （$\boldsymbol{k}$ **は整数**）

コメント

k は任意の整数なので，解は無数にあります。また，問題 8-1 のタイプは，瞬時に答が出せるようにしてください。

問題 8-2

易 難

次の方程式の整数解を求めよ。

(1) $6(x-1)-5(y-3)=0$

(2) $5(x+4)+3(y-11)=0$

(3) $7(x+2)-8y=0$

方針

(1) $X=x-1$，$Y=y-3$ とおきます。このとき，方程式は

$$6X-5Y=0$$

となり，問題 8-1 と同じタイプになります。よって，

$$X=5k,\ Y=6k\quad (k \text{ は整数})$$

となり，

$$x-1=5k,\ y-3=6k$$

$$\therefore\ x=5k+1,\ y=6k+3\quad (k \text{ は整数})$$

となります。解答を書くときは，頭の中だけでおきかえて次のように書いてください。

問題 8-2 の解答

以下において，k は整数とする。

(1) 6 と 5 は互いに素であるから，

$$x-1=5k,\ y-3=6k$$

したがって，

$$\boldsymbol{x=5k+1,\ y=6k+3}$$

(2)　5と3は互いに素であるから，

$x + 4 = 3k, \quad y - 11 = -5k$

したがって，

$\boldsymbol{x = 3k - 4, \quad y = -5k + 11}$

(3)　7と8は互いに素であるから，

$x + 2 = 8k, \quad y = 7k$

したがって，

$\boldsymbol{x = 8k - 2, \quad y = 7k}$

◎ $c = 1$ の場合

次に，c が1の場合を考えます。

a と b が互いに素でないときは，方程式 $ax + by = 1$ は整数解をもちません。

問題 8-3

易 ■■□ 難

不定方程式 $6x + 2y = 1$ は整数解をもたないことを証明せよ。

（島根大）

方針

背理法で証明します。a と b が互いに素でないときは，左辺を a と b の最大公約数でくくることによって矛盾が導けます。

問題 8-3 の解答

整数解 $(x, y) = (x_0, y_0)$ をもつと仮定する。← 背理法

このとき，

$6x_0 + 2y_0 = 1$ ← (x_0, y_0) は解なので方程式を満たす

$\therefore \ 2(3x_0 + y_0) = 1$ ← 6と2の最大公約数2でくくる

これは，2が1の約数であることを意味するから矛盾。← $2 \times$(整数)$= 1$ の形なので

したがって，不定方程式 $6x + 2y = 1$ は整数解をもたない。

次に a と b が互いに素のときを考えます。このとき，方程式

$$ax+by=1 \quad \cdots①$$

p.97 の定理より存在する ↓

は，少なくとも 1 つの整数解 $(x_0,\ y_0)$ をもち，

$$ax_0+by_0=1 \quad \cdots② \quad \leftarrow (x_0,\ y_0) \text{ は①の解}$$

が成り立ちます。

ここで $(x_0+b,\ y_0-a)$ も①の解です。実際，①の左辺に $(x_0+b,\ y_0-a)$ を代入すると，

②より ↙

$$a(x_0+b)+b(y_0-a)=ax_0+by_0=1$$

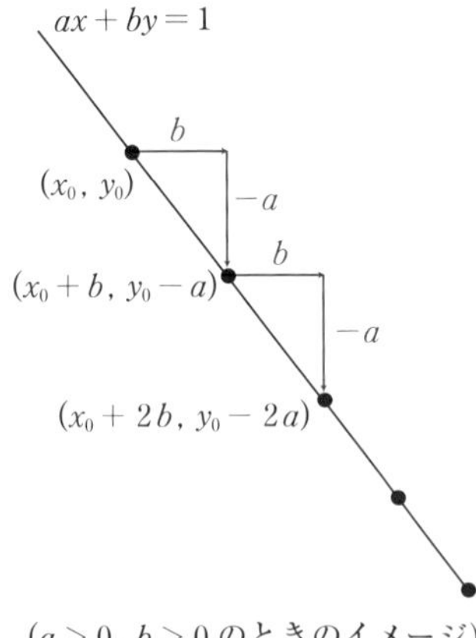

($a>0$, $b>0$ のときのイメージ)

同様にして $(x_0+2b,\ y_0-2a)$ も①の解です。

このようにして，

$$(x_0,\ y_0),\ (x_0+b,\ y_0-a),\ (x_0+2b,\ y_0-2a),\ (x_0+3b,\ y_0-3a),\ \cdots$$

というように，①の解は無数に存在します。これは直線 $ax+by=1$ 上の格子点を求めていると考えれば理解しやすいと思います。

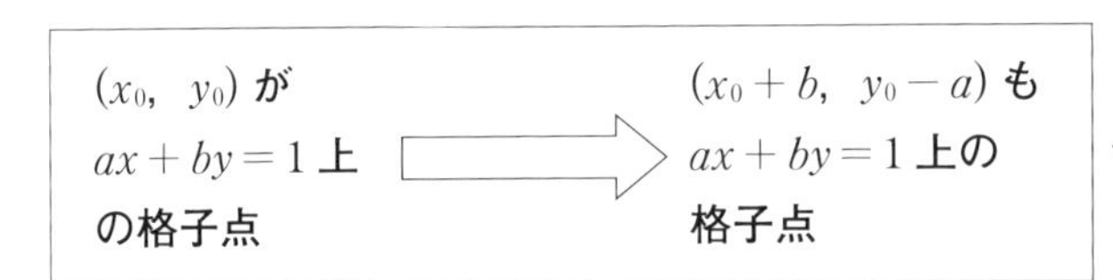

← 傾きが $-\dfrac{a}{b}$ なので x 座標を b 増やし，y 座標を a 減らした点も $ax+by=1$ 上の格子点

無数にある①の整数解の 1 つを特殊解といいます（解が無数にあるので，特殊解の選び方も無数にある）。特殊解を利用すると，①のすべての整数解（一般解といいます）は次のように求めることができます。

$ax+by=1$ の解法（a と b は互いに素な整数）

(i) 特殊解 $(x,\ y)=(x_0,\ y_0)$ を見つける。

↑ 方程式の解の 1 つが特殊解（特殊解は無数にある）

(ii) 右のように，2 式を並べて引くと，**問題 8-2** のタイプの方程式に帰着する。

$(x_0,\ y_0)$ は $ax+by=1$ を満たす

$$\begin{array}{rl} & ax+by=1 \\ -) & ax_0+by_0=1 \\ \hline & a(x-x_0)+b(y-y_0)=0 \end{array}$$

例 $2x + 3y = 1$ …①

簡単な方程式の場合，特殊解は勘で見つけます

(答)　①の特殊解として $(-1,\ 1)$ をとれる。

$$\begin{cases} 2x + 3y = 1 & \cdots ① \\ 2\cdot(-1) + 3\cdot 1 = 1 & \cdots ② \end{cases}$$

← $(-1,\ 1)$ は①を満たす

①−②より，

$2(x+1) + 3(y-1) = 0$ ← **問題 8-2** のタイプの方程式に帰着

2 と 3 は互いに素であるから，

$x + 1 = 3k,\ y - 1 = -2k$

$\therefore\ \boldsymbol{x = 3k - 1,\ y = -2k + 1}$　**(k は整数)**

この解のことを一般解という

特殊解のとり方は他にもあるので，答の表現の仕方も無数にあります。

(**例** の答（別の表現）)

①の特殊解として $(2,\ -1)$ をとれる。

$$\begin{cases} 2x + 3y = 1 & \cdots ① \\ 2\cdot 2 + 3\cdot(-1) = 1 & \cdots ② \end{cases}$$

← $(2,\ -1)$ も①を満たす

①−②より，

$2(x-2) + 3(y+1) = 0$

2 と 3 は互いに素であるから，

$x - 2 = 3k,\ y + 1 = -2k$

$\therefore\ \boldsymbol{x = 3k + 2,\ y = -2k - 1}$　**(k は整数)** ← k が整数全体を動くと，上の答と同じ集合を表します

問題 8-4

易 難

(1) 次の方程式の整数解を求めよ。

$4x + 7y = 1$

(2) (1)の整数解のうち，$x \leqq 10$，$y \leqq 10$ を満たすものは何組あるか。

方針

1次不定方程式の解は，k の1次式なので $(x,\ y)$ の組の数は k の個数と一致します。

例 $(x,\ y) = (2k + 1,\ 3k - 2)$

$$\begin{cases} k = 4 \longrightarrow (x,\ y) = (9,\ 10) \\ k = 5 \longrightarrow (x,\ y) = (11,\ 13) \\ k = 6 \longrightarrow (x,\ y) = (13,\ 16) \\ k = 7 \longrightarrow (x,\ y) = (15,\ 19) \end{cases}$$

← k が4個あるので (x, y) も4組ある。

よって，$x \leqq 10$，$y \leqq 10$ となる k の個数を求めます。

問題 8-4 の解答

(1) $4x + 7y = 1$ $\cdots$①

$4 \cdot 2 + 7 \cdot (-1) = 1$ $\cdots$② ← $(2,\ -1)$ が特殊解

①−②より，

$4(x - 2) + 7(y + 1) = 0$

4と7は互いに素であるから，

$x - 2 = 7k$，$y + 1 = -4k$ （k は整数）

したがって，

$\boldsymbol{x = 7k + 2}$，$\boldsymbol{y = -4k - 1}$ **（k は整数）** ← 一般解

(2) $x \leqq 10$，$y \leqq 10$ より，

$$\begin{cases} 7k + 2 \leqq 10 \\ -4k - 1 \leqq 10 \end{cases}$$

$$\therefore -\frac{11}{4} \leqq k \leqq \frac{8}{7}$$

k のとりうる値は4個ある ↓

これを満たす整数 k は，$k = -2,\ -1,\ 0,\ 1$ であるから，(1)の整数解で $x \leqq 10$，$y \leqq 10$ を満たすものは4組。

問題 8-5

易■■　難

$2018x+251y=1$ を満たす整数の組 $(x,\ y)$ の中で，x の絶対値が最小となるものを求めよ。　(北見工大)

方針

特殊解が簡単に見つからない場合は，拡張ユークリッド互除法 (p.107) **を使って見つけます。**

問題 8-5 の解答

(step1)　特殊解を見つける

$$\begin{cases} 2018=251\cdot 8+10 & \cdots① \\ 251=10\cdot 25+1 & \cdots② \end{cases}$$

②より，

$1=251-10\cdot 25$

$=251-(2018-251\cdot 8)\cdot 25$ ← ①より，$10=2018-251\cdot 8$

$=-25\cdot 2018+201\cdot 251$ ← ○ × 2018 + △ × 251 の形に直す

よって，$2018x+251y=1$ の特殊解として $(x,\ y)=(-25,\ 201)$ をとれる。

(step2)　不定方程式を解き，x の絶対値が最小のものを見つける

$2018x+251y=1$　$\cdots③$

$2018\cdot(-25)+251\cdot 201=1$　$\cdots④$

③ − ④より，

$2018(x+25)+251(y-201)=0$

2018 と 251 は互いに素であるから，

$x+25=251k,\ y-201=-2018k$　(k は整数)

したがって，

$x=251k-25,\ y=-2018k+201$　(k は整数)

このうち，x の絶対値が最小となるのは，$k=0$ のときであるから，求める答は

$(x,\ y)=(-25,\ 201)$

◎一般の c $(c \neq 0)$ の場合

$ax+by=1$ のときの特殊解 $(x_0,\ y_0)$ を c 倍した $(cx_0,\ cy_0)$ は $ax+by=c$ の特殊解になります。

$3x+5y=13$ の特殊解を求めよ。

(答) $3x+5y=1$ の特殊解は $(x,\ y)=(2,\ -1)$ であるから,

$$3\cdot2+5\cdot(-1)=1$$
$$3\cdot26+5\cdot(-13)=13$$

両辺を 13 倍

よって, $3x+5y=13$ の特殊解は $(x,\ y)=(26,\ -13)$ ← 特殊解なので答は他にもあります

不定方程式の解き方は p.114 と同じです。

$ax+by=c$ $(c \neq 0)$ の解法(a と b は互いに素な整数)

(i) 特殊解 $(x,\ y)=(x_0,\ y_0)$ を見つける。← 選び方は無数にある

(ii) 右のように 2 式を並べて引くと, 問題 8-2 のタイプの方程式に帰着する。

$$\begin{array}{rl} & ax+by=c \\ -) & ax_0+by_0=c \\ \hline & a(x-x_0)+b(y-y_0)=0 \end{array}$$

問題 8-6

易 ▂▄ 難

不定方程式 $92x+197y=10$ を満たす整数の組 $(x,\ y)$ の中で x の絶対値が最小のものを求めよ。 (センター試験)

問題 8-6 の解答

(step1) 特殊解を見つける

$$\begin{cases} 197=92\cdot2+13 & \cdots① \\ 92=13\cdot7+1 & \cdots② \end{cases}$$

②より,

$$\begin{aligned} 1&=92-13\cdot7 \\ &=92-(197-92\cdot2)\cdot7 \quad \leftarrow ①より,\ 13=197-92\cdot2 \\ &=15\cdot92-7\cdot197 \quad \leftarrow (15,\ -7)\ は\ 92x+197y=1\ の特殊解 \end{aligned}$$

この式を 10 倍すると,

$150 \cdot 92 - 70 \cdot 197 = 10$

よって，$92x + 197y = 10$ の特殊解として $(x,\ y) = (150,\ -70)$ をとれる。

(step2)　不定方程式を解き，x の絶対値が最小のものを見つける

$92x + 197y = 10$　　　　　…③

$92 \cdot 150 + 197 \cdot (-70) = 10$ …④

③－④より，

$92(x - 150) + 197(y + 70) = 0$

92 と 197 は互いに素であるから，

$x - 150 = 197k,\ \ y + 70 = -92k$

$\therefore\ x = 197k + 150,\ \ y = -92k - 70$　（k は整数）

このうち，x の絶対値が最小となるのは，$k = -1$ のときであるから，求める答は

$(x,\ y) = (-47,\ 22)$

◎連立合同式の問題

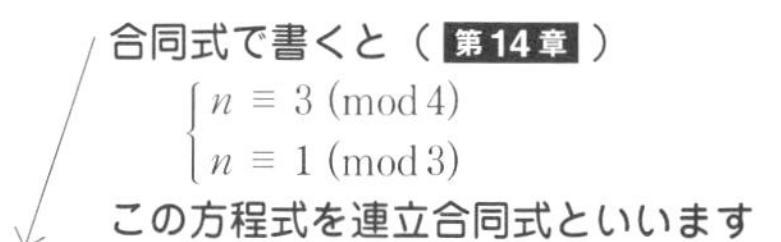

例えば，次の問題を考えます。

> 4で割ると余りが3，3で割ると余りが1となる数nはどのような数か。

このような数は，3×4 $(= 12)$ で割った余りが a となる数 $(0 \leqq a \leqq 11)$ として表現できることが知られています。← この問題の解の存在を保証する定理を，中国剰余の定理といいます

実際，k を整数とするとき，次の表のようになります。

n	3で割った余り	4で割った余り
$12k$	0	0
$12k+1$	1	1
$12k+2$	2	2
$12k+3$	0	3
$12k+4$	1	0
$12k+5$	2	1
$12k+6$	0	2
$12k+7$	1	3
$12k+8$	2	0
$12k+9$	0	1
$12k+10$	1	2
$12k+11$	2	3

よって，$n = 12k + 7$ は4で割った余りが3で，3で割った余りが1となる数になっています。

この数は，1次不定方程式を利用して求めることができます。

(問題の答)

仮定より，

$$\begin{cases} n = 4a + 3 \leftarrow n \text{は4で割った余りが3} \\ n = 3b + 1 \leftarrow n \text{は3で割った余りが1} \end{cases}$$

と表せる(a と b は整数)。n を消去すると，

$4a + 3 = 3b + 1$

$4a - 3b = -2$ …① ← 1次不定方程式になった

①の特殊解は $(a,\ b) = (1,\ 2)$ であるから，

$4 \cdot 1 - 3 \cdot 2 = -2$ …②

①－②より，

$4(a - 1) - 3(b - 2) = 0$

4と3は互いに素であるから，

$a - 1 = 3k,\ b - 2 = 4k$

$\therefore\ a = 3k + 1,\ b = 4k + 2\quad$ (k は整数)

したがって，

$$
\begin{aligned}
n &= 4a + 3 \\
&= 4(3k + 1) + 3 \\
&= 12k + 7
\end{aligned}
$$

b を使っても同じです。
$n = 3b + 1$
$= 3(4k + 2) + 1$
$= 12k + 7$

よって，n は 12 で割った余りが 7 となる数である。

問題 8-7

易 難

6 で割ると 3 余り，17 で割ると 5 余る 3 桁の自然数で最大のものを求めよ。 （関西大）

問題 8-7 の解答

求める数を n とおくと，

$$
\begin{cases} n = 6a + 3 \\ n = 17b + 5 \end{cases}
$$

← 6 で割ると 3 余る
← 17 で割ると 5 余る

と表せる（a，b は整数）。これより，

$6a + 3 = 17b + 5$ ← n を消去

$6a - 17b = 2$ …① ← 1 次不定方程式

$(a,\ b) = (6,\ 2)$ は①の特殊解であるから，← 特殊解が勘でわからないときは拡張ユークリッド互除法を使います（p.107）

$6 \cdot 6 - 17 \cdot 2 = 2$ …②

①－②より，

$6(a - 6) - 17(b - 2) = 0$

6 と 17 は互いに素であるから，

$a - 6 = 17k,\ b - 2 = 6k$

$\therefore\ a = 17k + 6,\ b = 6k + 2$ （k は整数）

よって，

$$
\begin{aligned}
n &= 6a + 3 \\
&= 6(17k + 6) + 3 \\
&= 102k + 39
\end{aligned}
$$

← n は 102（$= 6 \times 17$）で割った余りが 39 となる数

n は 3 桁で最大の数なので，

$k = 9$

$n < 1000$ を解くと，
$102k + 39 < 1000$
$k < \dfrac{961}{102} = 9.\cdots$
$\therefore\ k = 9$ のとき 3 桁で最大

のときである。したがって，求める n は

$n = 957$

問題 8-8

易 ■■ 難

3 で割ると 2 余り，5 で割ると 3 余り，11 で割ると 9 余る正の整数のうちで，3 桁で最大のものを求めよ。（早大）

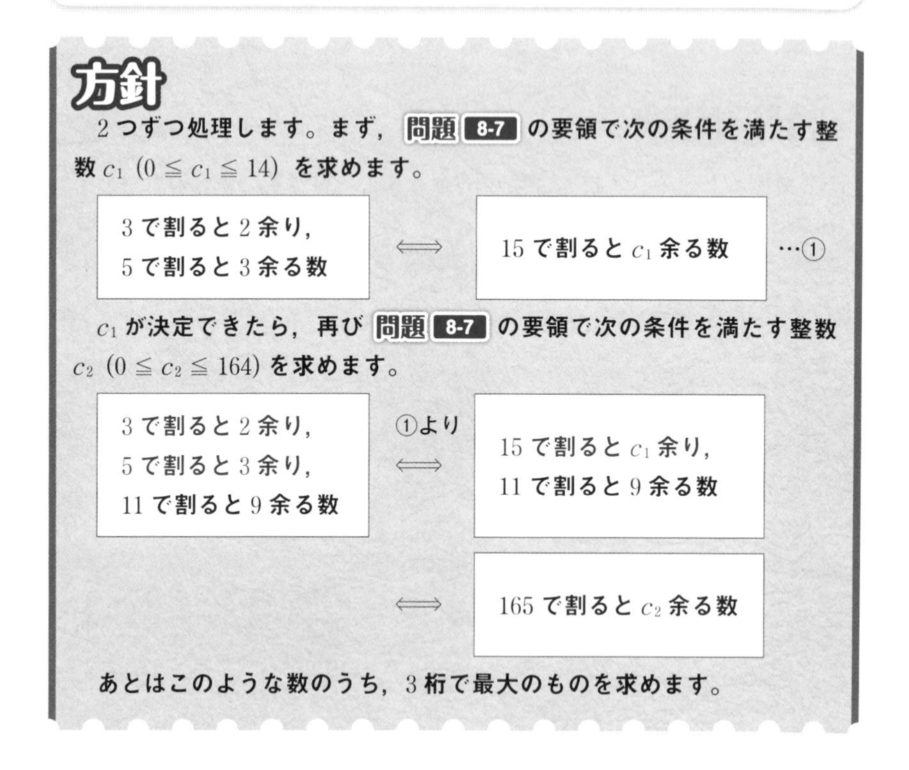

方針

2 つずつ処理します。まず，問題 8-7 の要領で次の条件を満たす整数 c_1 $(0 \leqq c_1 \leqq 14)$ を求めます。

3 で割ると 2 余り， 5 で割ると 3 余る数	$\Longleftrightarrow$	15 で割ると c_1 余る数	…①

c_1 が決定できたら，再び 問題 8-7 の要領で次の条件を満たす整数 c_2 $(0 \leqq c_2 \leqq 164)$ を求めます。

3 で割ると 2 余り， 5 で割ると 3 余り， 11 で割ると 9 余る数	①より $\Longleftrightarrow$	15 で割ると c_1 余り， 11 で割ると 9 余る数
	$\Longleftrightarrow$	165 で割ると c_2 余る数

あとはこのような数のうち，3 桁で最大のものを求めます。

問題 8-8 の解答

(step1) 3 で割ると 2 余り，5 で割ると 3 余る数を求める

求める数を n とすると，

$$\begin{cases} n = 3a + 2 & \leftarrow 3 \text{ で割ると余り } 2 \\ n = 5b + 3 & \leftarrow 5 \text{ で割ると余り } 3 \end{cases}$$

と表せる（a，b は整数）。これより，

$3a + 2 = 5b + 3$ ← n を消去

$\therefore\ 3a - 5b = 1$ …① ← 1 次不定方程式になる

$(a,\ b) = (2,\ 1)$ は①の特殊解であるから，

$3\cdot 2 - 5\cdot 1 = 1$ …②

①－②より，

$3(a-2) - 5(b-1) = 0$

3と5は互いに素であるから，

$a-2=5k,\ b-1=3k$

$\therefore\ a=5k+2,\ b=3k+1$ （kは整数）

よって，

$$\begin{aligned} n &= 3a+2 \\ &= 3(5k+2)+2 \\ &= 15k+8 \end{aligned}$$

であるから，nは15で割ると8余る数である。

(step2)　15で割ると8余り，11で割ると9余る整数mのうち，3桁で最大のものを見つける

$$\begin{cases} m = 15a_1 + 8 & \leftarrow \text{15で割ると余り8} \\ m = 11b_1 + 9 & \leftarrow \text{11で割ると余り9} \end{cases}$$

と表せる（a_1，b_1は整数）。これより，

$15a_1 + 8 = 11b_1 + 9$ ← mを消去

$\therefore\ 15a_1 - 11b_1 = 1$ …③

$(a_1,\ b_1) = (3,\ 4)$は③の特殊解であるから，

$15\cdot 3 - 11\cdot 4 = 1$ …④

③－④より

$15(a_1-3) - 11(b_1-4) = 0$

15と11は互いに素であるから，

$a_1 - 3 = 11k_1,\ b_1 - 4 = 15k_1$

$\therefore\ a_1 = 11k_1 + 3,\ b_1 = 15k_1 + 4$ （k_1は整数）

よって，

$$\begin{aligned} m &= 15a_1 + 8 \\ &= 15(11k_1+3)+8 \\ &= 165k_1 + 53 \end{aligned}$$
← mは165で割ると，53余る数である

このようなmのうち，3桁で最大のものは

$k_1 = 5$ ←

のときである。したがって，求めるmは

$\boldsymbol{m = 878}$

> $m < 1000$を解くと，
> $165k_1 + 53 < 1000$
> $k_1 < \dfrac{947}{165} = 5.\cdots$
> $\therefore\ k_1 = 5$のとき3桁で最大

第9章 その他の不定方程式

整数を決定する問題では，次の 2 つの考え方がよく使われます。

・その 1　範囲を絞りこむ
・その 2　積が一定の形にもちこむ

◎範囲を絞りこむとは

例えば，m が整数で

$3.4 \leqq m \leqq 6.2$ ← このように m の上限と下限が定まっていることを“範囲を絞りこむ”といいます

であれば，m は

$m = 4,\ 5,\ 6$ ← m が実数のときは範囲を絞りこんでも m のとりうる値は無数にあります

のどれかになります。

問題 9-1

易■□□難

方程式 $3x + 4y = 30$ を満たす正の整数 x，y の値の組を求めよ。

方針

第8章 で学んだ 1 次不定方程式です。ここでは，$x > 0$，$y > 0$ に注目して解いてみます。まず，

$$4y = 30 - 3x$$
$$= 3(10 - x)$$

と変形します。4 と 3 は互いに素なので，y は 3 の倍数です。
↖ p.91 の公式

また，x は正の整数なので，

$4y = 30 - 3x \leqq 27$ ← $x \geqq 1$ なので $30 - 3x \leqq 27$

これより，y は $\dfrac{27}{4}$ 以下の正の整数とわかります（範囲の絞りこみ）。

問題 9-1 の解答

$$4y = 30 - 3x$$
$$= 3(10 - x)$$

4 と 3 は互いに素であるから，y は 3 の倍数である。

また，

$$4y = 30 - 3x \leqq 27$$ ← $x \geqq 1$ を利用

より，

$$0 < y \leqq \frac{27}{4}$$ ← 範囲の絞りこみ

よって，

$$y = 3,\ 6$$ ← $0 < y \leqq \frac{27}{4}$ で 3 の倍数は 3，6 しかない

である。

$$\begin{cases} y = 3 \text{ のとき，} x = 6 & \leftarrow 3x = 30 - 4y = 18 \\ y = 6 \text{ のとき，} x = 2 & \leftarrow 3x = 30 - 4y = 6 \end{cases}$$

であるから，求める x，y は

$$(x,\ y) = (6,\ 3),\ (2,\ 6)$$

問題 9-2

易 難

方程式 $x^2 + y^2 = 5$ を満たす整数の組 $(x,\ y)$ を求めよ。

方針

$y^2 \geqq 0$ （実数の 2 乗は 0 以上）なので，

$$x^2 = 5 - y^2 \leqq 5$$

です。これより，

$$-\sqrt{5} \leqq x \leqq \sqrt{5}$$

と範囲の絞りこみができます。

なお，これは右図の円の方程式からもわかります。

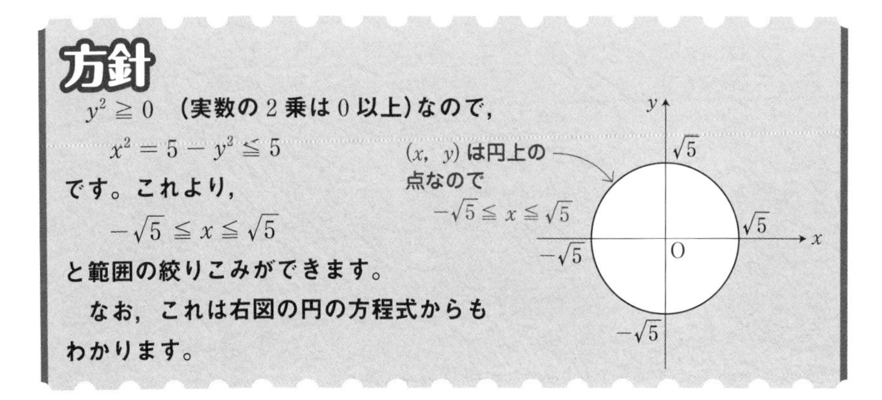

問題 9-2 の解答

$$x^2 = 5 - y^2 \leqq 5$$

より，

$-\sqrt{5} \leqq x \leqq \sqrt{5}$ ← 範囲の絞りこみ

$\therefore\ x = -2,\ -1,\ 0,\ 1,\ 2$

である。← 必要条件

ここで，

$$\begin{cases} x = \pm 2 \text{ のとき，} y^2 = 5 - x^2 = 1 \text{ より，} y = \pm 1 \\ x = \pm 1 \text{ のとき，} y^2 = 5 - x^2 = 4 \text{ より，} y = \pm 2 \\ x = 0 \text{ のとき，} \quad y^2 = 5 - x^2 = 5 \quad (y \text{ は整数でないので不適}) \end{cases}$$

したがって，求める答は

$(x,\ y) = (\pm 2,\ \pm 1),\ (\pm 1,\ \pm 2)$ （複号任意）← 複号任意なので答は 8 組あります。

◎積が一定の形にもちこむとは

例えば，m，n が整数で，

$mn = 4$ ← この形を「積が一定」といいます

であれば，m，n の組を決定することができて，

$(m,\ n) = (1,\ 4),\ (2,\ 2),\ (4,\ 1),\ (-1,\ -4),\ (-2,\ -2),\ (-4,\ -1)$

となります。ただし，これも m，n が整数であることに注意してください。

↑ m，n が実数のとき，$mn = 4$ を満たす $(m,\ n)$ は無数にあります

問題 9-3

易 ■ 難

x，y は正の整数とする。このとき，$x^2 - y^2 = 225$ を満たす x，y の組 $(x,\ y)$ を求めよ。（関西大）

方針

左辺を因数分解すると，

$(x + y)(x - y) = 225$

なので，積が一定の形です。$x + y > 0$，$x + y > x - y$ に注意して，$x + y$，$x - y$ を決定します。← 負の数は考えなくてよい

問題 9-3 の解答

$(x+y)(x-y)=225$ ← 積が一定

であり，$x+y>x-y$，$x+y>0$ より，$x+y$ と $x-y$ の組合せは下の 4 つである。

$x+y$	225	75	45	25	…①
$x-y$	1	3	5	9	…②

← 4 つの連立方程式ができた

①＋②より，

$2x=226,\ 78,\ 50,\ 34$

$x=113,\ 39,\ 25,\ 17$ ← このとき，①（または②）に代入すると y が求まります

したがって，求める答は

$(x,\ y)=(113,\ 112),\ (39,\ 36),\ (25,\ 20),\ (17,\ 8)$

問題 9-4

易 難

次の方程式を満たす正の整数の組 $(x,\ y)$ を求めよ。

(1) $xy+2x-4y=57$ （玉川大）

(2) $xy-2x-2y-13=0$ （近畿大）

方針

$xy+ax+by=c$ 型（$a,\ b,\ c$ は定数）の方程式は，恒等式

$xy+ax+by=(x+b)(y+a)-ab$

を利用して左辺を変形します。そのあと $-ab$ を移項することにより，積が一定の形になります。

問題 9-4 の解答

(1) $xy+2x-4y=57$

$(x-4)(y+2)+8=57$ ← $xy+ax+by=(x+b)(y+a)-ab$

$\therefore\ (x-4)(y+2)=49$ ← 積が一定

よって，$x-4$ と $y+2$ の組合せは

$x-4$	1	7
$y+2$	49	7

← y は正の整数なので，$y+2$ は 3 以上の整数であることに注意すると，この 2 組しかない

したがって，求める答は

$(x,\ y)=(5,\ 47),\ (11,\ 5)$

(2) $xy-2x-2y-13=0$

$(x-2)(y-2)-4-13=0$ ← $xy+ax+by=(x+b)(y+a)-ab$

$(x-2)(y-2)=17$ ← 積が一定

よって，$x-2$ と $y-2$ の組合せは

$x-2$	1	17
$y-2$	17	1

← $x-2$，$y-2$ は -1 以上の整数なので，$(x-2,\ y-2)=(-17,\ -1),\ (-1,\ -17)$ は考えなくてよい

したがって，求める答は

$(x,\ y)=(3,\ 19),\ (19,\ 3)$

コメント

xy の係数が 1 でないときは，両辺を適当な整数で割って，xy の係数を 1 にしてから式変形し，分母を払います。途中式で有理数が出てきても問題ありません。

↖ このタイプは 問題 9-10 で登場します

例 $2xy+3x+y=16$ を満たす正の整数の組 $(x,\ y)$ を求めよ。

(答) $xy+\frac{3}{2}x+\frac{1}{2}y=8$ ← 両辺を 2 で割り，xy の係数を 1 にする

$\left(x+\frac{1}{2}\right)\left(y+\frac{3}{2}\right)-\frac{3}{4}=8$ ← $xy+ax+by=(x+b)(y+a)-ab$

$\left(x+\frac{1}{2}\right)\left(y+\frac{3}{2}\right)=\frac{35}{4}$

$\therefore\ (2x+1)(2y+3)=35$ ← 両辺を 4 倍して分母を払い，整数係数にする

よって，$2x+1$，$2y+3$ の組合せは

$2x+1$	5	7
$2y+3$	7	5

← $2x+1$ は 3 以上の整数，$2y+3$ は 5 以上の整数です

したがって，求める答は

$(x,\ y)=(2,\ 2),\ (3,\ 1)$

問題 9-5

易 ■■ 難

2次方程式 $x^2 - px + 2p = 0$ が整数解 α, β をもつとき ($\alpha \geqq \beta$), p の値を求めよ。 (青山学院大・改)

方針

解と係数の関係を利用すると,

$$\begin{cases} \alpha + \beta = p \\ \alpha\beta = 2p \end{cases}$$

です。これより, p を消去すると, 問題 9-4 と同じタイプの方程式 ($xy + ax + by = c$ 型) になります。

問題 9-5 の解答

解と係数の関係より,

$$\begin{cases} \alpha\beta = 2p & \cdots① \\ \alpha + \beta = p & \cdots② \end{cases}$$

①－②×2より, ← p を消去

$$\alpha\beta - 2\alpha - 2\beta = 0 \leftarrow xy + ax + by = c \text{ 型}$$

$$(\alpha - 2)(\beta - 2) - 4 = 0$$

$$\therefore\ (\alpha - 2)(\beta - 2) = 4 \leftarrow \text{積が一定}$$

よって, $\alpha - 2$, $\beta - 2$ の組合せは

$\alpha - 2$	4	2	-1	-2
$\beta - 2$	1	2	-4	-2

$\alpha \geqq \beta$ より $\alpha - 2 \geqq \beta - 2$ に注意!!

$$\therefore\ (\alpha, \beta) = (6, 3), (4, 4), (1, -2), (0, 0)$$

したがって,

$p = 9, 8, -1, 0$ ← $p = \alpha + \beta$

◎2次不定方程式　$ax^2 + bxy + cy^2 = d$　($a \neq 0$, $c \neq 0$, $d > 0$)

例えば,

$$\begin{cases} -x^2 - y^2 = 1 & \cdots\text{空集合} \\ x^2 + 2xy + y^2 = 1 & \cdots 2\text{直線} \end{cases}$$

などの少数の例外もあります

2次式 $ax^2 + bxy + cy^2 = d$ は, いろいろな図形を表します (数学Ⅲ)。整数問題でよく出題されるのは, 楕円型方程式と双曲線型方程式です。

〈楕円型方程式〉

例 $x^2+4xy+5y^2=1$

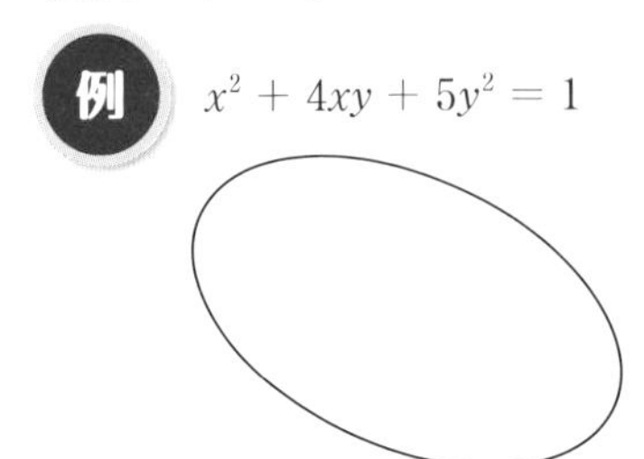

〈双曲線型方程式〉

例 $x^2+4xy+3y^2=1$

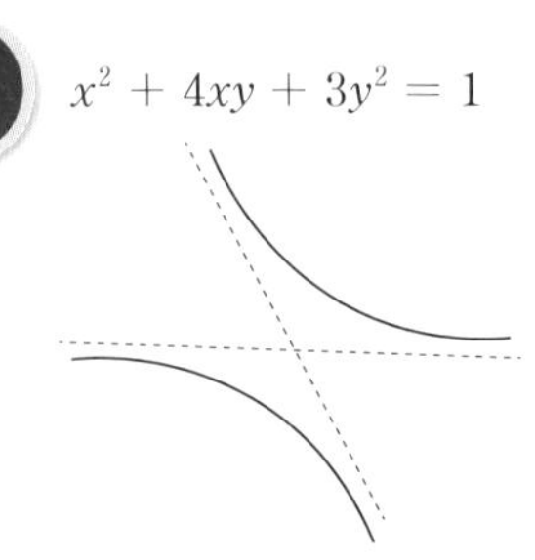

2式の違いはわかりますか？ $ax^2+bxy+cy^2=d$ が少数の例外（空集合，2直線など）にならないときは，$ax^2+bxy+cy^2$ を平方完成することにより，

$(\quad)^2+(\quad)^2$ ならば楕円
$(\quad)^2-(\quad)^2$ ならば双曲線

を表します。

上の 例 の場合

$$\begin{cases} x^2+4xy+5y^2=(x+2y)^2+y^2 \text{ なので，} x^2+4xy+5y^2=1 \text{ は楕円型} \\ x^2+4xy+3y^2=(x+2y)^2-y^2 \text{ なので，} x^2+4xy+3y^2=1 \text{ は双曲線型} \end{cases}$$

となります。

楕円型方程式は楕円を表すので，x，y の範囲を絞りこむことができます。上の例の場合，

$$x^2+4xy+5y^2=1$$
$$(x+2y)^2+y^2=1$$

これより，

$$y^2 \leqq 1 \leftarrow y^2=1-(x+2y)^2 \text{ なので } y^2 \text{ は } 1 \text{ 以下}$$
$$-1 \leqq y \leqq 1$$

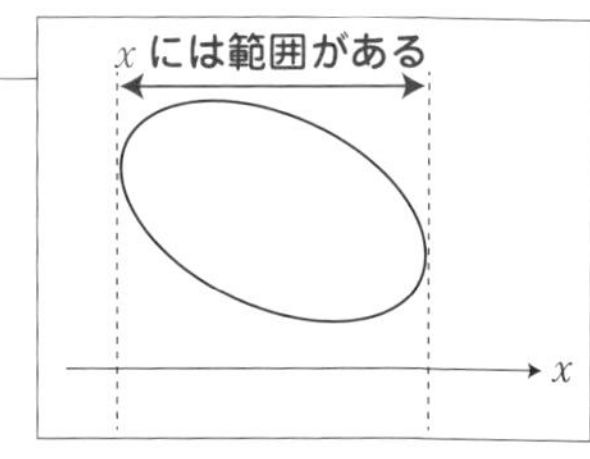

です。

一方，双曲線型方程式は双曲線を表すので，範囲を絞りこむことは不可能です（双曲線は無限にのびる図形）。ただし，大学入試で出題される双曲線型は，左辺が因数分解できるものがほとんどです。例えば，上の 例 の場合，

$$x^2+4xy+3y^2=1$$
$$(x+y)(x+3y)=1 \leftarrow \text{左辺が因数分解できる}$$

となり，積が一定の形にもちこめます。

（有理数の範囲で）因数分解できないタイプの出題はわずかですが，その

場合は丁寧な誘導がついているのでそれに従うようにしてください（**第17章** で扱います）。

問題 9-6

易 ▪▮▮ 難

次の方程式を満たす整数の組 (x, y) を求めよ。

(1)　$x^2 + 2xy + 3y^2 = 27$　（早大）

(2)　$x^2 + 5xy + 4y^2 = 7$

方針

(1)は楕円型です。平方完成して，範囲の絞りこみを行います。

(2)は双曲線型です。左辺が因数分解できることに注意して，積が一定の形にもちこみます。

問題 9-6 の解答

(1)　$x^2 + 2xy + 3y^2 = 27$ …①

$(x + y)^2 + 2y^2 = 27$

よって，

$2y^2 \leqq 27$ ← $2y^2 = 27 - (x + y)^2$ **より，** $2y^2$ **は** 27 **以下**

$\therefore\ y^2 \leqq \dfrac{27}{2}$

y は整数であるから，

$y = -3,\ -2,\ -1,\ 0,\ 1,\ 2,\ 3$

$y = -3$ のとき，①は　x^2　$6x - 0$　$(x = 0,\ 6)$

$y = -2$ のとき，①は　$x^2 - 4x - 15 = 0$

（x は整数でないから，この場合は不適）

$y = -1$ のとき，①は　$x^2 - 2x - 24 = 0$　$(x = 6,\ -4)$

$y = 0$ のとき，①は　$x^2 - 27 = 0$

（x は整数でないから，この場合は不適）

$y = 1$ のとき，①は　$x^2 + 2x - 24 = 0$　$(x = -6,\ 4)$

$y = 2$ のとき，①は　$x^2 + 4x - 15 = 0$

（x は整数でないから，この場合は不適）

$y = 3$ のとき，①は　$x^2 + 6x = 0$　$(x = 0,\ -6)$

したがって，求める答は

$(x,\ y) = (0,\ -3),\ (6,\ -3),\ (6,\ -1),\ (-4,\ -1),\ (-6,\ 1),$
$(4,\ 1),\ (0,\ 3),\ (-6,\ 3)$

(2) $x^2 + 5xy + 4y^2 = 7$ …②

$(x + 4y)(x + y) = 7$ ← 積が一定

よって，$x + 4y$ と $x + y$ の組合せは

$x + 4y$	7	1	-1	-7	…③
$x + y$	1	7	-7	-1	…④

③－④より，

$3y = 6,\ -6$

$y = 2,\ -2$

$\begin{cases} y = 2 \text{ のとき，②は } x^2 + 10x + 9 = 0 \quad (x = -1,\ -9) \\ y = -2 \text{ のとき，②は } x^2 - 10x + 9 = 0 \quad (x = 1,\ 9) \end{cases}$

したがって，求める答は

$(x,\ y) = (-1,\ 2),\ (-9,\ 2),\ (1,\ -2),\ (9,\ -2)$

◎分数型方程式

次は

$$\frac{1}{a_1} + \frac{1}{a_2} + \cdots + \frac{1}{a_n} = (\text{一定})$$ ← 逆数の和が一定

となるタイプの方程式です。まずは，変数が 2 つの場合から。

問題 9-7

易 難

方程式

$$\frac{1}{m} + \frac{1}{n} = \frac{1}{6}$$

を満たす正の整数 m，n の値の組を求めよ。 (東海大)

方針

この方程式は，m，n の対称式です。

方程式が対称式の場合，次が成り立ちます。

$(m,\ n)=(a,\ b)$ が解ならば，$(m,\ n)=(b,\ a)$ も解

↑ 対称式なので a と b を入れかえても解

よって，次の手順で方程式の解を求めます。

(i) $m \leqq n$ として，方程式の解(☆)を求める

⇩

(ii) 一般の場合（$m \leqq n$ の条件を外した場合），(☆)の $(m,\ n)$ を並べかえたものが解

〈イメージ〉

(i) $m \leqq n$ のときの解が　$(m,\ n)=(2,\ 5),\ (1,\ 6)$ …(☆)

⇩

(ii) 一般の場合，方程式の解は　$(m,\ n)=(2,\ 5),\ (5,\ 2),\ (1,\ 6),\ (6,\ 1)$

$(2,\ 5)$ の並べかえ　$(1,\ 6)$ の並べかえ

分数型方程式　$\dfrac{1}{a_1}+\dfrac{1}{a_2}+\cdots+\dfrac{1}{a_n}=$(一定) では，左辺の項の中の最大のもの（もしくは最小のもの）におきかえて評価するという方法をとります。

↑ 不等式をつくることを評価するといいます

本問の場合，$m \leqq n$ とすると，

$$\frac{1}{m} \geqq \frac{1}{n} \leftarrow m>0,\ n>0 \text{ より，逆数を考えると大小は逆}$$

です。よって，$\dfrac{1}{m}$ と $\dfrac{1}{n}$ のうち，最大の数 $\dfrac{1}{m}$ で評価すると，

$$\frac{1}{6}=\frac{1}{m}+\frac{1}{n} \leqq \frac{1}{m}+\frac{1}{m} \leftarrow 2 \text{ つとも } \frac{1}{m} \text{ におきかえると大きくなる}$$

$$\frac{1}{6} \leqq \frac{2}{m}$$

$$\therefore\ m \leqq 12$$

これより，m の範囲の絞りこみができます。

なお，$\dfrac{1}{m}$ と $\dfrac{1}{n}$ のうち，最小の数 $\dfrac{1}{n}$ で評価するときもあります。

本問の場合，

$\dfrac{1}{6}=\dfrac{1}{m}+\dfrac{1}{n}\geqq\dfrac{1}{n}+\dfrac{1}{n}$ ← 2つとも $\dfrac{1}{n}$ におきかえると小さくなる

$\dfrac{1}{6}\geqq\dfrac{2}{n}$

$\therefore\ n\geqq 12$ ← 12以上となる数は無限にある

となるので，絞りこみができません。最大，最小のどちらで評価するかは問題ごとに試行錯誤して決定します。

問題 9-7 の解答

まず，$m\leqq n$ として，方程式の解をさがす。 ← 一般の場合は，この入れかえを考えればよい

このとき，

$\dfrac{1}{m}\geqq\dfrac{1}{n}$ ← $m>0$，$n>0$ より，逆数を考えると，大小の関係は逆

であるから，

$$\frac{1}{6}=\frac{1}{m}+\frac{1}{n}\leqq\frac{1}{m}+\frac{1}{m}=\frac{2}{m}$$

$\therefore\ m\leqq 12$ …①

また，

$\dfrac{1}{m}=\dfrac{1}{6}-\dfrac{1}{n}<\dfrac{1}{6}$ ← $n>0$ より，$\dfrac{1}{6}-\dfrac{1}{n}<\dfrac{1}{6}$

より，

$m>6$ …② ← 逆数をとると，大小関係は逆

よって，①，②より，

$m=7,\ 8,\ 9,\ 10,\ 11,\ 12$

$m=7$ のとき，$\dfrac{1}{7}+\dfrac{1}{n}=\dfrac{1}{6}$ より，$n=42$

$m=8$ のとき，$\dfrac{1}{8}+\dfrac{1}{n}=\dfrac{1}{6}$ より，$n=24$

$m=9$ のとき，$\dfrac{1}{9}+\dfrac{1}{n}=\dfrac{1}{6}$ より，$n=18$

$m=10$ のとき，$\dfrac{1}{10}+\dfrac{1}{n}=\dfrac{1}{6}$ より，$n=15$

$m = 11$ のとき，$\dfrac{1}{11} + \dfrac{1}{n} = \dfrac{1}{6}$ より，$n = \dfrac{66}{5}$ （不適）

$m = 12$ のとき，$\dfrac{1}{12} + \dfrac{1}{n} = \dfrac{1}{6}$ より，$n = 12$

よって，$m \leqq n$ のとき，方程式の解は

$(m,\ n) = (7,\ 42),\ (8,\ 24),\ (9,\ 18),\ (10,\ 15),\ (12,\ 12)$ …(☆)

これより，求める答は

$\boldsymbol{(m,\ n) = (7,\ 42),\ (42,\ 7),\ (8,\ 24),\ (24,\ 8),\ (9,\ 18),\ (18,\ 9),}$
$\boldsymbol{(10,\ 15),\ (15,\ 10),\ (12,\ 12)}$

← (☆)の $(m,\ n)$ の並べかえを考えればよい

コメント

2 変数の場合は，分母を払うと，問題 9-4 のタイプになります。

問題 9-7 の別解

$m \leqq n$ として方程式の解をさがす。

$\dfrac{1}{m} + \dfrac{1}{n} = \dfrac{1}{6}$

$6n + 6m = mn$ ← 分母を払った

$mn - 6n - 6m = 0$ ← $xy + ax + by = c$ 型に帰着

$(m - 6)(n - 6) - 36 = 0$

$\therefore\ (m - 6)(n - 6) = 36$ ← 積が一定

これを満たす $m - 6$ と $n - 6$ の組合せは

$m - 6$	1	2	3	4	6
$n - 6$	36	18	12	9	6

← $n \geqq m > 0$ より，$n - 6 \geqq m - 6 \geqq -5$ に注意!!

よって，$m \leqq n$ のとき，方程式の解は

$(m,\ n) = (7,\ 42),\ (8,\ 24),\ (9,\ 18),\ (10,\ 15),\ (12,\ 12)$ …(☆)

これより，求める答は

$\boldsymbol{(m,\ n) = (7,\ 42),\ (42,\ 7),\ (8,\ 24),\ (24,\ 8),\ (9,\ 18),\ (18,\ 9),}$
$\boldsymbol{(10,\ 15),\ (15,\ 10),\ (12,\ 12)}$

← (☆)の $(m,\ n)$ の並べかえを考えればよい

問題 9-8

易 ■■□ 難

方程式

$$\frac{1}{l}+\frac{1}{m}+\frac{1}{n}=1$$

を満たす正の整数の値の組を求めよ。　(東京農工大)

方針

変数が3つの場合も同じです。

まず，$l \leqq m \leqq n$ として方程式の解(☆)を求めます。そのあと，$l \leqq m \leqq n$ の条件を外すと，(☆)の $(l,\ m,\ n)$ の並べかえが求める答になります。

問題 9-8 の解答

まず，$l \leqq m \leqq n$ として方程式の解をさがす。← 一般の場合は，この並べかえを考えればよい

このとき，

$$\frac{1}{l} \geqq \frac{1}{m} \geqq \frac{1}{n} \quad \cdots ①$$ ← 左辺の3項の中で $\frac{1}{l}$ が最大とわかる

であるから，

$$1=\frac{1}{l}+\frac{1}{m}+\frac{1}{n} \leqq \frac{1}{l}+\frac{1}{l}+\frac{1}{l}=\frac{3}{l}$$ ← 最大のものにおきかえて評価

$\therefore\ l \leqq 3$ ← $l>0$ と合わせることにより，l の範囲が絞れた

よって，

$l=1,\ 2,\ 3$

(i)　**$l=1$ のとき**

このとき，方程式は

$$\frac{1}{m}+\frac{1}{n}=0$$

(左辺) >0 であるから，この場合は不適。

(ii)　**$l=2$ のとき**

このとき，方程式は

$$\frac{1}{m}+\frac{1}{n}=\frac{1}{2} \quad \cdots ②$$ ← 2変数の場合に帰着（あとは 問題 9-7 と同様に解けばよい）

①より，$\dfrac{1}{m} \geqq \dfrac{1}{n}$ であるから，

$\dfrac{1}{2} = \dfrac{1}{m} + \dfrac{1}{n} \leqq \dfrac{1}{m} + \dfrac{1}{m} = \dfrac{2}{m}$ ← 2 項のうち，最大のものにおきかえて評価

$\therefore\ m \leqq 4$ ← $2 = l \leqq m$ と合わせることにより，m の範囲が絞れた

よって，

$m = 2,\ 3,\ 4$

$$\begin{cases} m = 2 \text{ のとき，②は } \dfrac{1}{n} = 0 \text{（不適）} \\ m = 3 \text{ のとき，②は } \dfrac{1}{3} + \dfrac{1}{n} = \dfrac{1}{2} \text{ より，} n = 6 \\ m = 4 \text{ のとき，②は } \dfrac{1}{4} + \dfrac{1}{n} = \dfrac{1}{2} \text{ より，} n = 4 \end{cases}$$

(iii) **$l = 3$ のとき**

このとき，方程式は

$\dfrac{1}{m} + \dfrac{1}{n} = \dfrac{2}{3}$ …③ ← 2 変数の場合に帰着

①より，$\dfrac{1}{m} \geqq \dfrac{1}{n}$ であるから，

$\dfrac{2}{3} = \dfrac{1}{m} + \dfrac{1}{n} \leqq \dfrac{1}{m} + \dfrac{1}{m} = \dfrac{2}{m}$ ← 2 項のうち，最大のものにおきかえて評価

$\therefore\ m \leqq 3$

$3 = l \leqq m$ と合わせると，

$m = 3$

③に代入すると，

$n = 3$

以上，(i)，(ii)，(iii)より，$l \leqq m \leqq n$ のときの方程式の解は

$(l,\ m,\ n) = (2,\ 3,\ 6),\ (2,\ 4,\ 4),\ (3,\ 3,\ 3)$ …(☆)

これより，求める答は

$(l,\ m,\ n) = (2,\ 3,\ 6),\ (2,\ 6,\ 3),\ (3,\ 2,\ 6),\ (3,\ 6,\ 2),$
$(6,\ 2,\ 3),\ (6,\ 3,\ 2),\ (2,\ 4,\ 4),\ (4,\ 2,\ 4),$
$(4,\ 4,\ 2),\ (3,\ 3,\ 3)$ ← (☆)の $(l,\ m,\ n)$ の並べかえを考えればよい

最後の 2 問は，分数型ではありませんが，与えられた不等式を利用して，左辺（または右辺）の項を評価する考え方を利用します。いろいろ試行錯誤

して，うまくいく方法を探してみてください。 ← 試行錯誤が大事!!

問題 9-9

易 ▪▪▪ 難

実数 x，y，z に対する方程式

$x+y+z=xyz$ …①

を考える。

このとき，①を満たす正の整数の組 (x, y, z) で，$x \leqq y \leqq z$ となるものをすべて求めよ。 (東大)

方針

$x \leqq y \leqq z$ より，①の左辺は

$x+y+z \leqq z+z+z$ ← **左辺の項のうちの最大のものでおきかえた**

と評価できます。これより，①は

$xyz=x+y+z \leqq z+z+z=3z$

となるので，両辺を z で割ることにより，整数 xy の範囲を絞りこむことができます。

問題 9-9 の解答

$x \leqq y \leqq z$ より，

$xyz=x+y+z \leqq z+z+z$ ← **$x+y+z$ の各項をすべて z におきかえると大きくなる**

$=3z$

$z>0$ より，

$xy \leqq 3$ ← **$z>0$ より，両辺を z で割っても不等号の向きは変わらない**

$\therefore\ (x, y)=(1, 1), (1, 2), (1, 3)$ ← **(正の整数)×(正の整数) が 3 以下となるのはこの 3 つ（$x \leqq y$ にも注意）**

(i) **$(x, y)=(1, 1)$ のとき**

このとき，①は

$1+1+z=z$

よって，この場合は不適。

(ii) **$(x, y)=(1, 2)$ のとき**

このとき，①は

$1+2+z=2z$

$\therefore\ z = 3$

(iii) **$(x,\ y) = (1,\ 3)$ のとき**

このとき，①は

$1 + 3 + z = 3z$

$\therefore\ z = 2$

$y = 3$ であるから，$y \leqq z$ に不適。

以上，(i)，(ii)，(iii)より求める答は

$(x,\ y,\ z) = (1,\ 2,\ 3)$

問題 9-10

易 ▪▪▪▪ 難

$7(x + y + z) = 2(xy + yz + zx)$ …(☆)

を満たす自然数の組 x, y, z $(x \leqq y \leqq z)$ をすべて求めよ。 （大分大）

方針

評価の仕方をいろいろと試行錯誤してください
↓

これも $(0 <)x \leqq y \leqq z$ **を利用して評価する問題です。右辺の項にある** yz **は**

$yz \geqq x \cdot x = x^2$

で評価できます。これを利用すると，

(右辺) $= 2(xy + yz + zx) \geqq 2(xy + x^2 + zx)$

$= 2x(x + y + z)$ ← x **でくくれる**

よって，(☆)は

$7(x + y + z) = 2(xy + yz + zx) \geqq 2x(x + y + z)$

となるので，両辺を $x + y + z$ **で割ることにより，** x **の範囲を絞りこむことができます。**

x **の値が決まったら，場合分けをすると，問題 9-4 のタイプの方程式になります。**

問題9-10の解答

$0 < x \leqq y \leqq z$ であるから，

$yz \geqq x \cdot x = x^2$

これより，

$$7(x+y+z)=2(xy+yz+zx)\geqq 2(xy+x^2+zx)=2x(x+y+z)$$

$x+y+z>0$ より，

$7\geqq 2x$ ← 両辺を $x+y+z$ で割っても不等号の向きは変わらない

$\therefore\ x\leqq\dfrac{7}{2}$ ← 範囲の絞りこみ

よって，

$x=1,\ 2,\ 3$

(i) **$x=1$ のとき**

このとき，(☆)は

$$7(1+y+z)=2(y+yz+z)$$

$$2yz-5y-5z=7$$

$yz-\dfrac{5}{2}y-\dfrac{5}{2}z=\dfrac{7}{2}$ ← 両辺を 2 で割り，yz の係数を 1 にする

$$\left(y-\frac{5}{2}\right)\left(z-\frac{5}{2}\right)-\frac{25}{4}=\frac{7}{2}$$

$$\left(y-\frac{5}{2}\right)\left(z-\frac{5}{2}\right)=\frac{39}{4}$$

$\therefore\ (2y-5)(2z-5)=39$ ← 両辺を 4 倍して整数係数にする

よって，$2y-5$ と $2z-5$ の組合せは

$(2y-5,\ 2z-5)=(1,\ 39),\ (3,\ 13)$ ← $1=x\leqq y\leqq z$ より，$2z-5\geqq 2y-5\geqq -3$ に注意

$\therefore\ (y,\ z)=(3,\ 22),\ (4,\ 9)$

(ii) **$x=2$ のとき**

このとき，(☆)は

$$7(2+y+z)=2(2y+yz+2z)$$

$$2yz-3y-3z=14$$

$yz-\dfrac{3}{2}y-\dfrac{3}{2}z=7$ ← 両辺を 2 で割り，yz の係数を 1 にする

$$\left(y-\frac{3}{2}\right)\left(z-\frac{3}{2}\right)-\frac{9}{4}=7$$

$$\left(y-\frac{3}{2}\right)\left(z-\frac{3}{2}\right)=\frac{37}{4}$$

$(2y-3)(2z-3)=37$ ← 両辺を 4 倍して整数係数にする

よって，

$(2y-3,\ 2z-3)=(1,\ 37)$ ← $2=x\leqq y\leqq z$ より，$2z-3\geqq 2y-3\geqq 1$ に注意

$\therefore\ (y,\ z) = (2,\ 20)$

(iii) **$x = 3$ のとき**

このとき，(☆)は

$7(3 + y + z) = 2(3y + yz + 3z)$

$2yz - y - z = 21$

$yz - \frac{1}{2}y - \frac{1}{2}z = \frac{21}{2}$ ← 両辺を 2 で割り，yz の係数を 1 にする

$\left(y - \frac{1}{2}\right)\left(z - \frac{1}{2}\right) - \frac{1}{4} = \frac{21}{2}$

$\left(y - \frac{1}{2}\right)\left(z - \frac{1}{2}\right) = \frac{43}{4}$

$\therefore\ (2y - 1)(2z - 1) = 43$ …① ← 両辺を 4 倍して整数係数にする

$3 = x \leqq y \leqq z$ より，$2z - 1 \geqq 2y - 1 \geqq 5$ であるから，①を満たす y，z は存在しない。

これより，求める答は

$(x,\ y,\ z) = (1,\ 3,\ 22),\ (1,\ 4,\ 9),\ (2,\ 2,\ 20)$

第10章 素数

まずは，素数の定義を確認します。

素数の定義

2以上の自然数で，1とそれ自身以外に正の約数をもたない数を素数という。

（＊1は素数ではありません ← カン違いしている人が多いので注意!!
＊負の整数に素数はありません（2以上なので））

素数に関する問題では，次の2つの性質が重要です。

素数の性質

a，bを整数とし，pを素数とする。

(i) abがpで割り切れるならば，a，bのうち，少なくとも一方がpで割り切れる。← 第11章 で利用します

(ii) $ab=p$ならば，a，bのうちどちらか一方は1か-1である。
すなわち，$ab=p$となるのは

$$(a,\ b)=(1,\ p),\ (p,\ 1),\ (-1,\ -p),\ (-p,\ -1)$$

の4つしかない。

この性質はpが素数でなければならないことに注意してください。例えば，$p=4$のときを考えると(i)は成り立ちません（$a=b=2$とすると，abはpで割り切れるが，a，bの両方ともpで割り切れない）。また，$p=4$のとき，(ii)も成り立ちません（$ab=4$のとき，a，bのうちどちらか一方が1または-1でなくともよい）。← $(a,\ b)=(2,\ 2),\ (-2,\ -2)$でもよい

問題 10-1

易■□□難

$n^2-20n+91$が素数pとなる整数nを求めよ。（明治学院大）

方針

$n^2-20n+91$ を因数分解すると，

$$p = n^2-20n+91$$
$$= (n-7)(n-13)$$

あとは，素数の性質(ii)を利用します。

問題10-1の解答

$$p = n^2-20n+91$$
$$= (n-7)(n-13)$$

p は素数であるから，

$n-7=\pm 1$ または $n-13=\pm 1$ ← 素数の性質(ii)

← $n-7$，$n-13$ のどちらかが ± 1 であっても p は素数とは限らないから，これは必要条件です

$\therefore\ n=6,\ 8,\ 12,\ 14$

でなければならない（必要条件）。

ここで，

$n=6$ のとき，$p=7$ ← p は素数なので十分性はO.K.

$n=8$ のとき，$p=-5$ （不適）

$n=12$ のとき，$p=-5$ （不適）

$n=14$ のとき，$p=7$ ← p は素数なので十分性はO.K.

より，求める答は

$\boldsymbol{n=6,\ 14}$

問題 10-2

易 ■ 難

x，y を自然数，p を3以上の素数とするとき，次の各問いに答えよ。

(1) $x^2-y^2=p$ が成り立つとき，x，y を p で表せ。

(2) $x^3-y^3=p$ が成り立つとき，p を6で割った余りが1となることを証明せよ。 （早大）

方針

(1) 問題 10-1 と同じように，左辺を因数分解します。すると，

$x^2 - y^2 = p$

$(x+y)(x-y) = p$

p は素数なので，

$(x+y,\ x-y) = (1,\ p),\ (p,\ 1),\ (-1,\ -p),\ (-p,\ -1)$

本問では，x, y は自然数なので，$x+y$ は 2 以上の自然数です。よって，上の 4 つのうち，3 つは不適となり，

$(x+y,\ x-y) = (p,\ 1)$

とわかります。あとはこの連立方程式を解けばオシマイです。

(2) (1)と同様の手法を用います。

問題10-2の解答

(1) $x^2 - y^2 = p$

$(x+y)(x-y) = p$ …①

p は素数であり，$x+y \geqq 2$ であるから，①を満たす $x+y$, $x-y$ の組合せは

↖ x, y は自然数なので

$$\begin{cases} x+y=p \\ x-y=1 \end{cases}$$ ← 素数の性質(ii)

のみである。この連立方程式を解くと，

$$\boldsymbol{x = \frac{p+1}{2},\ y = \frac{p-1}{2}}$$ ←

> p は 3 以上の整数なので，p は奇数です。よって，$\dfrac{p \pm 1}{2} = \dfrac{(偶数)}{2}$ なので x, y は整数になります。

(2) $x^3 - y^3 = p$

$(x-y)(x^2+xy+y^2) = p$ …②

p は素数であり，$x^2+xy+y^2 \geqq 3$ であるから，②を満たす $x-y$, x^2+xy+y^2 の組合せは

↖ x, y は自然数

$$\begin{cases} x-y=1 \\ x^2+xy+y^2=p \end{cases} \quad \cdots③$$

のみである。③より，

$x = y+1$

であるから，

$p = x^3 - y^3$

$= (y+1)^3 - y^3$ ← $x = y + 1$ を代入

$= 3y^2 + 3y + 1$ ←

$= 3y(y+1) + 1$ …④

$p = x^2 + xy + y^2$ に代入してもよい。
$p = (y+1)^2 + y(y+1) + y^2$
$= 3y^2 + 3y + 1$

$y(y+1)$ は，2 連続整数の積であるから，偶数である。

よって，

$y(y+1) = 2k$ （k は整数）

とおけるので，これを④に代入すると，

$p = 3 \cdot 2k + 1$

$= 6k + 1$

したがって，p は 6 で割ると 1 余る数である。

問題 10-3

易 ▂▄▆█ 難

p を 3 以上の素数とする。4 個の整数 a，b，c，d が次の 3 条件

$a + b + c + d = 0$，$ad - bc + p = 0$，$a \geqq b \geqq c \geqq d$

を満たすとき，a，b，c，d を p を用いて表せ。 （京大）

方針

$a + b + c + d = 0$ …①

より，1 文字消去することができます。また，$ad - bc + p = 0$ を p について解くと，

$p = bc - ad$

$= bc - a(-a - b - c)$ ← ①より，$d = -a - b - c$

$= a^2 + (b+c)a + bc$

$= (a+b)(a+c)$ ← $p = mn$ の形になった

あとは，素数の性質(ii)を利用します。

問題10-3の解答

$$\begin{cases} a + b + c + d = 0 & \cdots ① \\ ad - bc + p = 0 & \cdots ② \\ a \geqq b \geqq c \geqq d & \cdots ③ \end{cases}$$

①より，

$d = -a - b - c$ …④

これを②に代入すると，

$$\begin{aligned} p &= bc - ad \\ &= bc - a(-a - b - c) \\ &= a^2 + (b + c)a + bc \\ &= (a + b)(a + c) \end{aligned}$$

p は素数であり，

$$\begin{cases} a + b \geqq a + c \\ a + b \geqq 0 \end{cases}$$

← ③より $b \geqq c$

①，③より，
$0 = a + b + c + d \leqq a + b + a + b$
$= 2(a + b)$
$\therefore\ a + b \geqq 0$

に注意すると，$a + b$，$a + c$ の組合せは

$$\begin{cases} a + b = p \\ a + c = 1 \end{cases}$$

$\therefore\ b = p - a,\ c = 1 - a$ …⑤

これを④に代入すると，

$$\begin{aligned} d &= -a - (p - a) - (1 - a) \\ &= a - p - 1 \end{aligned}$$ …⑥

⑤，⑥を③に代入すると，

$a \geqq p - a \geqq 1 - a \geqq a - p - 1$

これより，

$$\begin{cases} 2a \geqq p \\ 2a \leqq p + 2 \end{cases}$$

← $a \geqq p - a$ を変形した
← $1 - a \geqq a - p - 1$ を変形した

$\therefore\ p \leqq 2a \leqq p + 2$

偶数の素数は 2 しかない

ここで，p は 3 以上の素数であるから奇数であり，$2a$ は偶数であるから，

$2a = p + 1$ ← p 以上 $p + 2$ 以下の偶数は $p + 1$ しかない

でなければならない。よって，

$$a = \frac{p + 1}{2}$$

これを⑤，⑥に代入することにより，求める答は

$$\boldsymbol{a = \frac{p + 1}{2},\ b = \frac{p - 1}{2},\ c = \frac{1 - p}{2},\ d = \frac{-p - 1}{2}}$$

コメント

↙pは3以上の素数
pは奇数なので，$p+1$，$p-1$は偶数です。よって，

$$\frac{p+1}{2},\ \frac{p-1}{2},\ \frac{1-p}{2},\ \frac{-p-1}{2} \leftarrow \frac{(\text{偶数})}{2}\text{は整数}$$

は整数になります。

問題 10-4

易 ▪▪▪ 難

△ABCにおいて，∠B = 60°，Bの対辺の長さbは整数，他の2辺の長さa，cはいずれも素数である。このとき，△ABCは正三角形であることを示せ。　（京大）

方針

素数の性質(ii)の応用です。m，nを正の整数とし，p，qが異なる素数のとき，

$$mn = pq$$

を満たす$(m,\ n)$の組合せは，

$$(m,\ n) = (1,\ pq),\ (pq,\ 1),\ (p,\ q),\ (q,\ p)$$

しかありません。← m, nが整数のときは，上記組合せにマイナスをつけたものもO.K.です

本問では，a，cが素数なので，余弦定理より得られる式

$$b^2 = a^2 + c^2 - 2ac\cos 60° \quad \cdots (☆)$$

を変形して，$ac = mn$の形にします。式変形の試行錯誤をしてみることが大切です。

問題10-4の解答

a，cに関する対称性より$c \geqq a$としてよい。

余弦定理より，

$$b^2 = c^2 + a^2 - 2ca\cos 60°$$
$$= c^2 + a^2 - ca \quad \cdots (☆)$$
$$= (c-a)^2 + ac$$

（対称性：a，cはともに素数で(☆)はa，cの対称式）

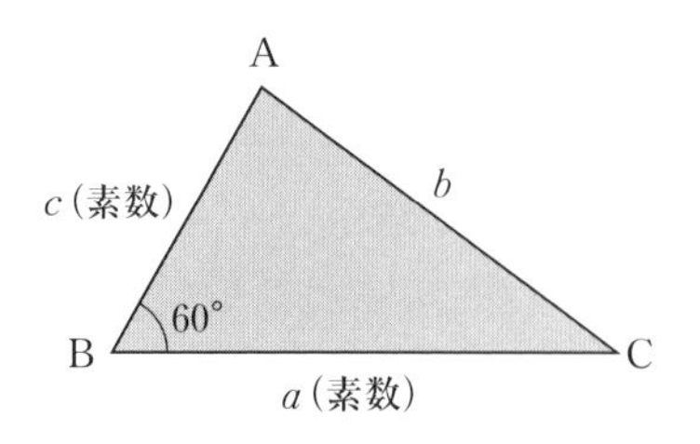

よって，

$b^2-(c-a)^2=ac$

$\therefore\ \{b+(c-a)\}\{b-(c-a)\}=ac$ …①

（$ac=mn$ の形（方針参照））

（三角形の成立条件より　$b+a>c$　$\therefore\ b-(c-a)>0$）

$c \geqq a$ より，$b+(c-a) \geqq b-(c-a) > 0$ であるから，①を満たす $b+c-a$，$b-c+a$ の組合せは

(i) $\begin{cases} b+c-a=ac \\ b-c+a=1 \end{cases}$ または (ii) $\begin{cases} b+c-a=c \\ b-c+a=a \end{cases}$

のどちらかである。

(i) $\begin{cases} \boldsymbol{b+c-a=ac} & \cdots② \\ \boldsymbol{b-c+a=1} & \cdots③ \end{cases}$ のとき

②－③より，

$2c-2a=ac-1$ ← b を消去した

$ac+2a-2c=1$ ← 問題 9-4 タイプの方程式

$(a-2)(c+2)+4=1$

$(a-2)(c+2)=-3$ …④

（c は素数なので，$c \geqq 2$）

c は素数であるから，$c+2$ は4以上の整数である。よって，④を満たす $(a-2,\ c+2)$ は存在せず，この場合は不適。

(ii) $\begin{cases} \boldsymbol{b+c-a=c} & \cdots⑤ \\ \boldsymbol{b-c+a=a} & \cdots⑥ \end{cases}$ のとき

この場合，⑤より，$b=a$，⑥より $b=c$

よって，正三角形である。

以上，(i)，(ii)より，△ABC は正三角形であることが証明された。

◎素数 p の倍数の中での素数

例えば，3 の倍数の中で，素数は 3 しかありません。実際，3 の倍数は

3×1

$\left.\begin{array}{l} 3\times 2 \\ 3\times 3 \\ 3\times 4 \\ \vdots \end{array}\right\}$ 3 × (2 以上の整数) は合成数なので素数ではない

の形なので，3 の倍数の中で素数は，3 × 1 しかありません。

これは，次のように一般化できます。

公式

p を素数とする。p の倍数の中で素数は p しかない!!

（つまり，
2 の倍数の中で素数は 2 しかない
3 の倍数の中で素数は 3 しかない
5 の倍数の中で素数は 5 しかない
⋮ ）

問題 10-5

易 ▪▪▪ 難

n を自然数とする。n，$n+2$，$n+4$ がすべて素数であるのは $n=3$ の場合だけであることを示せ。 （早大）

方針

仮定より，n は素数です。よって，n が 3 の倍数であることを示せば，上の公式より，$n=3$ となります。そのためには，n を 3 で割った余りが 1 のときと 2 のときが不適であることを示します。

問題10-5の解答

以下，k を整数とする。

(i) **$n = 3k + 1$ のとき**

このとき，

$n + 2 = (3k + 1) + 2$

$= 3(k + 1)$ ← $3 \times$ (整数) の形なので，3 の倍数

仮定より，$n + 2$ は素数

よって，$n + 2$ は 3 の倍数かつ素数であるから，

$n + 2 = 3$ ← 3 の倍数の中で素数は 3 しかない

$\therefore\ n = 1$

でなければならず，この場合は不適。← $n = 1$ は素数ではない

(ii) **$n = 3k + 2$ のとき**

このとき，

$n + 4 = (3k + 2) + 4$

$= 3(k + 2)$ ← $3 \times$ (整数) の形なので，3 の倍数

仮定より，$n + 4$ は素数

よって，$n + 4$ は 3 の倍数かつ素数であるから，

$n + 4 = 3$ ← 3 の倍数の中で素数は 3 しかない

$\therefore\ n = -1$

でなければならず，この場合も不適。← $n > 0$ に反する

(i)，(ii)より，n は 3 の倍数であることが必要条件。

n は素数なので，$n = 3$ でなければならない。← これも必要条件

逆に，$n = 3$ のとき，条件を満たす。← $n + 2$，$n + 4$ も確かに素数である

よって，条件を満たすのは $n = 3$ の場合だけである。

問題 10-6

易 難

n^3-7n+9 が素数となるような整数 n をすべて求めよ。　(京大)

方針

問題 10-1 と似てますが n^3-7n+9 は（有理数の範囲で）因数分解できません。本問は

$$n^3-7n+9=n^3-n-6n+9$$
$$=(n+1)n(n-1)-6n+9$$

$(n+1)n(n-1)$ は3連続整数の積なので6の倍数（ということは3の倍数）

と変形することにより，n^3-7n+9 は3の倍数かつ素数です。よって，n^3-7n+9 は3にならなければならず，あとはこれを解けばオシマイです。

問題10-6の解答

$$n^3-7n+9$$
$$=n^3-n-6n+9$$
$$=(n+1)n(n-1)-6n+9$$

ここで，$(n+1)n(n-1)$ は3連続整数の積であるから，6の倍数である。よって，

n^3-7n+9 は3の倍数

である。n^3-7n+9 は素数でもあるので，

$n^3-7n+9=3$

でなければならない。これより，

$n^3-7n+6=0$

$(n-1)(n^2+n-6)=0$

$(n-1)(n-2)(n+3)=0$

$\therefore$ $\boldsymbol{n=1,\ 2,\ -3}$

詳しく書くと

$(n+1)n(n-1)=6l$ とおくと（l は整数），

$$n^3-7n+9$$
$$=(n+1)n(n-1)-6n+9$$
$$=6l-6n+9$$
$$=3(2l-2n+3)$$

よって，n^3-7n+9 は3の倍数。

3の倍数の中で素数は3しかない

◎素数が無数にあることの証明

他にもたくさんあります

素数が無数にあることの証明は次のユークッドによる証明が有名です。入試では，この証明をアレンジして使うことがほとんどです。

素数は無数にある

(証明)

背理法で示す。素数が有限個であると仮定し，すべての素数を

p_1, p_2, p_3, …, p_l …①

とおく。ここで,

$A = p_1 p_2 \cdots p_l + 1$

とおくと，A はどの p_i とも一致しない（なぜならば，どの p_i よりも大きい）から，素数ではない。したがって，素数の約数をもつ。一方，A はどの p_i で割っても1余るので A の約数となる素数は存在しない。これは矛盾である。

よって，素数は無数に存在する。

問題 10-7

易 ■■■ 難

(1) p を素数とするとき，$n = p! + 1$ は p 以下の素数では割り切れないことを示せ。

(2) 命題

「要素が自然数である集合 A が有限集合ならば,
A には最大の要素がある」…(＊)

は真である。これを用いて素数全体の集合が無限集合であることを証明せよ。 (成城大)

方針

(1) q を p 以下の素数とします。

$p! = 1 \times 2 \times \cdots \times q \times \cdots \times p$ ← $1 \sim p$ の積の中に q が含まれる

より，$p!$ は q の倍数です。よって，$n = p! + 1$ は (q の倍数) $+ 1$ の形になります。

(2) ユークリッドの証明を少しアレンジします。素数の集合 A が有限集合と仮定します（背理法)。このとき，(＊)より，A には最大の要素 p が存在します。あとは，(1)の利用を考えます。

問題10-7の解答

(1) q を p 以下の素数とすると，$p!$ は q の倍数である。よって，（方針参照）

$$p! = qm \quad (m \text{は整数})$$

と表せる。よって，

$$n = p! + 1$$
$$= qm + 1$$ ←（割る数）×（商）＋（余り）の形

より，n を q で割った余りは1である。

したがって，n は p 以下の素数では割り切れない。

(2) 背理法で示す。素数全体の集合 A が有限集合であると仮定する。このとき，（＊）より，A には最大の要素 p が存在する。

ここで，

$$n = p! + 1$$

とすると，$n > p$ であるから，n は素数ではない。（n は最大の素数 p よりも大きいので）したがって，素数の約数をもつ。ところが(1)より，n は p 以下の素数で（ということはすべての素数で）割り切れない。これは矛盾である。

したがって，集合 A は無限集合である。

問題 10-8

易 ▪▪▪ 難

次の問いに答えよ。

(1) 5以上の素数 p は，ある自然数 n を用いて $6n+1$ または $6n-1$ の形で表されることを示せ。

(2) Nを自然数とする。自然数 $6N-1$ は $6n-1$（n は自然数）の形で表される素数を約数にもつことを示せ。

(3) $6n-1$（n は自然数）の形で表される素数は無限に多く存在することを示せ。

（千葉大）

方針

$6n-1$ の形で表される素数（$6n-1$ 型素数）が無数にあることを示す問題です。(2)を利用して p.151 のユークリッドの証明を少しアレンジします。

(1) 6 で割った余りで分類すると，p は

$6n-1,\ 6n,\ 6n+1,\ 6n+2,\ 6n+3,\ 6n+4$

の形のいずれかです（分類の中に $6n-1$ と $6n+1$ を含むようにすることがポイント）。

このとき，$6n-1$ と $6n+1$ 以外の 4 つの形が不適であることを示します。

(2) $6N-1=2(3N-1)+1=3(2N-1)+2$ ← $6N-1$ は 2 で割った余りが 1，3 で割った余りが 2

より，$6N-1$ は 2 でも 3 でも割り切れません。ということは，$6N-1$ の素因数はすべて 5 以上の素数です。 ← 2 でも 3 でも割り切れないので，2，3 を素因数にもつことはない

ここで，(1)より，5 以上の素数はすべて $6n+1$ 型か $6n-1$ 型とわかるので，$6N-1$ の素因数は $6n+1$ 型または $6n-1$ 型しかありません。よって，(2)の問題文の意味は，

$6N-1$ には少なくとも 1 つ $6n-1$ 型の素因数が存在することを示せ!!

ということ。$6N-1$ の素因数がすべて $6n+1$ 型であると仮定して，矛盾を導きます（背理法）。

問題10-8の解答

以下，n を自然数とする。

(1) 5 以上の素数は 2 でも 3 でも割り切れない。← 2で割り切れる素数は2のみ。3で割り切れる素数は3のみ。よって，5 以上の素数は 2 でも 3 でも割り切れない。

したがって，6 で割った余りで分類すると，p は

$6n-1,\ 6n,\ 6n+1,\ 6n+2,\ 6n+3,\ 6n+4$

の形のいずれかで表されるが，$6n$，$6n+2$，$6n+3$，$6n+4$ は 5 以上の素数にはなりえない。

（$6n$：2 の倍数かつ 3 の倍数　$6n+2$：2 の倍数　$6n+3$：3 の倍数　$6n+4$：2 の倍数）

よって，5 以上の素数 p は，$6n+1$ または $6n-1$ の形で表される。

(2) $6N-1$ は 2 でも 3 でも割り切れないので，$6N-1$ の素因数はすべて 5 以上の素数である。← 方針参照

また，(1)より，5 以上の素数は $6n+1$ または $6n-1$ の形で表される。

いま，$6N-1$ の素因数がすべて $6n+1$ 型とすると，$6N-1$ の素因数分解は，← 背理法です

$6N-1=(6n_1+1)(6n_2+1)\cdots(6n_k+1)$

となる（n_1, n_2, …, n_k は整数）。ここで，左辺は

$$6N-1=6(N-1)+5$$

より，6で割った余りは5。一方，右辺は6で割った余りは1。

$6n+1$ 型と $6n+1$ 型を掛けると，

$$(6n_1+1)(6n_2+1)=36n_1n_2+6n_1+6n_2+1$$
$$=6(6n_1n_2+n_1+n_2)+1 \leftarrow 6n+1\text{型}$$

これを繰り返すことにより，$6n+1$ 型の k 個の積

$$(6n_1+1)(6n_2+1)\cdots(6n_k+1)$$

は $6n+1$ 型（つまり，6で割った余りは1）とわかります。

これは矛盾である。

したがって，$6N-1$ は，$6n-1$ の形で表される素数を約数にもつ。

(3) $6n-1$ の形で表される素数が有限個であると仮定し，そのすべてを

$$p_1,\ p_2,\ \cdots,\ p_l \ \cdots①$$

とおく。ここで，

$$A=6p_1p_2\cdots p_l-1$$

とおくと，A は $6N-1$ の形の自然数なので，(2)より $6n-1$ 型の素数を約数にもつ。すなわち，①の p_1, p_2, …, p_l のどれかで割り切れる。ところが，

$$A=6p_1\cdots p_l-1$$

の形であるから，A はどの p_i でも割り切れない。

証明

$$A=p_im-1$$

と表せる（m は整数）。

$$A=p_i(m-1)+p_i-1$$

と変形することにより，A を p_i で割った余りは p_i-1

これは矛盾である。

したがって，$6n-1$ の形で表される素数は無数にある。

コメント

a と b を互いに素な整数とするとき，$an+b$ 型の素数は無数にあることが知られています（Dirichlet の算術級数定理と言われています）。

第11章 互いに素であることの証明

ここでは，2つの整数が互いに素であることの証明方法を学びます。**問題 7-5** では，ユークリッドの互除法を利用して，与えられた2数が互いに素（最大公約数が1）であることを証明しました。互いに素であることの証明は，次の(i)または(ii)で証明する（背理法で証明する）のが一般的です。

2つの整数aとbが互いに素であることの証明(背理法で示す場合)

(i) aとbが2以上の公約数dをもつと仮定して矛盾を導く。
(ii) aとbが素数の公約数pをもつと仮定して矛盾を導く。

(i)と(ii)の違いは素数の性質（p.142）を証明の中で使うかどうかだけです。素数の性質が必要となる場合は(ii)を利用します。では，簡単なものから始めます。

問題 11-1

易 ▄▆ ▯ 難

任意の自然数nに対して，連続する2つの自然数nと$n+1$は互いに素であることを示せ。 (大阪教大)

方針
素数の性質を使わないので，上の(i)を用いて証明します。

問題11-1の解答

背理法で示す。nと$n+1$が互いに素でないと仮定する。このとき，n，$n+1$は2以上の公約数dをもつ。すなわち，

$$\begin{cases} n = a_1 d & \cdots ① \\ n+1 = a_2 d & \cdots ② \end{cases}$$

← n，$n+1$ は d を約数にもつ

と表される（a_1，a_2は整数）。

①を②に代入すると，

$$a_1d + 1 = a_2d$$

$$\therefore\ 1 = d(a_2 - a_1)$$

これは，d が 1 の約数であることを意味するので矛盾。

したがって，n と $n+1$ は互いに素である。

コメント

p.97 の**定理**は，逆も成り立ちます。

公式(互いに素であるための条件)

a，b を整数とする。

$$ax + by = 1 \quad \cdots(☆)$$

を満たす整数 x，y が存在するならば，a と b は互いに素である。

(証明)

背理法で示す。a と b が互いに素ではないと仮定する。このとき，a と b は 2 以上の公約数 d をもつ。すなわち，

$$\begin{cases} a = a_1d \\ b = b_1d \end{cases}$$

と表される（a_1，b_1 は整数）。これを(☆)に代入すると，

$$a_1d \cdot x + b_1d \cdot y = 1$$

$$\therefore\ d(a_1x + b_1y) = 1$$

これは，d が 1 の約数であることを意味するので矛盾。

したがって，a と b は互いに素である。

これを用いると，**問題 11-1** は次のように解答することもできます。

問題 11-1 の別解

$$(n+1) \cdot 1 + n \cdot (-1) = 1$$

より，$(n+1)x + ny = 1$ を満たす整数 x，y が存在する（$x = 1$，$y = -1$

とすればよい)。したがって，n と $n+1$ は互いに素である。

問題 11-2

易 ■■■ 難

2つの自然数 m，n に対し，次が成立することを示せ。

(1) 「$m+n$ と mn が互いに素」ならば「m と n は互いに素」である。

(2) 「m と n が互いに素」ならば「$m+n$ と mn は互いに素」である。

方針

(1) p.156 (i)を用いて証明します。

(2) 「m，n，p を整数とする。mn が p で割り切れるならば，
m，n のうち少なくとも一方は p で割り切れる」

という命題は，p が素数のときしか成り立ちません。よって，p.156 (ii)を用いて証明します。

↖ p.142「素数の性質」参照

問題 11-2の解答

(1) 背理法で示す。m と n が互いに素ではないと仮定する。このとき，m と n は2以上の公約数 d をもつ。すなわち，

$$\begin{cases} m = a_1 d \\ n = a_2 d \end{cases}$$

と表される（a_1，a_2 は整数)。

このとき，

$$\begin{cases} m + n = a_1 d + a_2 d = (a_1 + a_2)d \\ mn = a_1 d \cdot a_2 d = a_1 a_2 d^2 \end{cases}$$

← この式は d が $m+n$ の約数であることを意味する

← この式は d が mn の約数であることを意味する

よって，$m+n$，mn は公約数 d をもつ。これは，$m+n$ と mn が互いに素であることに反するので矛盾。

したがって，$m+n$ と mn が互いに素ならば，m と n は互いに素である。

(2) 背理法で示す。$m+n$ と mn が互いに素ではないと仮定する。このとき，$m+n$ と mn は素数の公約数 p をもつ。すなわち，

$$\begin{cases} m+n=b_1p & \cdots① \\ mn=b_2p & \cdots② \end{cases}$$

と表される（b_1, b_2 は整数）。

②より，mn は p で割り切れ，p は素数であるから，m, n のうち少なくとも一方は p で割り切れる。← p.142「素数の性質」

(i) **m が p で割り切れるとき**

このとき，

$m=b_3p$ …③

と表せる（b_3 は整数）。①に代入すると

$b_3p+n=b_1p$

$\therefore\ n=(b_1-b_3)p$ …④

③，④より，m, n は p を公約数にもつので，m と n が互いに素であることに反するので矛盾。

(ii) **n が p で割り切れるとき**

(i)と同様に，矛盾。← ①，②は m, n の対称式より，同様に証明できます

以上により，m と n が互いに素ならば，$m+n$ と mn は互いに素である。

(2)と，似たような問題をもう 2 問ほど。

問題 11-3

易 ▮▮▮ 難

自然数 a と b が互いに素のとき，a^2 と b^2 も互いに素であることを示せ。（九大）

方針

p.142 の「素数の性質」(i)において $a=b$ の場合です

「a, p を整数とする。a^2 が p で割り切れるとき，a が p で割り切れる」という命題は，p が素数のとき成り立ちます。← 例えば $p=4$ のときは成り立ちません（ただし，p が素数以外で成り立つときもあります（例えば，$p=6$））

よって，p.156 (ii)を用います。

問題 11-3 の解答

背理法で示す。a^2 と b^2 が互いに素ではないと仮定する。このとき，a^2 と

b^2 は素数の公約数 p をもつ。← **ということは，a^2，b^2 は p で割り切れる**

ここで，p は素数であるから，

$$\begin{cases} \text{(i)} \quad a^2 \text{ が } p \text{ で割り切れるとき，} a \text{ も } p \text{ で割り切れる。} \\ \text{(ii)} \quad b^2 \text{ が } p \text{ で割り切れるとき，} b \text{ も } p \text{ で割り切れる。} \end{cases}$$

(i)，(ii)より，a と b は p を公約数にもつ。これは a と b が互いに素であることに反するから矛盾。

したがって，a^2 と b^2 は互いに素である。

問題 11-4

易 ■■■ 難

n を正の整数とするとき，n^2 と $2n+1$ は互いに素であることを証明せよ。（一橋大）

問題11-4の解答

背理法で示す。n^2 と $2n+1$ が互いに素ではないと仮定する。このとき，n^2 と $2n+1$ は素数の公約数 p をもつ。すなわち，

$$\begin{cases} n^2 = a_1 p & \cdots ① \\ 2n + 1 = a_2 p & \cdots ② \end{cases}$$

と表される（a_1，a_2 は整数）。ここで，n^2 は p で割り切れ，p は素数であるから，n は p で割り切れ，

$$n = a_3 p$$

と表される（a_3 は整数）。これを②に代入すると，

$$2 \cdot a_3 p + 1 = a_2 p$$

$$\therefore \ 1 = (a_2 - 2a_3)p$$

これは，p が1の約数であることを意味するから矛盾である。

したがって，n^2 と $2n+1$ は互いに素である。

コメント

p.157 の公式を使うと，

$$4n^2 + (2n+1)(1-2n) = 1$$

より，$n^2x + (2n+1)y = 1$ となる整数 x，y が存在します（$x = 4$，$y = 1 - 2n$ とすればよい）。これより，n^2 と $2n + 1$ は互いに素としてもよいです。

最後の 2 問は，数列と整数の融合問題です。

問題 11-5

易■■■難

整数から成る数列 $\{a_n\}$，$\{b_n\}$ が

$$a_1 = b_1 = 1,\ a_{n+1} = a_n + b_n,\ b_{n+1} = a_n$$

を満たすとする。$n = 1, 2, 3, \cdots$ に対して，2 つの整数 a_n と b_n は互いに素であることを証明せよ。（東大・改）

方針

互いに素であることを数学的帰納法で示します。$n = k$ のとき成り立つと仮定して，$n = k + 1$ のとき成り立つことを示す部分は

> a_k と b_k が互いに素であると仮定して，a_{k+1} と b_{k+1} が互いに素であることを示す

ことになります。

問題 11-5 の解答

$$\begin{cases} a_{n+1} = a_n + b_n & \cdots ① \\ b_{n+1} = a_n & \cdots ② \end{cases}$$

a_n と b_n が互いに素であることを数学的帰納法で示す。

(I) $n = 1$ のとき

$a_1 = b_1 = 1$ より，$n = 1$ のときは正しい。 ← a_1 と b_1 は互いに素

(II) a_k と b_k が互いに素と仮定し，a_{k+1} と b_{k+1} が互いに素であることを示す。以下，これを背理法で示す。

a_{k+1} と b_{k+1} が互いに素ではないと仮定すると，a_{k+1} と b_{k+1} は2以上の公約数 d をもつ。すなわち，

$$\begin{cases} a_{k+1} = ad & \cdots ③ \\ b_{k+1} = bd & \cdots ④ \end{cases}$$

と表される（a，b は整数）。①，②より，

$$\begin{cases} a_{k+1} = a_k + b_k \\ b_{k+1} = a_k \end{cases}$$

$$\begin{cases} ad = a_k + b_k & \cdots ⑤ \\ bd = a_k \end{cases}$$ ← ③，④を代入

$$\therefore \begin{cases} a_k = bd \\ b_k = (a - b)d \end{cases}$$ ← ⑤より，$b_k = ad - a_k = ad - bd = (a - b)d$

これは a_k と b_k が d を公約数にもつことを意味するので，a_k と b_k が互いに素であることに反し，矛盾。したがって，a_{k+1} と b_{k+1} は互いに素である。

以上，(I)，(II)より，$n = 1, 2, 3, \cdots$ のとき，a_n と b_n は互いに素である。

コメント

①，②より，

$$a_{n+1} = a_n + b_n$$ ← ②より，$a_n = b_{n+1}$

$$= b_{n+1} \cdot 1 + b_n$$ ← $a = bq + r$ の形にした

と変形します。互除法の原理より，

$$g(a_{n+1},\ b_{n+1}) = g(b_{n+1},\ b_n)$$

$$= g(a_n,\ b_n)$$ ← ②より，$b_{n+1} = a_n$

これより，$g(a_k,\ b_k) = 1$ と仮定すると，$g(a_{k+1},\ b_{k+1}) = 1$ であることが直ちにわかります（つまり，a_k と b_k が互いに素と仮定すると，a_{k+1} と b_{k+1} も互いに素）。

問題 11-6

易 ▁▂▃▅ 難

整数からなる数列 $\{a_n\}$, $\{b_n\}$ が

$$a_1 = b_1 = 1,\ a_{n+1} = 2a_nb_n,\ b_{n+1} = 2{a_n}^2 + {b_n}^2$$

を満たすとする。$n = 1,\ 2,\ 3,\ \cdots$ に対して，2つの整数 a_n と b_n は互いに素であることを証明せよ。 (九大・改)

方針

問題 11-5 と同様に証明するのですがこちらの方が難しいです。

数学的帰納法の $n = k$ のとき成り立つと仮定し，$n = k + 1$ のとき成り立つことを示す部分，つまり，

> **a_k と b_k が互いに素であると仮定し，a_{k+1} と b_{k+1} が互いに素であること**

の証明の部分を考えてみましょう。

背理法を用いて，a_{k+1} と b_{k+1} が素数の公約数 p をもつと仮定すると，

$$a_{k+1} = 2a_kb_k$$

が p で割り切れるので，

> - **2 が p で割り切れる（つまり，$p = 2$）…(☆)**
>   **または**
> - **a_k が p で割り切れる**
>   **または**
> - **b_k が p で割り切れる**

の少なくとも1つが起こります。

ここで，$b_1 = 1$，$b_{n+1} = 2{a_n}^2 + {b_n}^2$ より，b_n $(n = 1,\ 2,\ 3,\ \cdots)$ は奇数であることがわかります。 ← 数学的帰納法で証明します

p は b_{k+1} の約数なので（背理法の仮定），b_{k+1} が奇数であれば，$p \neq 2$ です。

よって，(☆)は起こりえません。あとは 問題 11-5 と同様の流れになります。

問題11-6の解答

(step1)　b_n が奇数であることを示す ← 方針参照

数学的帰納法で示す。

(ア)　$n=1$ のとき

$b_1=1$ より，$n=1$ のときは正しい。

(イ)　$n=k$ のとき正しい，つまり b_k が奇数であると仮定すると，

$$b_{k+1}=2a_k{}^2+b_k{}^2$$

← $2a_k{}^2$ は偶数，$b_k{}^2$ は奇数なので，$b_{k+1}=$(偶数)$+$(奇数) の形。

より，b_{k+1} は奇数である。よって，

$n=k+1$ のときも正しい。

以上，(ア)，(イ)より，b_n は奇数である。

(step2)　a_n と b_n が互いに素であることを示す

数学的帰納法で示す。

(I)　$n=1$ のとき

$a_1=b_1=1$ より，$n=1$ のときは正しい。← a_1 と b_1 は互いに素

(II)　a_k と b_k が互いに素であると仮定し，a_{k+1} と b_{k+1} が互いに素であることを示す。

以下，これを背理法で示す。a_{k+1} と b_{k+1} が互いに素でないと仮定すると，a_{k+1} と b_{k+1} は素数の公約数 p をもつ。

ここで，p は奇数である。← p は b_{k+1} の約数であり，b_{k+1} は(step1)より奇数なので

このとき，

$$\begin{cases} a_{k+1}=ap \\ b_{k+1}=bp \end{cases}$$

と表されるので（a，b は整数），

$$\begin{cases} a_{k+1}=2a_kb_k \\ b_{k+1}=2a_k{}^2+b_k{}^2 \end{cases}$$

に代入すると，

$$\begin{cases} 2a_kb_k=ap & \cdots① \\ 2a_k{}^2+b_k{}^2=bp & \cdots② \end{cases}$$

①より，$2a_kb_k$ は p で割り切れ，p は奇数の素数であるから，

a_k，b_k の少なくとも一方が p で割り切れる。← p は奇数なので，2 が p で割り切れることはない

(i)　**a_k が p で割り切れるとき**

$$a_k=c_1p$$

とおき（c_1 は整数），②に代入すると，

$$b_k{}^2 = bp - 2a_k{}^2$$
$$= bp - 2\cdot(c_1p)^2$$
$$= p(b - 2c_1{}^2p)$$

p は素数なので
↙

これより，$b_k{}^2$ が p で割り切れることがわかるので，b_k が p で割り切れる。よって，a_k と b_k は p を公約数にもつので，a_k と b_k が互いに素であることに反するから矛盾。

(ii) **b_k が p で割り切れるとき**

$$b_k = c_2p$$

とおき（c_2 は整数），②に代入すると，

$$2a_k{}^2 = bp - b_k{}^2$$
$$= bp - (c_2p)^2$$
$$= p(b - c_2{}^2p)$$

p は奇数の素数であるから
2 が p で割り切れることは
ないことに注意!!
↓

これより，$2a_k{}^2$ が p で割り切れることがわかるので，a_k が p で割り切れる。よって，a_k と b_k は p を公約数にもつので，a_k と b_k が互いに素であることに反するから，この場合も矛盾。

以上により，a_{k+1} と b_{k+1} は互いに素である。

以上，(I)，(II)より，a_n と b_n は互いに素である（$n = 1, 2, 3, \cdots$）。

第12章 有理数と無理数

ここでは，第２章で扱った有理数，無理数に関する問題の発展的な内容，及び整数係数方程式の有理数解について学びます。まずは，問題 2-8 を一般化した次の問題から。

問題 12-1

易 ■ 難

α を無理数，a，b を有理数とする。このとき，

$a + b\alpha = 0$ 　ならば　 $a = b = 0$

であることを証明せよ。

方針

問題 2-8 と同様です。また，この 問題 12-1 より，

無理数は，有理数係数 1 次方程式の解にはなりえない!!

ことがわかります。

問題12-1の解答

$b = 0$ を背理法で示す。$b \neq 0$ と仮定すると，

$a + b\alpha = 0$

より，

$\alpha = -\dfrac{a}{b}$ ← 両辺を b で割ってよい

↙ a，b が有理数なので $-\dfrac{a}{b}$ も有理数

ここで，α は無理数で，$-\dfrac{a}{b}$ は有理数であるから，これは矛盾である。

よって，

$b = 0$

これを，$a+b\alpha=0$ に代入すると，

$$a=0$$

したがって，

$$a=b=0$$

問題 2-8 の類題は，入試では頻出です。2 つほどやってみましょう。

問題 12-2

易 難

a，b，c が有理数のとき，

$$a+b\sqrt{2}+c\sqrt{3}=0 \quad \text{ならば} \quad a=b=c=0$$

であることを証明せよ。ただし，$\sqrt{2}$，$\sqrt{3}$，$\sqrt{6}$ が無理数であることは証明なしに用いてよい。 (富山大・改)

方針

$a+b\sqrt{2}+c\sqrt{3}=0$ には，無理数が 2 つ入っているので，1 つに減らすことを考えます。そのために，

$$c\sqrt{3}=-a-b\sqrt{2}$$

と変形します。この式の両辺を 2 乗すると，

$$p+q\sqrt{2}=0 \quad (p,\ q \text{ は有理数})$$

の形になり，問題 12-1 の形になります。よって，

$p=q=0$ ← a，b，c の連立方程式ができます

あとは，この方程式を場合分けして解きます。

問題12-2の解答

$$a+b\sqrt{2}+c\sqrt{3}=0$$

より，

$$c\sqrt{3}=-a-b\sqrt{2}$$

$3c^2=(-a-b\sqrt{2})^2$ ← 両辺 2 乗した

$\therefore\ (a^2+2b^2-3c^2)+2ab\sqrt{2}=0$ ← $p+q\sqrt{2}=0$ の形

ここで，$a^2+2b^2-3c^2$，$2ab$ は有理数で，$\sqrt{2}$ は無理数であるから，

$$\begin{cases} a^2+2b^2-3c^2=0 & \cdots① \\ 2ab=0 & \cdots② \end{cases}$$ ← 問題 12-1

②より，

$a=0$　または　$b=0$ ← 以下，場合分けをして考える

case1　$a=0$ のとき

このとき，①より，

$2b^2-3c^2=0$ …③

ここで，$c \neq 0$ と仮定すると，← $c=0$ であることを背理法で示したい

$$\frac{2b^2}{c^2}=3$$ ← 両辺を c^2 で割ってよい

両辺 2 倍

$$\frac{4b^2}{c^2}=6$$

$$\therefore\ \frac{2b}{c}=\pm\sqrt{6}$$

左辺は有理数で，右辺は無理数であるから，これは矛盾である。

よって，

$c=0$

これを③に代入すると，

$b=0$

したがって，

$a=b=c=0$

case2　$b=0$ のとき

このとき，①より，

$a^2-3c^2=0$ …④

ここで，$c \neq 0$ と仮定すると，← $c=0$ であることを背理法で示したい

$$\frac{a^2}{c^2}=3$$ ← 両辺を c^2 で割ってよい

$$\therefore\ \frac{a}{c}=\pm\sqrt{3}$$

左辺は有理数で，右辺は無理数であるから，これは矛盾である。

よって，

$c=0$

これを④に代入すると，

$a = 0$

したがって，この場合も

$a = b = c = 0$

以上より，

$a = b = c = 0$ ← case1，case2 どちらの場合も $a = b = c = 0$

であることが示された。

コメント

$b\sqrt{2} = -a - c\sqrt{3}$　　問題 12-1 の形が作れればO.K.

としてから，両辺を 2 乗しても O.K. です。↵

問題 12-3

易 ▂▅▇ 難

p，q，$p\sqrt{2} + q\sqrt[3]{3}$ がすべて有理数とするとき，$p = q = 0$ であることを示せ。ただし，$\sqrt{2}$ と $\sqrt[3]{3}$ が無理数であることは証明なしに用いてよい。

(阪大)

方針

これも 問題 12-1 にもちこみます。

まず，$p\sqrt{2} + q\sqrt[3]{3}$ は有理数なので，

$p\sqrt{2} + q\sqrt[3]{3} = r$ （r は有理数）

とおきます。次に，上の式で 3 乗根を消すことを考えます。そのために

$q\sqrt[3]{3} = r - p\sqrt{2}$

と変形し，両辺を 3 乗します。すると，

$3q^3 = (r - p\sqrt{2})^3$ ← 3 乗根を消した

これを整理すると，$x + y\sqrt{2} = 0$（x，y は有理数）の形になるので，問題 12-1 が利用できます（これより，$x = y = 0$ となるので，p，q，r の連立方程式ができます）。

問題12-3の解答

$$p\sqrt{2} + q\sqrt[3]{3} = r$$

とおく（rは有理数）。このとき，

$$q\sqrt[3]{3} = r - p\sqrt{2}$$

$$3q^3 = (r - p\sqrt{2})^3$$ ← 両辺を3乗して3乗根を消去

$$= r^3 - 3pr^2\sqrt{2} + 6p^2r - 2p^3\sqrt{2}$$ ← $(a-b)^3 = a^3 - 3a^2b + 3ab^2 - b^3$

$$\therefore\ (3q^3 - r^3 - 6p^2r) + (3pr^2 + 2p^3)\sqrt{2} = 0$$

$3q^3 - r^3 - 6p^2r$，$3pr^2 + 2p^3$は有理数で，$\sqrt{2}$は無理数であるから，

$$\begin{cases} 3q^3 - r^3 - 6p^2r = 0 & \cdots① \\ 3pr^2 + 2p^3 = 0 & \cdots② \end{cases}$$ ← 問題 12-1

②より，

$$p(3r^2 + 2p^2) = 0$$

よって，

(i) $p = 0$　または　(ii) $3r^2 + 2p^2 = 0$

であるが，$3r^2 + 2p^2 = 0$のときは，$p = r = 0$であるから，(i)，(ii)どちらの場合も$p = 0$である。

このとき，①より，

$$3q^3 - r^3 = 0 \cdots③$$

ここで，$q \neq 0$と仮定すると，← $q = 0$であることを背理法で示したい

$$\frac{r^3}{q^3} = 3$$ ← 両辺をq^3で割ってよい

$$\therefore\ \frac{r}{q} = \sqrt[3]{3}$$

左辺は有理数，右辺は無理数であるから，矛盾。

よって，

$$q = 0$$

したがって，

$$p = q = 0$$

◎整数係数方程式の有理数解

整数係数方程式については次のことが知られています。証明も大学入試では頻出です。

定理（整数係数方程式の有理数解）

整数を係数とする l 次方程式

$$a_lx^l + a_{l-1}x^{l-1} + \cdots + a_1x + a_0 = 0 \quad \cdots(☆)$$

が有理数解 $\dfrac{n}{m}$（m と n は互いに素な整数，$m > 0$）をもつとき，m は a_l の約数であり，n は a_0 の約数である。

コメント

上の定理は，（☆）の有理数解の存在を保証しているわけではありません。もし，（☆）が有理数解をもつならば，

$$\frac{\text{（定数項の約数）}}{\text{（最高次係数の約数）}}$$ の形しかない!!

ということを意味しているにすぎません。↙有理数解をもつための必要条件

次の問題に行く前に p.91 の公式の拡張をします。

公式（p.91 の公式の拡張）

2 つの整数 a と b は互いに素とする。k を正の整数とし，x，y を整数とするとき，

$$a^kx = by$$

ならば，x は b の倍数である。← $k = 1$ のときが p.91 の公式

原理

例えば，$a = 4$，$b = 15$ の場合，

$$4^kx = 15y$$

$$\therefore \quad \frac{4^kx}{15} = y$$

ここで，右辺は整数であるから，左辺も整数。ところが，4 と 15 は互い

に素なので，4 と 15 は共通の素因数をもちません。よって，左辺が整数になる（つまり，15 が約分されて 1 になる）ためには，x が 15 の倍数にならなければいけません。

問題 12-4

易 ▪▪▪ 難

整数を係数とする 3 次方程式

$ax^3 + bx^2 + cx + d = 0$ …(☆)

が有理数解 $\dfrac{n}{m}$（m と n は互いに素な整数，$m > 0$）をもつとき，m は a の約数であり，n は d の約数であることを証明せよ。（旭川医大・改）

方針

前ページの公式の $l = 3$ の場合です。$\dfrac{n}{m}$ は(☆)の解なので，

$$a\left(\frac{n}{m}\right)^3 + b\left(\frac{n}{m}\right)^2 + c\cdot\frac{n}{m} + d = 0$$

が成立します。 ← $\dfrac{n}{m}$ は解なので，(☆)を成立させる

次に，この式の分母を払って，

$n^k x_1 = my_1$ **（x_1，y_1 は整数）**

の形に変形します。このとき，前ページの公式より，x_1 は m の倍数となります。

問題 12-4 の解答

$\dfrac{n}{m}$ は(☆)の解であるから，

$$a\left(\frac{n}{m}\right)^3 + b\left(\frac{n}{m}\right)^2 + c\cdot\frac{n}{m} + d = 0$$ ← $\dfrac{n}{m}$ は(☆)を成立させる

を満たす。このとき，

$an^3 + bmn^2 + cm^2n + dm^3 = 0$ …①

$\therefore\ an^3 = m(-bn^2 - cmn - dm^2)$

m と n は互いに素であるから，

a は m の倍数（つまり，m は a の約数） ← p.171 の公式

また，①は，

$dm^3 = n(-an^2 - bmn - cm^2)$

と変形できる。m と n は互いに素であるから，

d は n の倍数（つまり，n は d の約数） ← 再び p.171 の公式

である。

したがって，m は a の約数であり，n は d の約数である。

問題 12-5

易 難

次の問いに答えよ。

(1) a，b，c を整数とする。x に関する 3 次方程式

$x^3 + ax^2 + bx + c = 0$

が有理数の解をもつならば，その解は整数であることを示せ。

(2) 方程式

$x^3 + 2x^2 + 2 = 0$

は有理数の解をもたないことを背理法を用いて示せ。（神戸大）

方針

(1) これは 問題 12-4 で，x^3 の係数が 1 の場合です（問題 12-4 の結果に含まれます）。問題 12-4 と同じように証明します。

(2) p.171 の定理より，この方程式が有理数の解をもつとしたら，

± 1，± 2 ← $\dfrac{(2\text{の約数})}{(1\text{の約数})}$ はこの 4 つしかない

しかありません（このことは解答内で証明する必要があります）。よって，この 4 つが解でないことを示せば有理数解は存在しないことになります。 ← 必要条件で，4 つの有理数解の候補が見つかったが，十分性を満たすものが存在しないということです

問題 12-5 の解答

(1) $x^3 + ax^2 + bx + c = 0$ …①

の有理数解を $\dfrac{n}{m}$ とおく（ただし，m と n は互いに素な整数，$m > 0$）。

このとき,

$$\left(\frac{n}{m}\right)^3 + a\left(\frac{n}{m}\right)^2 + b\cdot\frac{n}{m} + c = 0 \leftarrow \frac{n}{m}\text{は①を満たす}$$

が成立する。この式を変形すると,

$$n^3 + amn^2 + bm^2n + cm^3 = 0$$

$$n^3 = m(-cm^2 - bmn - an^2)$$

m と n は互いに素であるから,

$m = \pm 1 \leftarrow$ 詳しく書くと

$1\cdot n^3 = my$（y は整数）で，m と n が互いに素なので，p.171 の公式より，1 は m の倍数（つまり m は 1 の約数）。

よって，$\frac{n}{m}$ は整数解である。$\leftarrow m = \pm 1$ のとき，$\frac{n}{m}$ は整数

(2) 方程式 $x^3 + 2x^2 + 2 = 0$ が有理数解 α をもつと仮定する。このとき,

(1)より α は整数解である。

ここで,

$\alpha^3 + 2\alpha^2 + 2 = 0$ …② $\leftarrow \alpha$ は方程式を満たす

$\alpha(-\alpha^2 - 2\alpha) = 2 \leftarrow$ この式は α が 2 の約数であることを意味する

より，α は 2 の約数である。よって,

$\alpha = \pm 1,\ \pm 2$

でなければならない。ところが，$\alpha = 1,\ -1,\ 2,\ -2$ は②を満たさないので矛盾である。

したがって，方程式 $x^3 + 2x^2 + 2 = 0$ は有理数の解をもたない。

コメント

問題 12-5 の考え方を利用すると，問題 2-9 の別解を作ることができます（ただし，p.171 の**定理**は証明してから使うべきだと思います）。

問題 2-9 の別解

$\sqrt{2}$ は，整数係数方程式

$x^2 - 2 = 0$ …①

の解である。ところが，p.171 の**定理**より，この方程式の有理数解は

$x = \pm 1,\ \pm 2 \leftarrow$ もし，有理数解をもつとしたら，この 4 つしかない

でなければならないが，$x = 1,\ -1,\ 2,\ -2$ は①の解ではない。

よって，①は有理数解をもたない。

したがって，$\sqrt{2}$ は無理数である。

問題 12-6

易 ▪▪▪▪ 難

$$f(x) = x^4 + ax^3 + bx^2 + cx + 1$$

は整数を係数とする x の 4 次式とする。4 次方程式 $f(x) = 0$ の重複もこめた 4 つの解のうち，2 つは整数で残り 2 つは虚数であるという。このとき，a，b，c の値を求めよ。（京大）

方針

p.171 の定理より，方程式 $f(x) = 0$ の整数解は

$$x = \pm 1 \leftarrow \frac{(1の約数)}{(1の約数)} の形$$

しかありません（これは解答の中で証明します）。また，仮定より $f(x) = 0$ の重複もこめた 4 つの解のうち，2 つは整数なので

(i) $f(x)=0$ の 2 つの整数解が $x = 1,\ 1$ のとき（$x = 1$ を重解にもつとき）

(ii) $f(x)=0$ の 2 つの整数解が $x = -1,\ -1$ のとき（$x = -1$ を重解にもつとき）

(iii) $f(x)=0$ の 2 つの整数解が $x = 1,\ -1$ のとき

の 3 つの場合があります。

(i)のときは，2 次式 $g(x)$ を用いて，

$$f(x) = (x-1)(x-1)g(x)$$
$$= (x^2 - 2x + 1)g(x)$$

と表されます。ここで，$f(x)$ の x^4 の係数は 1 で，定数項が 1 であることから，

$g(x)$ の x^2 の係数は 1，定数項は 1

とわかるので，

$$g(x) = x^2 + dx + 1$$

とおくことができます。これを代入すると，

$$f(x) = (x^2 - 2x + 1)(x^2 + dx + 1)$$ ← 展開すると x^4 の係数が 1，定数項が 1 になっている

あとは，左辺と右辺で係数を比較し，a，b，c，d を決定します。

(ii)，(iii)のときも同様です。

問題12-6の解答

(step1)　方程式 $f(x)=0$ の整数解は1，-1 以外ありえないことを示す

方程式 $f(x)=0$ の整数解を n とする。このとき，

$n^4+an^3+bn^2+cn+1=0$ ← $x=n$ は $f(x)=0$ を満たす

$\therefore\ 1=n(-n^3-an^2-bn-c)$

これより，n は1の約数であるから，

$n=1$ または -1

である。

(step2)　a，b，c を決定する

(step1) より，次の3つの場合がある。　つまり，$x=1$ を重解にもつ場合

$$\begin{cases}\text{(i)}\ f(x)=0\ \text{の重複もこめた2つの整数解が1と1の場合}\\ \text{(ii)}\ f(x)=0\ \text{の重複もこめた2つの整数解が}-1\text{と}-1\text{の場合}\\ \text{(iii)}\ f(x)=0\ \text{の重複もこめた2つの整数解が1と}-1\text{の場合}\end{cases}$$

case1　(i)のとき

このとき，

$$\begin{aligned}x^4+ax^3+bx^2+cx+1&=(x-1)(x-1)(x^2+dx+1)\\&=(x^2-2x+1)(x^2+dx+1)\\&=x^4+(d-2)x^3+(-2d+2)x^2+(d-2)x+1\end{aligned}$$
← 方針参照

とおける。係数とくらべると，

$$\begin{cases}a=d-2 & \cdots①\\ b=-2d+2 & \cdots②\\ c=d-2 & \cdots③\end{cases}$$

ここで，2次方程式 $x^2+dx+1=0$ は虚数解をもつから，← 仮定より

$d^2-4<0$ ← (判別式) <0

$\therefore\ -2<d<2$

①より，d は整数であるから，← a は整数なので，$d=a+2$ も整数

$d=1,\ 0,\ -1$

これを①，②，③に代入することにより，

$(a,\ b,\ c)=(-1,\ 0,\ -1),\ (-2,\ 2,\ -2),\ (-3,\ 4,\ -3)$

case2　(ii)のとき

このとき，

x^2 の係数は1，定数項は1になります

$$\begin{aligned}x^4+ax^3+bx^2+cx+1&=(x+1)(x+1)(x^2+dx+1)\\&=(x^2+2x+1)(x^2+dx+1)\\&=x^4+(d+2)x^3+(2d+2)x^2+(d+2)x+1\end{aligned}$$

とおける。係数をくらべると，

$$\begin{cases} a = d + 2 & \cdots ④ \\ b = 2d + 2 & \cdots ⑤ \\ c = d + 2 & \cdots ⑥ \end{cases}$$

(i)のときと同様に，2次方程式 $x^2 + dx + 1 = 0$ は虚数解をもつから，

$d = 1,\ 0,\ -1$

これを④，⑤，⑥に代入することにより，

$(a,\ b,\ c) = (3,\ 4,\ 3),\ (2,\ 2,\ 2),\ (1,\ 0,\ 1)$

case3　(iii)のとき

このとき，

x^2 の係数は 1，定数項は -1 になります

$x^4 + ax^3 + bx^2 + cx + 1 = (x + 1)(x - 1)(x^2 + dx - 1)$

と因数分解されるが，2次方程式 $x^2 + dx - 1 = 0$ は虚数解をもたないから，この場合は不適。

(判別式) $= d^2 + 4 > 0$ より

以上，**case1**，**case2**，**case3** より，求める答は

$(a,\ b,\ c) = (-1,\ 0,\ -1),\ (-2,\ 2,\ -2),\ (-3,\ 4,\ -3),$
$(3,\ 4,\ 3),\ (2,\ 2,\ 2),\ (1,\ 0,\ 1)$

問題 12-7

易 ▪▪▮ 難

$2^{\frac{1}{3}}$ は有理数を係数とする2次方程式の解とはならないことを示せ。ただし，$2^{\frac{1}{3}}$ が無理数であることは証明なしに用いてよい。（大阪市大）

方針

背理法で証明します。

$2^{\frac{1}{3}}$ が有理数を係数とする 2 次方程式の解となると仮定します。

このとき，その方程式の x^2 の係数は 1 とすることができます。

$2^{\frac{1}{3}}$ が　$ax^2+bx+c=0$ の解（a，b，c は有理数，$a \neq 0$）

⇩ ということは

$2^{\frac{1}{3}}$ は　$x^2+\frac{b}{a}x+\frac{c}{a}=0$ の解　← 両辺を a で割った

⇩ $p=\frac{b}{a}$，$q=\frac{c}{a}$ とおくと　← $\frac{有理数}{有理数}$ は有理数なので，p，q は有理数

$2^{\frac{1}{3}}$ は　$x^2+px+q=0$（p，q は有理数）の解

↑ よって，x^2 の係数は 1 としてよい

また，$2^{\frac{1}{3}}$ は，方程式 $x^3-2=0$ の解です。ここで，x^3-2 を上の多項式 x^2+px+q で割った商を $Q(x)$，余りを $rx+s$（余りは 1 次以下の式）とおくと，$2^{\frac{1}{3}}$ は方程式 $rx+s=0$ の解になります。

$$x^3-2=(x^2+px+q)Q(x)+rx+s$$

と表せる。$x=2^{\frac{1}{3}}$ を代入すると，$2^{\frac{1}{3}}$ は方程式 $x^3-2=0$ と $x^2+px+q=0$ の解なので，

$$\underline{\underline{\left(2^{\frac{1}{3}}\right)^3-2}}=\underline{\underline{\left\{\left(2^{\frac{1}{3}}\right)^2+p\cdot 2^{\frac{1}{3}}+q\right\}}}Q\left(2^{\frac{1}{3}}\right)+r\cdot 2^{\frac{1}{3}}+s$$

この部分は 0 になる

$$\therefore\ r\cdot 2^{\frac{1}{3}}+s=0\ \cdots(☆)$$

よって，$2^{\frac{1}{3}}$ は方程式 $rx+s=0$ の解。

ところが，r，s は有理数であり（有理数係数の多項式を有理数係数の多項式で割った商，余りは有理数係数），$2^{\frac{1}{3}}$ は無理数なので，(☆) は $r=s=0$ を意味します（ 問題 12-1 ）。これより，矛盾を導くことができます。

問題12-7の解答

背理法で示す。$2^{\frac{1}{3}}$が有理数を係数とする2次方程式の解であると仮定し，その方程式を

$x^2+px+q=0$ ← x^2の係数は1としてよい（**方針**参照）

とする（p，qは有理数）。

$2^{\frac{1}{3}}$は，方程式$x^3-2=0$の解でもある。ここで，$(x^3-2)\div(x^2+px+q)$を計算すると，次のようになる。

$$
\begin{array}{r}
x - p \qquad\qquad\qquad \\
x^2+px+q \;\big)\; x^3 \qquad\qquad\qquad -2 \\
x^3+px^2 \quad +qx \qquad \\
\hline
-px^2 \quad -qx \;-2 \\
-px^2 \quad -p^2x \;-pq \\
\hline
(p^2-q)x \;+(pq-2)
\end{array}
$$

商も余りも有理数係数になります

これより，

$x^3-2=(x^2+px+q)(x-p)+(p^2-q)x+(pq-2)$ ← **方針**のr，sは $r=p^2-q$，$s=pq-2$

と変形できる。$x=2^{\frac{1}{3}}$を代入すると，

$(p^2-q)\cdot 2^{\frac{1}{3}}+(pq-2)=0$ ← x^3-2とx^2+px+qは$2^{\frac{1}{3}}$を代入すると0になる

ここで，p^2-q，$pq-2$は有理数で，$2^{\frac{1}{3}}$は無理数であるから，

$$
\begin{cases}
p^2-q=0 & \cdots① \\
pq-2=0 & \cdots②
\end{cases}
$$
← 問題 12-1

①より，

$q=p^2$

これを②に代入すると，

$p\cdot p^2-2=0$

$p^3=2$

$\therefore\ p=2^{\frac{1}{3}}$

pは有理数，$2^{\frac{1}{3}}$は無理数なので，これは矛盾である。← （有理数）＝（無理数）の形なので矛盾

したがって，$2^{\frac{1}{3}}$は有理数を係数とする2次方程式の解にはなりえないことが示された。

第13章 n 進法

まずは，n 進数（n 進法で表された数）の定義のおさらいから。

n 進数の定義

a_0，a_1，a_2，…，a_k を 0 以上 $n-1$ 以下の整数とするとき，

$$a_k a_{k-1} \cdots a_1 a_{0(n)} = a_k n^k + a_{k-1} n^{k-1} + \cdots + a_2 n^2 + a_1 n + a_0$$

n 進数を 10 進法に直すときは，上の定義にあてはめるだけです。

$1011_{(2)} = 1\cdot 2^3 + 0\cdot 2^2 + 1\cdot 2^1 + 1 = 11$ ← 2 進数 $1011_{(2)}$ を10進数に直した

$20112_{(3)} = 2\cdot 3^4 + 0\cdot 3^3 + 1\cdot 3^2 + 1\cdot 3 + 2 = 176$ ← 3 進数 $20112_{(3)}$ を10進数に直した

$543_{(7)} = 5\cdot 7^2 + 4\cdot 7 + 3 = 276$ ← 7 進数 $543_{(7)}$ を10進数に直した

問題 13-1

易 ■ 難

次の数を 10 進法で表せ。

(1) $110_{(2)}$　　(2) $1101011_{(2)}$　　(3) $1515_{(7)}$

((1)関西大，(2)立教大，(3)青山学院大)

問題13-1の解答

(1) $\mathbf{110_{(2)}} = 1\cdot 2^2 + 1\cdot 2 + 0 = \mathbf{6}$

(2) $\mathbf{1101011_{(2)}} = 1\cdot 2^6 + 1\cdot 2^5 + 0\cdot 2^4 + 1\cdot 2^3 + 0\cdot 2^2 + 1\cdot 2 + 1 = \mathbf{107}$

(3) $\mathbf{1515_{(7)}} = 1\cdot 7^3 + 5\cdot 7^2 + 1\cdot 7 + 5 = \mathbf{600}$

◎ 10 進数を n 進数に直す

$$N = a_k n^k + a_{k-1} n^{k-1} + \cdots + a_1 n + a_0$$

（a_0，a_1，…，a_k は 0 以上 $n-1$ 以下の整数）

を，$N = n(a_k n^{k-1} + \cdots + a_1) + a_0$ と変形します。これより，

↑ a_0 は $0 \leqq a_0 < n$ を満たすことに注意してください

N を n で割った余りが a_0，商 q_0 は

$$q_0 = a_k n^{k-1} + a_{k-1} n^{k-2} + \cdots + a_2 n + a_1$$

とわかります。次に，q_0 を

$$q_0 = n(a_k n^{k-2} + a_{k-1} n^{k-3} + \cdots + a_2) + a_1$$

と変形することにより，

q_0 を n で割った余りが a_1，商 q_1 は

$$q_1 = a_k n^{k-2} + a_{k-1} n^{k-3} + \cdots + a_2$$

とわかります。これを繰り返すと，

N を n で割った余りが a_0 …①
①の商を n で割った余りが a_1 …②
②の商を n で割った余りが a_2 …③
③の商を n で割った余りが a_3 …④
⋮
ⓚの商を n で割った余りが a_k ← このときの商は 0 になります

このようにして，N を n 進法に直すことができます。
これは下のように図式化することができます。

例 $N = 183$ を 3 進法に直す。

$183 \div 3$ ⇨ 商 61，余り 0
$61 \div 3$ ⇨ 商 20，余り 1
$20 \div 3$ ⇨ 商 6，余り 2
$6 \div 3$ ⇨ 商 2，余り 0
$2 \div 3$ ⇨ 商 0，余り 2

$$\begin{array}{r|rl} 3 & 183 & \\ 3 & 61 & \cdots 0 \\ 3 & 20 & \cdots 1 \\ 3 & 6 & \cdots 2 \\ 3 & 2 & \cdots 0 \\ & 0 & \cdots 2 \end{array}$$

右 ↓ 左

$$\begin{array}{r|rl} 3 & N & \\ 3 & q_0 & \cdots a_0 \\ 3 & q_1 & \cdots a_1 \\ 3 & q_2 & \cdots a_2 \\ 3 & q_3 & \cdots a_3 \\ & 0 & \cdots a_4 \end{array}$$

右 ↓ 左

商はいつか 0 になります（ココで終了）

⇩ $a_4a_3a_2a_1a_{0(3)}$

これより
$N = 20210_{(3)}$

問題 13-2

易 ■ 難

(1) 10 進数 29 を 5 進法で表せ。 （法政大）
(2) 10 進数 1515 を 7 進法で表せ。 （青山学院大）
(3) 2 進法で表された数 $11011_{(2)}$ を 4 進法で表せ。 （センター試験）

方針

(3) $11011_{(2)}$ を 10 進数に直してから，4 進法で表します。

問題13-2の解答

(1) 右の計算より，

$29 = 104_{(5)}$

$$\begin{array}{r|rl} 5 & 29 & \\ 5 & 5 & \cdots 4 \\ 5 & 1 & \cdots 0 \\ & 0 & \cdots 1 \end{array}$$

右 ↓ 左

(2) 右の計算より，

$1515 = 4263_{(7)}$

$$\begin{array}{r|rl} 7 & 1515 & \\ 7 & 216 & \cdots 3 \\ 7 & 30 & \cdots 6 \\ 7 & 4 & \cdots 2 \\ & 0 & \cdots 4 \end{array}$$

右 ↓ 左

(3) $11011_{(2)}$ を 10 進法に直すと，

$$11011_{(2)} = 1 \cdot 2^4 + 1 \cdot 2^3 + 0 \cdot 2^2 + 1 \cdot 2^1 + 1 = 27$$

よって，右の計算より，求める答は

$123_{(4)}$

$$\begin{array}{r|rl} 4 & 27 & \\ 4 & 6 & \cdots 3 \\ 4 & 1 & \cdots 2 \\ & 0 & \cdots 1 \end{array}$$

右 ↓ 左

◎ n 進小数

n 進法で表された小数の定義も n 進数と同様です。

n 進小数の定義

a_1，a_2，$\cdots$，a_k を 0 以上 $n-1$ 以下の整数とするとき，

$$0.a_1a_2\cdots a_{k(n)} = \frac{a_1}{n} + \frac{a_2}{n^2} + \cdots + \frac{a_k}{n^k}$$

例

$$0.312_{(5)} = \frac{3}{5} + \frac{1}{25} + \frac{2}{125} = \frac{82}{125}$$

$$0.111_{(2)} = \frac{1}{2} + \frac{1}{4} + \frac{1}{8} = \frac{7}{8}$$

問題 13-3

易 ■■ 難

(1) 5 進法で表された小数 $0.241_{(5)}$ を 10 進法の分数で表せ。

(2) 4 進法で表された小数 $12.3_{(4)}$ を 10 進法の小数で表せ。　(関西大)

(3) 2 進法で表された循環小数 $0.\dot{1}\dot{0}_{(2)} = 0.10101010\cdots_{(2)}$ を 10 進法の分数で表せ。　(広島市大)

方針

(1), (2)は前ページの定義にあてはめます。

(3) 例えば，10 進法で表された循環小数

$$x = 0.\dot{3}2\dot{5} = 0.325325325\cdots \quad \cdots①$$

を考えます。この循環小数は循環節の長さ（くり返しの長さのことです）が 3 なので，①の両辺を 10^3 倍すると，

$$1000x = 325.325325325\cdots \quad \cdots②$$

← 右辺は左に 3 桁移動し，①，②の小数部分が同じになる

②－①より，

$$999x = 325$$

$$x = \frac{325}{999}$$

本問も同様です。2 進法の循環小数で循環節の長さが 2 なので，2^2 倍すると，2 桁ずらすことができます。

〈イメージ〉

$$\frac{a}{2^4} + \frac{b}{2^5} + \frac{c}{2^6} \xrightarrow{4倍} \frac{a}{2^2} + \frac{b}{2^3} + \frac{c}{2^4}$$ ← 2 桁ずれる

問題13-3の解答

(1) $0.241_{(5)} = \frac{2}{5} + \frac{4}{25} + \frac{1}{125} = \mathbf{\frac{71}{125}}$

(2) $12.3_{(4)} = 1 \cdot 4 + 2 + \frac{3}{4} = \mathbf{\frac{27}{4}}$

(3) $x = 0.101010\cdots_{(2)} \quad \cdots①$

とおく。①の両辺を $4\ (=2^2)$ 倍すると，

$$4x = 10.101010\cdots_{(2)} \quad \cdots②$$ ← 右辺は左に 2 桁ずれる

②－①より,

$$3x = 10_{(2)} = 2$$

$$\therefore\ x = \frac{2}{3}$$

◎ n 進小数に直す

$a = \frac{71}{125}$ を5進小数に直すことを考えます。答は 問題 13-3 (1)より

$a = 0.241_{(5)} \leftarrow a = \frac{2}{5} + \frac{4}{25} + \frac{1}{125}$

です。この式の両辺を5倍すると,

$5a = 2.41_{(5)}$ ← 右辺は左に1桁ずれる

(2: $5a$ の整数部分, 41: $5a$ の小数部分(＝ b とおく))

これより, $\frac{1}{5}$ の位の数字2は $5a$ の整数部分とわかります。次に, $5a$ の小数部分を b とすると

$b = 0.41_{(5)}$

この式の両辺を5倍すると,

$5b = 4.1_{(5)}$ ← 右辺は左に1桁ずれる

(4: $5b$ の整数部分, 1: $5b$ の小数部分)

これより, $\frac{1}{5^2}$ の位の数字4は $5b$ の整数部分とわかります。このように, 小数部分に5を掛けることを繰り返し, 出てきた整数部分を並べると, 5進小数に直すことができます。

問題 13-4

易 ■■ 難

次の10進数を［　］内の表し方で表せ。

(1)　0.296　［5進法］　　(2)　0.3125　［2進法］

問題13-4の解答

(1) $0.296 \times 5 = 1.48$ ← 整数部分 1，小数部分 0.48

$0.48 \times 5 = 2.4$ ← 整数部分 2，小数部分 0.4

$0.4 \times 5 = 2$ ← 整数部分 2，小数部分 0

よって，

$\mathbf{0.296 = 0.122_{(5)}}$

(2) $0.3125 \times 2 = 0.625$ ← 整数部分 0，小数部分 0.625

$0.625 \times 2 = 1.25$ ← 整数部分 1，小数部分 0.25

$0.25 \times 2 = 0.5$ ← 整数部分 0，小数部分 0.5

$0.5 \times 2 = 1$ ← 整数部分 1，小数部分 0

よって，

$\mathbf{0.3125 = 0.0101_{(2)}}$

コメント

僕は次のようにしています。例えば, 5 進法に直す場合, まず, 与えられた数を

$$\frac{(\text{整数})}{5^l}$$

←（答）が 5 進法の有限小数であれば，必ずこの形に直せます

の形に直します。あとは，分子の整数を 5 進法に直します。

問題13-4の別解

(1) $0.296 = \dfrac{296}{1000} = \dfrac{37}{125}$ ← $\dfrac{(\text{整数})}{5^l}$ の形にする

ここで，37 を 5 進法に直すことにより，

$$\frac{37}{125} = \frac{1 \cdot 5^2 + 2 \cdot 5 + 2}{125}$$

$$= \frac{1 \cdot 5^2}{125} + \frac{2 \cdot 5}{125} + \frac{2}{125}$$

$$= \frac{1}{5} + \frac{2}{25} + \frac{2}{125}$$

$$= \mathbf{0.122_{(5)}}$$

5) 37
5) 7 …2
5) 1 …2
0 …1

(2)　$0.3125 = \dfrac{3125}{10000} = \dfrac{5}{16}$ ← $\dfrac{(\text{整数})}{2^l}$ の形にする

ここで，5 を 2 進法に直すことにより，

$$\frac{5}{16} = \frac{2^2+1}{16}$$

$$= \frac{2^2}{16} + \frac{1}{16} = \frac{1}{4} + \frac{1}{16}$$

$$= \mathbf{0.0101_{(2)}}$$

2)	5	
2)	2	…1
2)	1	…0
	0	…1

◎ n を決定する問題

問題 13-5

易 ▪▮ 難

(1)　3 進法 $21201_{(3)}$ を n 進法で表すと $320_{(n)}$ となるような n の値を求めよ。（徳島大）

(2)　n 進法で表された整数 $1010_{(n)}$ は 10 進法で表すと 30 であるという。このとき，n の値を求めよ。（広島市大）

方針

(1)　n 進法の n を決定する問題では，n に関する方程式を作ることがポイントです。(1)は

$$21201_{(3)} = 320_{(n)}$$

なので，3 進法，n 進法の定義より，

$$2\cdot3^4 + 1\cdot3^3 + 2\cdot3^2 + 0\cdot3^1 + 1 = 3n^2 + 2n + 0$$

n 進法なので
$n > 3$，$n > 2$，$n > 0$
（n は各位の数より大）

です。あとはこれを解くだけです。ただし，$n > 3$ に注意してください。

(2)も同様です。

問題13-5の解答

(1)　$21201_{(3)} = 320_{(n)}$ より，$n > 3$ であり，← n は各位の数より大きい

$$2\cdot3^4 + 1\cdot3^3 + 2\cdot3^2 + 0\cdot3 + 1 = 3n^2 + 2n + 0$$

$$\therefore\ 3n^2 + 2n - 208 = 0$$

$$(3n+26)(n-8) = 0$$

$\therefore\ \boldsymbol{n = 8}$ ← $n > 3$ を満たす

(2)　$1010_{(n)} = 30$

より，$n > 1$ であり，← n は各位の数より大きい

$$n^3 + 0 \cdot n^2 + n + 0 = 30$$

$$n^3 + n - 30 = 0$$

$$(n-3)(n^2+3n+10) = 0$$ ← $f(x) = x^3 + x - 30$ とおくと，$f(3) = 0$ より，$f(x)$ は $x - 3$ で割り切れる

$\therefore$ $\boldsymbol{n = 3}$

問題 13-6

易 ▮▮▮▮ 難

n を 4 以上の整数とする。数 2，12，1331 がすべて n 進法で表記されているとして，

$$2^{12} = 1331$$

が成り立っている。このとき，n はいくつか。10 進法で答えよ。

（京大）

方針

2，12，1331 はすべて n 進法で表記されているので，

$$\begin{cases} 2_{(n)} = 2 \\ 12_{(n)} = n + 2 \\ 1331_{(n)} = n^3 + 3n^2 + 3n + 1 = (n+1)^3 \end{cases}$$

となります。これを

$$2^{12} = 1331$$

に代入すると，

$$2^{n+2} = (n+1)^3 \quad \cdots ①$$

となり，前問のように n の方程式を作ることができます。

この方程式の左辺の素因数は 2 のみなので，右辺の素因数も 2 のみです（素因数分解の一意性）。よって，

$n + 1 = 2^m$ （つまり，$n = 2^m - 1$）← $n+1$ は 2 のべき

とおけ，$n \geqq 4$ なので，m は 3 以上の整数となります。これを①に代入すると，

$$2^{2^m+1} = (2^m)^3 = 2^{3m}$$

$$\therefore\ 2^m + 1 = 3m \quad \cdots②$$

したがって，②を解くことに帰着します。ここで，②に $m = 3,\ 4,\ 5,$ …を代入すると，

m	$2^m + 1$	$3m$
3	9	9
4	17	12
5	33	15
6	65	18
7	129	21
⋮	⋮	⋮

これより，$m = 3$ のとき，(左辺) = (右辺) で，$m \geqq 4$ のとき，(左辺) > (右辺) と予想できます。あとはこれを数学的帰納法で証明します。

問題13-6の解答

$$\begin{cases} 2_{(n)} = 2 \\ 12_{(n)} = n + 2 \\ 1331_{(n)} = n^3 + 3n^2 + 3n + 1 = (n+1)^3 \end{cases}$$

であるから，$2^{12} = 1331$ に代入すると，

$$2^{n+2} = (n+1)^3 \quad \cdots①$$

左辺の素因数は 2 だけであるから，右辺の素因数も 2 だけであり，

$n + 1 = 2^m$　(m は 3 以上の整数) ← $n \geqq 4$ より，$2^m = n + 1 \geqq 5$ なので $m \geqq 3$

とおける。①に代入すると，

$$2^{2^m+1} = (2^m)^3$$

$$\therefore\ 2^{2^m+1} = 2^{3m}$$

よって，　← $2^a = 2^b$ ならば $a = b$

$$2^m + 1 = 3m \quad \cdots②$$

この方程式を解けばよい。← (左辺) は指数関数なので m が大きな値のときは左辺の方が大と予想できる（方針参照）

・$m = 3$ のとき，②は成り立つ。← $9 = 9$

・$m > 4$ のとき，

$$2^m + 1 > 3m \quad \cdots③$$

であることを数学的帰納法で示す。← これが示されれば，$m \geqq 4$ のとき，方程式 $2^m + 1 = 3m$ は整数解をもたないことになる

(Ⅰ) $m=4$ のとき，

　$2^m+1=17$，$3m=12$ より，③は成り立つ。

(Ⅱ) $m=k\ (\geqq 4)$ のとき，③が成り立つ。つまり，

　$2^k+1>3k$ …Ⓐ

と仮定する。このとき，

$2^{k+1}+1-3(k+1)$ ← 〈方針〉これが正であれば，③は $m=k+1$ のときも成り立つ

$=2\cdot 2^k-3k-2$

$>2(3k-1)-3k-2$ ← Ⓐより 両辺2倍 両辺から $3k+2$ を引いた $2^k>3k-1$，$2\cdot 2^k>2(3k-1)$，$\therefore\ 2\cdot 2^k-3k-2>2(3k-1)-3k-2$

$=3k-4$

>0 ← $k\geqq 4$ より $3k-4>0$

したがって，

$2^{k+1}+1>3(k+1)$

が成立するので，③は $m=k+1$ のときも成立する。

以上，(Ⅰ)，(Ⅱ)より，$m\geqq 4$ のとき，

$2^m+1>3m$

したがって，方程式②の $m\geqq 3$ における整数解は $m=3$ のみであり，求める n の値は

$\boldsymbol{n=7}$ ← $n=2^m-1=7$

◎数字の並び方を変える問題

問題 13-7

易 ▪▪▪ 難

(1) 9進法で書いた2桁の整数 N を7進法に書きあらためたら，やはり2桁で数字が入れかわった。この数を10進法で表せ。　(一橋大)

(2) 7進法で表すと3桁となる正の整数 N がある。これを11進法で表すと，やはり3桁で，数字の順序がもととちょうど反対となった。このような整数を10進法で表せ。　(神戸大)

方針

(1)　Nは9進法で2桁の数なので，

$a=0$のとき，Nは1桁なので不適

$$N=ab_{(9)}\quad (1 \leqq a \leqq 8,\ 0 \leqq b \leqq 8\ \cdots ①)$$

9進法なので0以上8以下の整数

と表せます。このNを7進法に書きあらためたら，数字が入れかわったので，

$b=0$のとき，Nは1桁なので不適

$$N=ba_{(7)}\quad (1 \leqq b \leqq 6,\ 0 \leqq a \leqq 6\ \cdots ②)$$

7進法なので0以上6以下の整数

とも表せます。あとは，この2つを等号で結び，aとbの方程式を解きます。(2)も同様です。

問題13-7の解答

(1)　仮定より，

$$N=ab_{(9)}=ba_{(7)}\quad (1 \leqq a \leqq 6,\ 1 \leqq b \leqq 6)$$ ← 方針の①，②より

と表せる。これより，

$$9a+b=7b+a$$

$$\therefore\ 4a=3b\ \cdots ③$$

ここで，3と4は互いに素であるから，bは4の倍数であり，$1 \leqq b \leqq 6$であるから，

$$b=4$$ ← 1以上6以下の4の倍数は4のみである

③に代入して，

$$a=3$$

したがって，

$$\boldsymbol{N}=34_{(9)}=9 \cdot 3+4=\mathbf{31}$$

(2)　仮定より，

aとcは最高位の数なので0を除く

$$abc_{(7)}=cba_{(11)}\quad (1 \leqq a \leqq 6,\ 0 \leqq b \leqq 6,\ 1 \leqq c \leqq 6)$$

7進法なので0以上6以下の整数

と表せる。これより，

$$49a+7b+c=121c+11b+a$$

$$48a=120c+4b$$

$$\therefore\ 12a=30c+b\ \cdots ④$$

ここで，$1 \leqq a \leqq 6$ より，

$30c + b = 12a \leqq 72$ ← 範囲の絞りこみ

よって，

$c = 1$ または 2 ← $b \geqq 0$ なので，$c \geqq 3$ のとき，$30c + b > 72$ となり不適

(i) **$c = 1$ のとき**

このとき，④は

$12a = 30 + b$

ここで，$30 + b$ は 12 の倍数であり，$0 \leqq b \leqq 6$ であるから，

$(a,\ b) = (3,\ 6)$ ← $30 \leqq 30 + b \leqq 36$ であり，この範囲で 12 の倍数は 36 のみ（つまり，$b = 6$）

(ii) **$c = 2$ のとき**

このとき，④は

$12a = 60 + b$

ここで，$60 + b$ は 12 の倍数であり，$0 \leqq b \leqq 6$ であるから，

$(a,\ b) = (5,\ 0)$ ← $60 \leqq 60 + b \leqq 66$ であり，この範囲で 12 の倍数は 60 のみ（つまり，$b = 0$）

以上，(i)，(ii)より，

$(a,\ b,\ c) = (3,\ 6,\ 1),\ (5,\ 0,\ 2)$

したがって，

$\boldsymbol{N} = 361_{(7)},\ 502_{(7)}$

$= \mathbf{190},\ \mathbf{247}$ ← $361_{(7)} = 3 \cdot 7^2 + 6 \cdot 7 + 1 = 190$
$502_{(7)} = 5 \cdot 7^2 + 0 \cdot 7 + 2 = 247$

問題 13-8

易 ▪▪ 難

5 進法により 2 桁で表された正の整数で，8 進法で表すと 2 桁となるものを考える。このとき，8 進法で表したときの各位の並びは 5 進法で表されたときの各位の並びと逆順にはならないことを示せ。 （宮崎大）

方針

背理法で示します。逆順になるものが存在したと仮定すると，

$ab_{(8)} = ba_{(5)}$

が成り立ちます。あとは，前問と同様に考え，この方程式の解が存在しないことを示します。

問題13-8の解答

背理法で示す。

8 進法で表したときの各位の並びが 5 進法で表されたときの各位の並びと逆順である数 N が存在したと仮定する。このとき，

$N = ab_{(8)} = ba_{(5)}$ $(1 \leqq a \leqq 4,\ 1 \leqq b \leqq 4)$

↑ 5 進法なので 0 以上 4 以下の整数，2 桁の数なので，$a \neq 0$，$b \neq 0$

と表される。これより，

$8a + b = 5b + a$

$\therefore\ 4b = 7a$

ここで，4 と 7 は互いに素であるから，b は 7 の倍数であるが，$1 \leqq b \leqq 4$ より，これは矛盾である。

したがって，2 桁の整数で 8 進法で表したときの各位の並びが，5 進法で表されたときの各位の並びと逆順である数は存在しないことが示された。

問題 13-9

易 ▪▪▪ 難

10 進法で 6 桁の自然数がある。一番左の数字を一番右へ移してできる 6 桁の数は，もとの数の 3 倍になるという。もとの自然数を求めよ。

（阪大）

方針

これまでの問題と同様に，もとの自然数を

$10^5a + 10^4b + 10^3c + 10^2d + 10e + f$

(a，b，c，d，e，f **は** 0 **以上** 9 **以下の整数で** $a \neq 0$)

とおいて，処理するとメンドウです。

↑

この自然数の一番左の数字を一番右へ移してできる 6 **桁の数はもとの整数の** 3 **倍なので，このことを式で表すと，**

$10^5b + 10^4c + 10^3d + 10^2e + 10f + a$

$= 3(10^5a + 10^4b + 10^3c + 10^2d + 10e + f)$

↙ $bcdefa = 3 \times abcdef$ **ということ**

これを解こうとすると，文字が多いので大変です。

本問では，もとの自然数の下 5 桁を M とします。このとき，もとの自然数は

↑上の記号で書くと $M = 10^4b + 10^3c + 10^2d + 10e + f$

$10^5a + M$

と表せます。また，一番左の数字を一番右へ移してできる自然数は

$10M + a$

と表せます。

> **例** 329147 **の場合，** $a = 3$，$M = 29147$ **とすると，もとの自然数は**
>
> $10^5a + M \leftarrow 10^5 \cdot 3 + 29147 = 329147$
>
> **また，一番左の数字** (3) **を一番右へ移してできる自然数** 291473 **は**
>
> $10M + a \leftarrow 10 \cdot 29147 + 3 = 291473$

問題13-9の解答

もとの自然数の

$$\begin{cases} \text{下 5 桁を } M \\ 10^5 \text{ の位の数を } a \end{cases}$$

とおくと ($0 \leqq M \leqq 99999$，$1 \leqq a \leqq 9$)，もとの自然数は

$10^5a + M$ …①

と表せる。このとき，この自然数の一番左の数字を一番右へ移してできる 6 桁の数は，

$10M + a$ …② ← **この数が 6 桁なので，** $10000 \leqq M \leqq 99999$ **です**

と表される。②は①の 3 倍なので，

$10M + a = 3(100000a + M)$

$7M = 299999a$

$\therefore\ M = 42857a$

$10000 \leqq M \leqq 99999$，$1 \leqq a \leqq 9$ より，

$(a,\ M) = (1,\ 42857)$，$(2,\ 85714)$

よって，もとの自然数は

142857，285714

類題を問題をもう 1 つ。

問題 13-10

易 ■■■ 難

a, b, c, d, e, f をいずれも 0 から 9 までの数字とする。6 桁の整数 $abcdef$ を適当に定めて，その 2 倍が $cdefab$ となるようにせよ。

ここに，$abcdef$ は，通常の 10 進法による記法であって，整数

$$10^5a + 10^4b + 10^3c + 10^2d + 10e + f$$

を表すとし，$cdefab$ についても同様であるとする。（京大）

方針

仮定より，

$$abcdef \times 2 = cdefab$$

です（上 2 桁が下 2 桁に移動している）。前問と同様に，もとの自然数の上 2 桁と下 4 桁部分をそれぞれ M, N とおいて処理します。

問題 13-10 の解答

$$\begin{cases} M = 10a + b & \leftarrow abcdef \text{ の上 2 桁} \\ N = 10^3c + 10^2d + 10e + f & \leftarrow abcdef \text{ の下 4 桁} \end{cases}$$

とおく。このとき，

$$\begin{cases} abcdef = 10^4M + N \\ cdefab = 10^2N + M \end{cases}$$

$10^4M + N = 10^4(10a + b) + 10^3c + 10^2d + 10e + f$
$= 10^5a + 10^4b + 10^3c + 10^2d + 10e + f$
$10^2N + M = 10^2(10^3c + 10^2d + 10e + f) + 10a + b$
$= 10^5c + 10^4d + 10^3e + 10^2f + 10a + b$

であり，$abcdef$ の 2 倍が $cdefab$ であるから，

$$2(10000M + N) = 100N + M$$

$$19999M = 98N$$

$$\therefore\ 2857M = 14N \cdots ①$$

ここで，2857 と 14 は互いに素であるから，N は 2857 の倍数。また，N は 9999 以下の自然数であるから，

$$N = 2857,\ 5714,\ 8571$$

したがって，求める $abcdef$ は

142857，285714，428571

①より，
$N = 2857$ のとき $M = 14$
$N = 5714$ のとき $M = 28$
$N = 8571$ のとき $M = 42$

第14章 合同式の定義とその性質

第14章，**第15章** では，合同式を扱います。合同式は，教科書の発展的な内容ですが，これをマスターすると，整数の計算を素早くすることができ，問題に関する視野が広がります（見通しがよくなる）。

まずは，合同式の根幹を支える次の定理から。← 証明も重要です

定理（合同式の根幹を支える定理）

a, b を整数，n を正の整数とするとき，次の $\langle P\rangle$, $\langle Q\rangle$ は同値である。

$\langle P\rangle$　a と b は n で割った余りが等しい

$\langle Q\rangle$　$a-b$ は n で割り切れる

上の $\langle P\rangle$, $\langle Q\rangle$ のいずれかが成り立つとき（同値なので，どちらかが成り立てば，両方成り立つ），

$a \equiv b \pmod{n}$ ← mod は modulo（モジュロ）とか modulus（モジュラス）と読みます

と表します（a と b は，n を法として合同という）。

(i)　15 と 7 は 4 で割った余りが等しい（⇔ $15-7$ は 4 で割り切れる）ので，

$15 \equiv 7 \pmod{4}$

(ii)　-1 と 5 は 3 で割った余りが等しい（⇔ $-1-5$ は 3 で割り切れる）ので，

$-1 \equiv 5 \pmod{3}$

(iii)　(i), (ii)と同様に，例えば，　← 左辺と右辺が合同であることを確認してください

$7 \equiv 3 \pmod{4}$,　$7 \equiv 3 \pmod{2}$,　$13 \equiv 4 \pmod{3}$,

$107 \equiv 7 \pmod{10}$

(iv)　a を 4 で割った余りが 3 のとき，

$a = 4m+3$（m は整数）

と表されるので，$a-3$ は 4 で割り切れる。← $a-3=4m$ より

よって，

$a \equiv 3 \pmod{4}$

(v) 逆に,

$$a \equiv 3 \pmod 4$$

のとき, $a-3$ は 4 で割り切れるので, ← 合同式の定義

$$a - 3 = 4k$$

$$a = 4k + 3$$ ← $a=$ (割る数) × (商) + (余り)の形

と表される (k は整数)。したがって, a を 4 で割った余りは 3

(iv), (v)は次のように一般化できます。

合同式による余りの表現

a を整数, n を正の整数, r を $0 \leqq r < n$ を満たす整数とするとき,

a を n で割った余りが $r \iff a \equiv r \pmod n$

$n=4$ のときに, p.195 の定理を証明してみましょう。

問題 14-1

易 ▪▪▪ 難

a, b を整数とするとき, 次の $\langle P \rangle$, $\langle Q \rangle$ は同値であることを証明せよ。

$\langle P \rangle$　a と b は 4 で割った余りが等しい。

$\langle Q \rangle$　$a-b$ は 4 で割り切れる。

問題 14-1 の解答

a, b を 4 で割った商と余りをそれぞれ q_1 と r_1, q_2 と r_2 とすると,

$$\begin{cases} a = 4q_1 + r_1 & \cdots ① \\ b = 4q_2 + r_2 & \cdots ② \end{cases}$$

$$(0 \leqq r_1 \leqq 3,\ 0 \leqq r_2 \leqq 3)$$

と表される。

(step1) $\langle P \rangle \Rightarrow \langle Q \rangle$ の証明

仮定より,

$r_1 = r_2$ ← 4 で割った余りが等しいということ

① − ②より,

$$a - b = 4q_1 - 4q_2 + r_1 - r_2$$

$= 4(q_1 - q_2)$ ← $r_1 = r_2$ より，$r_1 - r_2 = 0$

したがって，$a - b$ は4で割り切れる（すなわち，〈Q〉が成り立つ）。

(step2)　〈Q〉⇒〈P〉の証明

仮定より，$a - b$ が4で割り切れるので，

$a - b = 4m$ (m は整数) …③

と表せる。①－②より，

$$a - b = 4q_1 - 4q_2 + r_1 - r_2$$

$$4m = 4q_1 - 4q_2 + r_1 - r_2$$ ← ③を代入

$$\therefore\ r_1 - r_2 = 4(m - q_1 + q_2)$$

よって，$r_1 - r_2$ は4の倍数である。

ここで，$0 \leqq r_1 \leqq 3$，$0 \leqq r_2 \leqq 3$ より，← r_1，r_2 は4で割った余り

$-3 \leqq r_1 - r_2 \leqq 3$ ← $r_1 - r_2$ の最大値は $3 - 0$，最小値は $0 - 3$

であるから，

$r_1 - r_2 = 0$ ← -3 以上3以下で4の倍数は0しかない

$\therefore\ r_1 = r_2$

したがって，〈P〉が成り立つ。

◎合同式の性質

合同式では，通常の＝(イコール）と同じように，足し算，引き算，掛け算ができます（割り算は条件がつきます）。

合同式の性質①

a，b，c，d は整数，m，n は正の整数とする。

$a \equiv b \pmod{n}$，$c \equiv d \pmod{n}$ のとき，次が成り立つ。

(1)　$a + c \equiv b + d \pmod{n}$ ← 合同なものどうしを足してよい

(2)　$a - c \equiv b - d \pmod{n}$ ← 合同なものどうしを引いてよい

(3)　$ac \equiv bd \pmod{n}$ ← 合同なものどうしを掛けてよい

(4)　$a^m \equiv b^m \pmod{n}$ ← 合同なものどうしを m 乗してよい

例　$5 \equiv 1 \pmod{4}$，$18 \equiv 2 \pmod{4}$ より，

(1)　$5 + 18 \equiv 1 + 2 \pmod{4}$

$\therefore\ 23 \equiv 3 \pmod{4}$ ← 実際，$23 - 3$ は4で割り切れる

(2)　$18 - 5 \equiv 2 - 1 \pmod{4}$

$\therefore\ 13 \equiv 1 \pmod 4$ ← 実際，$13-1$ は 4 で割り切れる

(3) $18\cdot 5 \equiv 2\cdot 1 \pmod 4$

$\therefore\ 90 \equiv 2 \pmod 4$ ← 実際，$90-2$ は 4 で割り切れる

(4) $5^3 \equiv 1^3 \pmod 4$

$\therefore\ 125 \equiv 1 \pmod 4$ ← 実際，$125-1$ は 4 で割り切れる

(4)は，(3)をくり返し使うことにより証明できます。(1)〜(3)を $n=5$ のときに証明してみましょう。

問題 14-2

易 ▂▄▆ 難

a，b，c，d を整数とする。

$a \equiv b \pmod 5$，$c \equiv d \pmod 5$ のとき，次を証明せよ。

(1) $a + c \equiv b + d \pmod 5$

(2) $a - c \equiv b - d \pmod 5$

(3) $ac \equiv bd \pmod 5$

方針

仮定より，$a-b$ と $c-d$ は 5 で割り切れるので，

$a-b=5k$，$c-d=5l$（k，l は整数）

と表せます。

(1) $(a+c)-(b+d)$ が 5 で割り切れることを示します。

(2) $(a-c)-(b-d)$ が 5 で割り切れることを示します。

(3) $ac-bd$ が 5 で割り切れることを示します。

← $x-y$ が 5 で割り切れれば $x \equiv y \pmod 5$ である

問題14-2の解答

$a \equiv b \pmod 5$，$c \equiv d \pmod 5$ より，

$a-b=5k$，$c-d=5l$（k，l は整数）…①

と表せる。

(1) $(a+c)-(b+d)=(a-b)+(c-d)$

$=5k+5l$ ← ①を代入

$= 5(k + l)$

$(a + c) - (b + d)$ は 5 で割り切れることがわかったので,

$a + c \equiv b + d \pmod 5$

(2) $(a - c) - (b - d) = (a - b) - (c - d)$

$= 5k - 5l$ ← ①を代入

$= 5(k - l)$

$(a - c) - (b - d)$ は 5 で割り切れることがわかったので,

$a - c \equiv b - d \pmod 5$

(3) $ac - bd = ac - bc + bc - bd$ ← $-bc + bc$ は消えるので挿入してもかまわない

$= c(a - b) + b(c - d)$

$= c \cdot 5k + b \cdot 5l$ ← ①を代入

$= 5(ck + bl)$

$ac - bd$ は 5 で割り切れることがわかったので,

$ac \equiv bd \pmod 5$

割り算は, n と互いに素のときのみ可能です。← 割り算については 第15章 でも解説しています

合同式の性質②

a, b, c は整数で, n は正の整数とする。

c と n が互いに素のとき,

$ca \equiv cb \pmod n$　ならば　$a \equiv b \pmod n$ ← 両辺を c で割ってよい

これは, p.92 の **公式の言いかえ** を利用して証明することができます。

(証明)

$ca \equiv cb \pmod n$ より,

$ca - cb = c(a - b)$

は n で割り切れる。c と n は互いに素であるから, $c(a - b)$ が n で割り切れれば, $a - b$ が n で割り切れる。← p.92 の公式の言いかえ

ゆえに,

$a \equiv b \pmod n$

◎倍数判定法の証明

ここからは，合同式の考え方（p.195 の定理）を利用して，いろいろな問題を解いていきます。まずは，倍数判定法の証明から。繁雑さを避けるため4桁にしていますが，桁数にかかわりなく証明できます。

問題 14-3

易 ▂▄▆ 難

A は 10 進法で表された 4 桁の自然数であり，千の位の数が a，百の位の数が b，十の位の数が c，そして一の位の数が d である。

(1) A が 3 の倍数であるための条件は，各位の数の和が 3 の倍数であることを示せ。

(2) A が 9 の倍数であるための条件は，各位の数の和が 9 の倍数であることを示せ。（北大，福岡教大）

(3) A が 4 の倍数であるための条件は，下 2 桁が 4 の倍数であることを示せ。

(4) A が 8 の倍数であるための条件は，下 3 桁が 8 の倍数であることを示せ。

方針

$$A = 10^3a + 10^2b + 10c + d$$

です。

(1) $B = a + b + c + d \leftarrow A$ の各位の数の和

とおき，$A - B$ を計算します。$A - B$ が 3 で割り切れれば，A と B は 3 で割った余りが等しいので，B が 3 で割り切れるとき，A も 3 で割り切れます（逆も成り立ちます）。(2)も同様です。

(3) $C = 10c + d \leftarrow A$ の下 2 桁

とおき，$A - C$ を計算します。$A - C$ が 4 で割り切れれば，A と C は 4 で割った余りが等しいので，C が 4 で割り切れるとき，A も 4 で割り切れます（逆も成り立ちます）。(4)も同様です。

問題14-3の解答

$$A = 10^3a + 10^2b + 10c + d$$

である。

(1) $B = a + b + c + d$ ← A の各位の数の和

とおく。このとき，

$$A - B = (1000a + 100b + 10c + d) - (a + b + c + d)$$
$$= 999a + 99b + 9c$$
$$= 3(333a + 33b + 3c) \quad \cdots ①$$ ← $3 \times$ (整数)の形

より，$A - B$ は 3 で割り切れる。

したがって，A と B は 3 で割った余りが等しい。← p.195 の定理

よって，A が 3 の倍数であるための条件は，B（A の各位の数の和）が 3 の倍数であることである。

(2) ①より，

$$A - B = 9(111a + 11b + c)$$ ← $9 \times$ (整数) の形

より，$A - B$ は 9 で割り切れる。

したがって，A と B は 9 で割った余りが等しい。← p.195 の定理

よって，A が 9 の倍数であるための条件は，B（A の各位の数の和）が 9 の倍数であることである。

(3) $C = 10c + d$ ← A の下 2 桁

とおく。このとき，

$$A - C = (1000a + 100b + 10c + d) - (10c + d)$$
$$= 1000a + 100b$$
$$= 4(250a + 25)$$ ← $4 \times$ (整数) の形

より，$A - C$ は 4 で割り切れる。

したがって，A と C は 4 で割った余りが等しい。← p.195 の定理

よって，A が 4 の倍数であるための条件は，C（A の下 2 桁）が 4 の倍数であることである。

(4) $D = 100b + 10c + d$ ← A の下 3 桁

とおく。このとき，

$$A - D = (1000a + 100b + 10c + d) - (100b + 10c + d)$$
$$= 1000a$$
$$= 8 \times 125a$$ ← $8 \times$ (整数) の形

より，$A - D$ は 8 で割り切れる。

したがって，A と D は 8 で割った余りが等しい。← p.195 の定理

よって，A が 8 の倍数であるための条件は，D（A の下 3 桁）が 8 の倍数であることである。

類題をもう 1 問。入試では，11 の倍数も出題されています（結果を覚える必要はありません）。

問題 14-4

易 ▪▪▮ 難

N は 10 進法で表された 4 桁の自然数であり，千の位の数が a，百の位の数が b，十の位の数が c，そして一の位の数が d である。

このとき，$d-c+b-a$ が 11 の倍数ならば，N は 11 の倍数であることを示せ。（立教大・改）

方針

前問と同じです。

$$M=d-c+b-a$$

とおき，$N-M$ を計算し，これが 11 の倍数であることを証明します。

問題 14-4 の解答

$$N=10^3a+10^2b+10c+d$$

である。

$$M=d-c+b-a$$

とおく。このとき，

$$\begin{aligned}N-M&=(1000a+100b+10c+d)-(d-c+b-a)\\&=1001a+99b+11c\\&=11(91a+9b+c)\end{aligned}$$
← 11 ×（整数）の形

より，$N-M$ は 11 で割り切れる。

したがって，N と M は 11 で割った余りが等しい。

よって，M が 11 の倍数ならば，N は 11 の倍数である。

コメント

問題 14-3 と同様に逆も成り立ちます（つまり，N が 11 の倍数ならば，M も 11 の倍数）。

◎余りの周期性

数列 $\{a_n\}$ が

$$a_{n+k} = a_n \quad (n = 1,\ 2,\ 3,\ \cdots)$$

を満たすとき，$\{a_n\}$ は周期 k の周期数列になります。

> $f(x) = \sin x$ が
> $f(x + 2\pi) = f(x)$
> を満たすので，$f(x)$ は周期 2π の周期関数と同じイメージ。

数列 $\{a_n\}$ が

a_1	a_2	a_3	a_4	a_5	a_6	a_7	a_8	a_9	a_{10}	a_{11}	a_{12}	a_{13}	a_{14}	$\cdots$
1,	4,	3,	1,	4,	3,	1,	4,	3,	1,	4,	3,	1,	4,	$\cdots$

のとき，← 1，4，3 のくり返しのとき

$$\begin{cases} a_1 = a_4 = a_7 = a_{10} = \cdots \\ a_2 = a_5 = a_8 = a_{11} = \cdots \\ a_3 = a_6 = a_9 = a_{12} = \cdots \end{cases}$$

が成り立つので

$$a_{n+3} = a_n \quad (n = 1,\ 2,\ 3,\ \cdots)$$

です（周期 3 の周期数列）。

同様に，

$$a_{n+k} \equiv a_n \pmod{m} \quad (n = 1,\ 2,\ 3,\ \cdots)$$

は，a_n を m で割った余りが周期 k の周期数列であることを意味します。

例 $a_n = 2n$ で定義される数列 $\{a_n\}$

2，4，6，8，10，12，14，16，18，$\cdots$

を 3 で割った余りを考えると，

2，1，0，2，1，0，2，1，0，$\cdots$

となり，周期 3 の周期数列である。

（証明）

$a_{n+3}-a_n=2(n+3)-2n=6$ ← $a_{n+3}-a_n$ は3で割り切れる

より，$a_{n+3}-a_n$ は3で割り切れる。これより，

$a_{n+3}\equiv a_n \pmod 3$ ← 合同式の定義

よって，a_n を3で割った余りは，周期3の周期数列。

問題 14-5

易■■□難

自然数 n に対して，

$a_n=2^n+1$

とする。

(1) すべての n に対して，$a_{n+3}-a_n$ は7で割り切れることを示せ。

(2) a_n を7で割った余りを求めよ。（大阪市大・改）

方針

(2) (1)より，

$a_{n+3}\equiv a_n \pmod 7$

となるので，a_n を7で割った余りは周期3の周期数列です。よって，はじめの3項（を7で割った余り）がわかれば，あとはその繰り返しになります。

問題14-5の解答

(1) $a_{n+3}-a_n=(2^{n+3}+1)-(2^n+1)$

$=7\cdot 2^n$ ←

$2^{n+3}-2^n$
$=2^3\cdot 2^n-2^n$
$=(8-1)\cdot 2^n$
$=7\cdot 2^n$

よって，$a_{n+3}-a_n$ は7で割り切れる。

(2) (1)より，

$a_{n+3}\equiv a_n \pmod 7$

よって，a_n を7で割った余りは周期3の周期数列。ここで，

$$\begin{cases} a_1 = 3 \\ a_2 = 5 \\ a_3 = 9 \leftarrow 7\text{で割った余りは}2 \end{cases}$$

であるから，a_n を 7 で割った余りは，3，5，2 のくり返し，つまり，

$$\begin{cases} \boldsymbol{n = 3k+1}\ \textbf{のとき，}\boldsymbol{a_n}\textbf{を}\ \boldsymbol{7}\ \textbf{で割った余りは}\ \boldsymbol{3} \\ \boldsymbol{n = 3k+2}\ \textbf{のとき，}\boldsymbol{a_n}\textbf{を}\ \boldsymbol{7}\ \textbf{で割った余りは}\ \boldsymbol{5} \\ \boldsymbol{n = 3k}\ \textbf{のとき，}\boldsymbol{a_n}\textbf{を}\ \boldsymbol{7}\ \textbf{で割った余りは}\ \boldsymbol{2} \end{cases}$$

問題 14-6

易 ▂▄▆ 難

7^{2002} の 1 の位を求めよ。ただし，数値は 10 進数とする。

（新潟大・改）

方針

10 進法で表したときの 1 の位は，10 で割った余りです。

$$\begin{cases} \cdot\ 23519 = 10 \times 2351 + 9\ \textbf{より，}23519\ \textbf{を}\ 10\ \textbf{で割った余りは}\ 9 \\ \cdot\ 476 = 10 \times 47 + 6\ \textbf{より，}476\ \textbf{を}\ 10\ \textbf{で割った余りは}\ 6 \end{cases}$$

a を整数とするとき，a^n の 1 の位は必ず周期性があります。

7^n の場合，実験してみると，

7^1 **の 1 の位は 7**

7^2 (= 49) **の 1 の位は 9**

7^3 (= 343) **の 1 の位は 3**

7^4 (= 2401) **の 1 の位は 1**

7^5 (= 16807) **の 1 の位は 7**

7^6 (= 117649) **の 1 の位は 9**

7^7 (= 823543) **の 1 の位は 3**

⋮

$$\begin{array}{r} 49 \\ \times\ 7 \\ \hline 343 \end{array} \leftarrow$$ 7^3 の 1 の位は 9×7 によって決まる

$$\begin{array}{r} 16807 \\ \times\ 7 \\ \hline 117649 \end{array} \leftarrow$$ 1 の位は 7×7 によって決まるから 7^2 と同じ 1 の位になる

$$\begin{array}{r} 117649 \\ \times\ 7 \\ \hline 823543 \end{array} \leftarrow$$ 1 の位は 9×7 によって決まるから 7^3 と同じ 1 の位になる

これより，周期 4 と予想できるので，これを証明します。

問題14-6の解答

$a_n = 7^n$

とおく。

$a_{n+4} - a_n = 7^{n+4} - 7^n$ ← 周期 4 と予想できるので（方針参照），$a_{n+4} - a_n$ を計算

$= (7^4 - 1)\cdot 7^n$

$= 2400\cdot 7^n$ ← $a_{n+4} - a_n$ は 10 で割り切れるとわかる

より，$a_{n+4} - a_n$ は 10 で割り切れる。これより，

$a_{n+4} \equiv a_n \pmod{10}$

よって，a_n を 10 で割った余り，つまり a_n の 1 の位は，周期 4 の周期数列。したがって，

(a_{2002} の 1 の位) $=$ (a_{1998} の 1 の位)

$=$ (a_{1994} の 1 の位)

⋮

$=$ (a_2 の 1 の位) ← $2002 = 4\cdot 500 + 2$ より a_2 の 1 の位と一致する

$= \mathbf{9}$ ← $a_2 = 7^2 = 49$

問題 14-7

易 ▪▮▮ 難

整数からなる数列 $\{a_n\}$ を漸化式

$$\begin{cases} a_1 = 1,\ a_2 = 3 \\ a_{n+2} = 3a_{n+1} - 7a_n \end{cases}$$

によって定める。このとき，a_n が偶数となることと，n が 3 の倍数となることは同値であることを示せ。 (東大)

方針

題意は，数列 $\{a_n\}$ が次のようになっているということ。

a_1	a_2	a_3	a_4	a_5	a_6	a_7	a_8	a_9	a_{10}	a_{11}	…
奇	奇	偶	奇	奇	偶	奇	奇	偶	奇	奇	…

よって，a_n を 2 で割った余りが周期 3 の周期数列であることを示します。

問題14-7の解答

$$
\begin{aligned}
a_{n+3} - a_n &= (3a_{n+2} - 7a_{n+1}) - a_n \longleftarrow a_{n+2} = 3a_{n+1} - 7a_n \text{ より } a_{n+3} = 3a_{n+2} - 7a_{n+1} \\
&= 3a_{n+2} - 7a_{n+1} - a_n \\
&= 3(3a_{n+1} - 7a_n) - 7a_{n+1} - a_n \quad \nwarrow a_{n+2} = 3a_{n+1} - 7a_n \text{ を代入} \\
&= 2a_{n+1} - 22a_n \\
&= 2(a_{n+1} - 11a_n) \leftarrow 2 \times (\text{整数}) \text{ の形}
\end{aligned}
$$

$a_{n+3} - a_n$ は2で割り切れるから,

$a_{n+3} \equiv a_n \pmod 2$

これより, a_n を2で割った余りは周期3の周期数列。

ここで, $a_1 = 1$, $a_2 = 3$, $a_3 = 2$ より, $\leftarrow a_3 = 3a_2 - 7a_1 = 3 \cdot 3 - 7 \cdot 1 = 2$

a_n は, 奇数, 奇数, 偶数のくり返しである。

よって, a_n が偶数であることと, n が3の倍数となることは同値である。

第15章 合同式の応用

ここでは，合同式を利用して，問題を簡単に解く方法を学びます。

◎合同式を利用して，簡潔に記述する

合同式を使うと，剰余に関する論証を簡潔に記述することができます。例えば,「n が 3 で割ると 1 余る整数のとき, n^4 は 3 で割ると 1 余る整数である」ことの証明は，通常次のようにします。

仮定より，$n = 3k + 1$ と表せる（k は整数)。このとき，

$$
\begin{aligned}
n^4 &= (3k + 1)^4 \\
&= 81k^4 + 108k^3 + 54k^2 + 12k + 1 \leftarrow \text{この展開がメンドウ} \\
&= 3(27k^4 + 36k^3 + 18k^2 + 4k) + 1
\end{aligned}
$$

よって，n^4 は 3 で割ると 1 余る整数である。

これを合同式を使うと，次のようになります。

仮定より，

$$n \equiv 1 \pmod 3$$

このとき，

$$
\begin{aligned}
n^4 &\equiv 1^4 \leftarrow \text{両辺を 4 乗しても合同} \\
&\equiv 1 \pmod 3
\end{aligned}
$$

よって，n^4 は 3 で割ると 1 余る整数である。

では，問題 6-2 の合同式を使った解答から始めましょう。

問題 15-1

易 ▮▮ 難

(これは 問題 6-2 と同じです)

自然数 n が 6 と互いに素であるとき，n^2 を 6 で割った余りが 1 であることを示せ。 (鹿児島大)

問題 15-1 の解答

以下，mod 6 とする。仮定より，n は 6 と互いに素なので，

$n \equiv 1,\ 5$ ← $n = 6k+1,\ 6k+5$ という意味

の 2 つの場合がある。

(i) **$n \equiv 1$ のとき**

$n^2 \equiv 1^2$ ← 両辺を 2 乗しても合同

$\equiv 1$

(ii) **$n \equiv 5$ のとき**

$n^2 \equiv 5^2$ ← 両辺を 2 乗しても合同

$\equiv 25$

$\equiv 1$ ← $25 \equiv 1 \pmod 6$

よって，(i)，(ii)いずれの場合も n^2 を 6 で割った余りは 1 である。したがって，n が 6 と互いに素であるとき，n^2 を 6 で割った余りが 1 であることが示された。

コメント

問題 6-2 の別解 と同じようにすると，さらに簡潔です。

問題 15-1 の別解

仮定より，n は 6 と互いに素なので，

$n \equiv \pm 1 \pmod 6$ ← $n = 6k \pm 1$ という意味

と表せる。このとき，

$n^2 \equiv (\pm 1)^2 \equiv 1 \pmod 6$

よって，n が 6 と互いに素であるとき，n^2 を 6 で割った余りが 1 であることが示された。

問題 15-2

易■□□難

(これは 問題 6-1 と同じです)

m, n は 7 で割ったときの余りがそれぞれ 3, 2 となる整数である。

次の数を 7 で割ったときの余りを求めよ。

(1) $m+n$　(2) mn　(3) $2m+n$

(4) $m-2n$　(5) m^2+n^2

方針

7 で割った余りに関する問題なので, mod 7 で考えます。問題 6-1 の解答よりかなり簡潔に記述できます。

問題 15-2 の解答

以下, mod 7 で考える。仮定より,

$m\equiv 3$, $n\equiv 2$

(1) $m+n\equiv 3+2\equiv 5$

よって, $m+n$ を 7 で割った余りは 5

(2) $mn\equiv 3\cdot 2\equiv 6$

よって, mn を 7 で割った余りは 6

(3) $2m+n\equiv 2\cdot 3+2\equiv 8\equiv 1$

よって, $2m+n$ を 7 で割った余りは 1

(4) $m-2n\equiv 3-2\cdot 2\equiv -1\equiv 6$

よって, $m-2n$ を 7 で割った余りは 6

(5) $m^2+n^2\equiv 3^2+2^2\equiv 13\equiv 6$

よって, m^2+n^2 を 7 で割った余りは 6

もう 1 問やってみましょう。

問題 15-3

易■■□難

どのような整数 n に対しても, n^2+n+1 は 5 で割り切れないことを示せ。 (学習院大)

問題15-3の解答

以下，mod 5 で考える。

$n \equiv 0$，1，2，3，4 の 5 つの場合がある。

それぞれ計算すると，

(i) $n \equiv 0$ のとき，$n^2 + n + 1 \equiv 1$

(ii) $n \equiv 1$ のとき，$n^2 + n + 1 \equiv 3$

(iii) $n \equiv 2$ のとき，$n^2 + n + 1 \equiv 7 \equiv 2$

(iv) $n \equiv 3$ のとき，$n^2 + n + 1 \equiv 13 \equiv 3$

(v) $n \equiv 4$ のとき，$n^2 + n + 1 \equiv 21 \equiv 1$

以上，(i)〜(v)より，どのような整数 n に対しても，$n^2 + n + 1$ は 5 で割り切れないことが示された。

◎合同式を利用して余りを求める

a^n を m で割った余りを求めるときは，

2項定理

$$(x + y)^n = {}_n\mathrm{C}_0 x^n + {}_n\mathrm{C}_1 x^{n-1} y + {}_n\mathrm{C}_2 x^{n-2} y^2 + \cdots + {}_n\mathrm{C}_n y^n$$

がよく用いられます。

例 5^{100} を 4 で割った余りを求めよ。

(答) $5^{100} = (4 + 1)^{100}$

$$= \underbrace{4^{100} + {}_{100}\mathrm{C}_1 \cdot 4^{99} + \cdots + {}_{100}\mathrm{C}_{99} \cdot 4}_{Ⓐ} + 1$$

ここで，Ⓐの部分は 4 の倍数なので，

$$4^{100} + {}_{100}\mathrm{C}_1 \cdot 4^{99} + \cdots + {}_{100}\mathrm{C}_{99} \cdot 4 = 4a \quad (a \text{ は整数})$$

とおける。これを代入すると，

$$5^{100} = \underbrace{4a}_{Ⓐ} + 1 \leftarrow \text{(割る数)} \times \text{(商)} + \text{(余り)} \text{ の形}$$

よって，5^{100} を 4 で割った余りは 1 である。

これは合同式を使うと，簡単に解くことができる場合があります。

(例の別解)

以下，mod 4 とする。

$5 \equiv 1$

より，

$5^{100} \equiv 1^{100}$ ← 両辺を 100 乗しても合同

$\equiv 1$ ← $1^{100} = 1$

よって，5^{100} を 4 で割った余りは 1 である。

問題 15-4

易■■ 難

(1) 23^5 を 3 で割ったときの余りを求めよ。 (東北学院大)

(2) n は 3 で割ると余りが 1 であるような自然数とする。このとき，2^n を 7 で割ると，余りは 2 となることを示せ。 (津田塾大)

(3) $2^{2016} + 1$ を 2016 で割った余りを求めよ。 (九大)

方針

n 乗の計算では

「絶対値が小さい数におきかえる」

ことがポイントです。

(1) $23 \equiv -1 \pmod 3$ **なので，両辺を 5 乗します。**

(2) $n = 3k + 1$ **とおくと，**

$2^n = 2^{3k+1} = 2 \cdot (2^3)^k = 2 \cdot 8^k$

$8 \equiv 1 \pmod 7$ **なので，この式の両辺を** k **乗します。**

(3) $2^{11} = 2048 \equiv 32 \equiv 2^5 \pmod{2016}$ **です。この式の両辺に** 2^m **を掛けると (**m **は 0 以上の整数)，**

$2^{m+11} \equiv 2^{m+5} \pmod{2016}$ ← 指数の部分を 6 減らしても変わらない

となります。よって，mod 2016 では $2^{\triangle}$ **の△の部分を 6 減らしても値が変わらないことがわかったので，**2^{2016} **の 2016 を 6 ずつ減らしていきます。**

$n \geqq 5$ の範囲で数列 $\{2^n\}$ を 2016 で割った余りは周期 6 ということ ↗

問題15-4の解答

(1)　$23 \equiv -1 \pmod 3$ ← 絶対値が小さい数におきかえる

　であるから,

$$23^5 \equiv (-1)^5$$ ← 両辺を5乗しても合同

$$\equiv -1$$ ← $(-1)^5 = -1$

$$\equiv 2 \pmod 3$$

　よって，23^5 を3で割った余りは2

(2)　$n = 3k + 1$ とおくと（k は整数），← n は3で割った余りが1

$$2^n = 2^{3k+1}$$

$$= 2 \cdot (2^3)^k$$

$$= 2 \cdot 8^k$$

　ここで,

$$8 \equiv 1 \pmod 7$$ ← 絶対値が小さい数におきかえる

　より,

$$8^k \equiv 1^k \pmod 7$$ ← 両辺を k 乗しても合同

$$\therefore\ 2 \cdot 8^k \equiv 2 \cdot 1^k$$ ← 両辺を2倍しても合同

$$\equiv 2 \pmod 7$$

　よって，$n = 3k + 1$ のとき，2^n を7で割った余りは2

↙ $2048 - 32$ は2016で割り切れるので，$2048 \equiv 32$

(3)　$2^{11} = 2048 \equiv 32 \equiv 2^5 \pmod{2016}$

　より，m を0以上の整数とするとき

$$2^{m+11} \equiv 2^{m+5} \pmod{2016}$$ ← 両辺に 2^m を掛けた

　よって,　↙ 2016は6の倍数なので6ずつ減らすと 2^6 になる

$$2^{2016} \equiv 2^{2010} \equiv 2^{2004} \equiv \cdots \equiv 2^6 \equiv 64 \pmod{2016}$$

$$\therefore\ 2^{2016} + 1 \equiv 64 + 1$$ ← 両辺に1を足しても合同

$$\equiv 65 \pmod{2016}$$

　よって，$2^{2016} + 1$ を2016で割った余りは65

> m は0以上の整数なので,
> $2^{m+11} \equiv 2^{m+5} \pmod{2016}$
> は
> $2^6 \equiv 2^0$
> を意味しません!!
> （実際，$2^6 \not\equiv 2^0$ です）

次の問題は，合同式を使うと逆にメンドウです。何でも合同式と決めつけないように臨機応変に対応することが大事!!

易 難

31^{17} を 900 で割った余りを求めよ。　(大分大)

問題15-5の解答

2 項定理より，

$$31^{17} = (30+1)^{17}$$
$$= \underbrace{30^{17} + {}_{17}C_1 \cdot 30^{16} + \cdots + {}_{17}C_{15} \cdot 30^2}_{Ⓐ} + {}_{17}C_{16} \cdot 30 + 1$$

ここで，Ⓐの部分は 900 の倍数であるから，← 30^2 でくくれる

$$30^{17} + {}_{17}C_1 \cdot 30^{16} + \cdots + {}_{17}C_{15} \cdot 30^2 = 900a$$

とおける（a は整数）。代入すると，

$$31^{17} = \underbrace{900a}_{Ⓐ} + {}_{17}C_{16} \cdot 30 + 1$$
$$= 900a + 511$$ ← ${}_{17}C_{16} \cdot 30 + 1 = 17 \cdot 30 + 1 = 511$

よって，31^{17} を 900 で割った余りは **511**

◎ 1 次不定方程式を合同式を使って解く

まずは，合同式における割り算の補足からします。

a と b が互いに素な自然数のとき，

$$ax + by = 1 \cdots (☆)$$

を満たす整数 x，y が存在します（p.97 の定理）。

(☆) を mod b で考えると，

$$ax + by \equiv 1 \pmod{b}$$ ← $p = q$ ならば $p \equiv q \pmod{b}$ が成り立ちます（逆は成り立たない）

$by \equiv 0 \cdot y \equiv 0 \pmod{b}$ なので，

$$ax \equiv 1 \pmod{b}$$

これより，次が成り立つことがわかります。

公式（逆元の存在に関する定理）

a と b が互いに素な自然数とするとき，

$$ax \equiv 1 \pmod{b}$$

となる整数 x が存在する。

この x を mod b における a の逆元といいます。この公式は，a と b が互いに素のとき，a の逆元が存在することを意味し，これにより両辺を a で割るということは，両辺に a の逆元を掛けることだと解釈することができます。

↖ 実数において両辺を x ($\neq 0$) で割ることは，両辺に $\frac{1}{x}$（x の逆数）を掛けることと同じイメージ

例

$$2 \cdot 4 \equiv 1 \pmod 7$$

なので，4 は mod 7 における 2 の逆元です。よって，

$$2a \equiv 2b \pmod 7 \quad (a,\ b \text{は整数})$$

の両辺に 4 を掛けると，

$$4 \cdot 2a \equiv 4 \cdot 2b$$

$$8a \equiv 8b$$

$$\therefore\ a \equiv b \pmod 7$$

← 両辺を 2 で割ることは，逆元の 4 を掛けることだと解釈できる

逆元は，しらみつぶしに調べることにより見つけることができます（しらみつぶしに調べることが難しいものは拡張ユークッド互除法 (p.107) を利用します)。

mod 5 における 2 の逆元

$$\begin{cases} 2 \cdot 1 \equiv 2 & \pmod 5 \\ 2 \cdot 2 \equiv 4 & \pmod 5 \\ 2 \cdot 3 \equiv 6 \equiv 1 & \pmod 5 \\ 2 \cdot 4 \equiv 8 \equiv 3 & \pmod 5 \end{cases}$$

より，2 の逆元は 3

mod 4 における 3 の逆元

$$\begin{cases} 3 \cdot 1 \equiv 3 & \pmod 4 \\ 3 \cdot 2 \equiv 6 \equiv 2 & \pmod 4 \\ 3 \cdot 3 \equiv 9 \equiv 1 & \pmod 4 \end{cases}$$

より，3 の逆元は 3

問題 15-6

易・・難

x を整数とするとき，次の方程式を解け。

(1)　$3x \equiv 1 \pmod 7$

(2)　$4x \equiv 1 \pmod 5$

方針

(1)　mod 7 における 3 の逆元は 5 です。←

よって，方程式の両辺に 5 を掛ければオシマイです（これで両辺を 3 で割ったことになる）。

(2)も同様です。

以下，mod 7 とする。

$3 \cdot 1 \equiv 3$

$3 \cdot 2 \equiv 6$

$3 \cdot 3 \equiv 9 \equiv 2$

$3 \cdot 4 \equiv 12 \equiv 5$

$3 \cdot 5 \equiv 15 \equiv 1$

$3 \cdot 6 \equiv 18 \equiv 4$

問題 15-6 の解答

(1)　両辺に 5 を掛けると，

$5 \cdot 3x \equiv 5 \cdot 1 \pmod 7$

$15x \equiv 5 \pmod 7$

$\therefore\ \boldsymbol{x \equiv 5 \pmod 7}$ ← $15 \equiv 1 \pmod 7$ より，$15x \equiv x \pmod 7$

よって，x は 7 で割ると 5 余る整数。

(2)　mod 5 における 4 の逆元は 4 である。←

以下，mod 5 とする。

$4 \cdot 1 \equiv 4$

$4 \cdot 2 \equiv 8 \equiv 3$

$4 \cdot 3 \equiv 12 \equiv 2$

$4 \cdot 4 \equiv 16 \equiv 1$

よって，両辺に 4 を掛けると，

$4 \cdot 4x \equiv 4 \cdot 1 \pmod 5$

$16x \equiv 4 \pmod 5$

$\therefore\ \boldsymbol{x \equiv 4 \pmod 5}$ ← $16 \equiv 1 \pmod 5$ より，$16x \equiv x \pmod 5$

よって，x は 5 で割ると 4 余る整数。

問題 15-7

易 ■■ 難

((1)は 問題 8-4 と同じです)

次の方程式の整数解を求めよ。

(1) $4x + 7y = 1$

(2) $3x + 5y = 1$

方針

(1) 方程式

$4x + 7y = 1$ …①

を mod 7 **で考えます。** $7 \equiv 0 \pmod 7$ **なので,**

$4x + 7y \equiv 1 \pmod 7$ …②

$\therefore\ 4x \equiv 1 \pmod 7$ ← $7 \equiv 0$ **より,** $7x \equiv 0 \cdot x \equiv 0$

あとは,この式の両辺に 4 **の逆元を掛ければ** x **が求まります。ただし,この** x **は必要条件であることに注意してください。**

〈P〉 $4x + 7y \equiv 1 \pmod 7$ …② **が成り立つ**

× →（〈P〉から〈Q〉）／ ← ○（〈Q〉から〈P〉）

〈Q〉 $4x + 7y = 1$ …① **が成り立つ**

((注) P は Q であるための必要条件)

よって,ここで求めた x **を①に代入し,方程式が成立する** y **の存在を確認します(十分性の確認)。**

問題15-7の解答

(1) $4x + 7y = 1$ …①

①を mod 7 で考えると,

$4x + 7y \equiv 1 \pmod 7$ …② ← ②が成り立つことは①が成り立つための必要条件

$4x \equiv 1 \pmod 7$

この式の両辺に 2 を掛けると, ← $2 \cdot 4 \equiv 1 \pmod 7$ より,2 は mod 7 における 4 の逆元

$8x \equiv 2 \pmod 7$

$\therefore\ x \equiv 2 \pmod 7$ ← x は 7 で割ると 2 余る整数とわかる

よって，

$x = 7k + 2$（k は整数）

であることが必要条件。

①に代入して，

$4(7k + 2) + 7y = 1$

$7y = -28k - 7$

$\therefore\ y = -4k - 1$ ← ①を満たす x，y の存在を確認（十分性の確認）

よって，求める答は

$x = 7k + 2$，$y = -4k - 1$（k は整数） ← **問題 8-4** (1)と同じ答

(2) $3x + 5y = 1$ …③

③を mod 5 で考えると，

$3x + 5y \equiv 1 \pmod 5$ …④ ← ④が成り立つことは③が成り立つための必要条件

$3x \equiv 1 \pmod 5$

この式の両辺に 2 を掛けると，← $3 \cdot 2 \equiv 1 \pmod 5$ より，2 は mod 5 における 3 の逆元

$6x \equiv 2 \pmod 5$

$\therefore\ x \equiv 2 \pmod 5$ ← x は 5 で割ると 2 余る整数とわかる

よって，

$x = 5k + 2$（k は整数）

であることが必要条件。

③に代入して，

$3(5k + 2) + 5y = 1$

$5y = -15k - 5$

$\therefore\ y = -3k - 1$ ← ③を満たす x，y が存在することが確認された（十分性の確認）

よって，求める答は

$x = 5k + 2$，$y = -3k - 1$（k は整数）

コメント

(1)を mod 4，(2)を mod 3 で考えても解くことができます（復習がわりにやってみてください）。

問題 15-8

易 難

a，b，c，d を整数とする。整式

$f(x) = ax^3 + bx^2 + cx + d$

において，$f(-1)$，$f(0)$，$f(1)$ がいずれも 3 で割り切れないならば，方程式 $f(x) = 0$ は整数の解をもたないことを証明せよ。　(三重大)

方針

これも合同式を使うと，見通しよく処理できます。

以下，mod 3 で考えます。n を 3 で割った余りを考え，

$n \equiv 0,\ 1,\ 2$

の 3 つの場合に場合分けします。

例えば，$n \equiv 1$ の場合，

$f(n) \equiv f(1)$ …(☆)

となります。

(証明)　$n \equiv 1$ より，

$n^3 \equiv 1^3$ …① ← 両辺を 3 乗しても合同

$n^2 \equiv 1^2$ …② ← 両辺を 2 乗しても合同

$n \equiv 1$ …③

①×a＋②×b＋③×c＋d より，← 合同なものを掛けたり，足したりしても合同

$an^3 + bn^2 + cn + d \equiv a \cdot 1^3 + b \cdot 1^2 + c \cdot 1 + d$

$\therefore f(n) \equiv f(1)$

仮定より，$f(1)$ は 3 で割り切れないので，(☆) より $n = 3k + 1$ のとき，$f(n)$ も 3 で割り切れません。したがって，$n = 3k + 1$ のとき，

$f(n) \neq 0$ ← $f(n)$ は 3 で割り切れないので 0 になることはない

なので，方程式 $f(x) = 0$ は $n = 3k + 1$ の形の整数解をもたないとわかります。 ← $f(n) \neq 0$ は n が $f(x) = 0$ の解ではないことを意味する

$n \equiv 0$ **のとき，**$f(n) \equiv f(0)$，

$n \equiv -1$ **のとき，**$f(n) \equiv f(-1)$

より，他の場合も同様の議論をすることができます。

問題15-8の解答

nを3で割った余りで場合分けして考える。以下，mod 3とする。

$$\begin{cases} \text{(i)} & n \equiv 0 \text{のとき，} f(n) \equiv f(0) \\ \text{(ii)} & n \equiv 1 \text{のとき，} f(n) \equiv f(1) \\ \text{(iii)} & n \equiv -1 \text{のとき，} f(n) \equiv f(-1) \end{cases}$$

← **方針**参照

仮定より，$f(-1)$，$f(0)$，$f(1)$は3で割り切れないので，(i)，(ii)，(iii)いずれの場合も，

$f(n)$は3で割り切れない

したがって，すべての整数nについて

$f(n) \neq 0$ ← $f(n)$は3で割り切れないので，0になることはない

これは，$x = n$が方程式$f(n) = 0$の解ではない ← $x = n$が解 ⇔ $f(n) = 0$が成立

ことを意味する。

したがって，方程式$f(x) = 0$は整数解をもたない。

第16章 ガウス記号（整数部分）

まずは，整数部分と小数部分の確認からはじめます。

整数部分，小数部分の定義

実数 x に対し，　(整数) + (0以上1未満の実数) の形

$x = a + b$　(a は整数，$0 \leqq b < 1$)

と表すとき，

$\begin{cases} a \text{ を } x \text{ の整数部分といい，} a = [x] \text{ と表す。} \\ b \text{ を } x \text{ の小数部分といい，} a = \langle x \rangle \text{ と表す。} \end{cases}$ ← この章では，いちいち断らずにこの記号を使います

例　$4.72 = 4 + 0.72$ ← (整数) + (0以上1未満の実数) の形

より，

$[4.72] = 4,\ \langle 4.72 \rangle = 0.72$ ← 4.72の整数部分は4，小数部分は0.72

記号［　］をガウス記号といいます。本によっては，

$[x]$：x を超えない最大の整数

と書いているものもありますが，これは x の整数部分と同じ意味です。

例　4.72を超えない最大の整数とは，下図の赤い部分の中で最大の整数のことである。

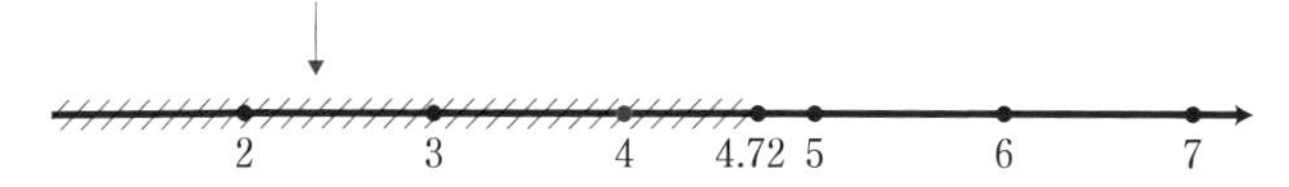

よって，4.72を超えない最大の整数は4 ← 4.72の整数部分（上の**例**）と一致する

例　(i) $-3.26 = -4 + 0.74$ より，-3.26 の整数部分は -4

↖ (整数) + (0以上1未満の実数) の形

↙ $-3.26 = -3 + (-0.26)$ としてはいけません!!

(ii)　-3.26 を超えない最大の整数とは，下図の赤い部分の中で最大の整数のことである。

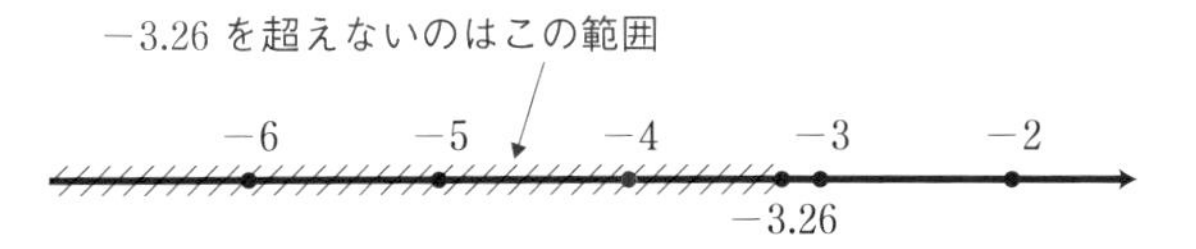

よって，　-3.26 を超えない最大の整数は　-4 ← (i)，(ii)は一致する

定義より，次が成り立ちます。

公式

$\langle x \rangle = x - [x]$ ← 定義より，$x = [x] + \langle x \rangle$
これを $\langle x \rangle$ について解いた

整数部分 $[x]$，小数部分 $\langle x \rangle$ は，x の範囲が与えられれば，決定することができます。

例　$2.4 \leqq x \leqq 2.6$ のとき，$[x]$，$\langle x \rangle$ を x を用いて表せ。

(答)　$[x] = 2$　← $2.4 \leqq x \leqq 2.6$ なので x の整数部分は 2

$\langle x \rangle = x - [x]$ ← 上の公式

$= x - 2$

次の **例** は，$3 \leqq x < 4$ のときと $4 \leqq x < 5$ のときで x の整数部分が変わるので，場合分けして処理します。

例　$3 \leqq x < 5$ のとき，$[x]$，$\langle x \rangle$ を x を用いて表せ。

(答)　(i)　**$3 \leqq x < 4$ のとき**

$[x] = 3$ ← $3 \leqq x < 4$ のとき，x の整数部分は 3

$\langle x \rangle = x - [x] = x - 3$

(ii)　**$4 \leqq x < 5$ のとき**

$[x] = 4$ ← $4 \leqq x < 5$ のとき，x の整数部分は 4

$\langle x \rangle = x - [x] = x - 4$

ちょっと，練習してみましょう。

問題 16-1

易 難

(1) $\sqrt{5}$ の小数部分を求めよ。

(2) $\sqrt{17}$ の小数部分を求めよ。

(3) $4 \leqq x \leqq 6.5$ のとき，$\langle x \rangle$ を x で表せ。

(4) $0 \leqq x < 1$ のとき，$\langle 3x \rangle$ を x で表せ。

方針

(1) $2 \leqq \sqrt{5} < 3$ なので，$\sqrt{5}$ の整数部分は 2 とわかります。整数部分がわかれば，小数部分は

$$\langle x \rangle = x - [x]$$

を利用します。(2)も同様です。

(4) $0 \leqq x < 1$ より，

$$0 \leqq 3x < 3 \leftarrow \text{両辺を 3 倍した}$$

です。これより，$3x$ の整数部分 $[3x]$ は 0，1，2 の 3 つの可能性があるので，場合分けして処理します。

問題 16-1 の解答

(1) $2 \leqq \sqrt{5} < 3$ より，

$$[\sqrt{5}] = 2 \leftarrow 2\text{ 以上 }3\text{ 未満なので，整数部分は }2$$

よって，

$$\langle \sqrt{5} \rangle = \sqrt{5} - [\sqrt{5}] \leftarrow \langle x \rangle = x - [x]$$
$$= \sqrt{5} - 2$$

(2) $4 \leqq \sqrt{17} < 5$ より，

$$[\sqrt{17}] = 4 \leftarrow 4\text{ 以上 }5\text{ 未満なので，整数部分は }4$$

よって，

$$\langle \sqrt{17} \rangle = \sqrt{17} - [\sqrt{17}] \leftarrow \langle x \rangle = x - [x]$$
$$= \sqrt{17} - 4$$

(3) (i) $4 \leqq x < 5$ のとき

$\langle x \rangle = x - [x]$

$= x - 4$

(ii) $5 \leqq x < 6$ のとき

$\langle x \rangle = x - [x]$

$= x - 5$

(iii) $6 \leqq x \leqq 6.5$ のとき

$\langle x \rangle = x - [x]$

$= x - 6$

(4) (i) $0 \leqq 3x < 1$ のとき $\left(0 \leqq x < \dfrac{1}{3} \text{のとき}\right)$

$\langle 3x \rangle = 3x - [3x]$

$= 3x$ ← $3x$ の整数部分は 0

(ii) $1 \leqq 3x < 2$ のとき $\left(\dfrac{1}{3} \leqq x < \dfrac{2}{3} \text{のとき}\right)$

$\langle 3x \rangle = 3x - [3x]$

$= 3x - 1$ ← $3x$ の整数部分は 1

(iii) $2 \leqq 3x < 3$ のとき $\left(\dfrac{2}{3} \leqq x < 1 \text{のとき}\right)$

$\langle 3x \rangle = 3x - [3x]$

$= 3x - 2$ ← $3x$ の整数部分は 2

このように，x の範囲が与えられれば，$[x]$，$\langle x \rangle$ を決定することができます。

逆に，$[x]$ の値が与えられれば，x の範囲が定まります。

例

$[x] = 3$ のとき，$3 \leqq x < 4$ ← x の整数部分が 3 なので x は 3 以上 4 未満

$[x] = 2,\ 3,\ 4$ のとき，$2 \leqq x < 5$ ← x の整数部分が 2 または 3 または 4 なので x は 2 以上 5 未満

問題 16-2

易 難

$$4[x]^2 - 36[x] + 45 < 0$$

を満たす x の値の範囲を求めよ。 (奈良県医大，一橋大)

方針

↙ できれば頭の中だけでおきかえる

$[x]$ は整数なので，$n=[x]$ とおき，2 次不等式

$$4n^2-36n+45<0$$

の整数解を決定します。n が決まれば，x の値の範囲が定まります。

問題 16-2 の解答

$n=[x]$ とおくと（n は整数），与えられた不等式は，

$$4n^2-36n+45<0$$

$$(2n-3)(2n-15)<0$$

$$\frac{3}{2}<n<\frac{15}{2}$$

n は整数であるから，

$$n=2,\ 3,\ 4,\ 5,\ 6,\ 7$$

したがって，

$\boldsymbol{2 \leqq x<8}$ ← x の整数部分が 2 ～ 7 なので，x は 2 以上 8 未満

コメント

$\dfrac{3}{2}<n=[x]<\dfrac{15}{2}$ から直接 x の値の範囲を求めても O.K. です。

問題 16-3

易 ■■ 難

(1) $n^2-5n+5<0$ を満たす整数 n をすべて求めよ。

(2) $[x]^2-5[x]+5<0$ を満たす実数 x の値の範囲を求めよ。

(3) x は(2)で求めた範囲にあるものとする。$x^2-5[x]+5=0$ を満たす x をすべて求めよ。　　　　（北大）

方針

(1)，(2)は，問題 16-2 と同じ流れです。2 次不等式は，解の公式を利用しても 2 次関数のグラフを利用しても O.K. です。

(3) (2)より，$[x]=2$，3 とわかるので，場合分けして処理します。

問題16-3の解答

(1) $f(x)=x^2-5x+5$ とおくと，

$$\begin{cases} f(1)=1>0 \\ f(2)=-1<0 \\ f(3)=-1<0 \\ f(4)=1>0 \end{cases}$$

より，$y=f(x)$ のグラフは右図のようになる。

よって，$n^2-5n+5<0$ を満たす

整数 n は

$n=2$，3 ← $f(x)<0$ の整数解は $x=2$，3

(2) $n=[x]$ とおくと，(1)より，← $n=[x]$ とおくと(1)の不等式になる

$n=2$，3 ← x の整数部分は 2 または 3

したがって，$2 \leqq x < 4$

(3) (i) **$2 \leqq x < 3$ のとき（$[x]=2$ のとき）**

このとき，与えられた方程式は

$$x^2-5[x]+5=0$$

$$x^2-5\cdot 2+5=0$$

$$\therefore\ x^2=5$$

$2 \leqq x < 3$ より，$x=\sqrt{5}$ ← $x=-\sqrt{5}$ は不適

(ii) **$3 \leqq x < 4$ のとき（$[x]=3$ のとき）**

このとき，与えられた方程式は

$$x^2-5[x]+5=0$$

$$x^2-5\cdot 3+5=0$$

$$\therefore\ x^2=10$$

$3 \leqq x < 4$ より，$x = \sqrt{10}$ ← $x = -\sqrt{10}$ は不適

以上，(i)，(ii)より，求める答は

$\boldsymbol{x = \sqrt{5},\ \sqrt{10}}$

問題 16-4

易 ▂▄▆ 難

$\dfrac{1}{3} < a < 1$ とするとき，方程式

$$\left\langle \frac{1}{a} \right\rangle = a$$

を解け。　　　　(東大・改)

方針

$\dfrac{1}{a}$ の範囲がわかれば，$\left\langle \dfrac{1}{a} \right\rangle$ を a の式で表すことができます。

仮定より，$\dfrac{1}{3} < a < 1$ なので，

$1 < \dfrac{1}{a} < 3$ ← 逆数をとる

これより

↙ $\dfrac{1}{a}$ の整数部分が 1 のとき

$$\begin{cases} 1 < \dfrac{1}{a} < 2 \text{ のとき，} \left\langle \dfrac{1}{a} \right\rangle = \dfrac{1}{a} - \left[\dfrac{1}{a}\right] = \dfrac{1}{a} - 1 \\ 2 \leqq \dfrac{1}{a} < 3 \text{ のとき，} \left\langle \dfrac{1}{a} \right\rangle = \dfrac{1}{a} - \left[\dfrac{1}{a}\right] = \dfrac{1}{a} - 2 \end{cases}$$

となります。　↖ $\dfrac{1}{a}$ の整数部分が 2 のとき

問題16-4の解答

$\dfrac{1}{3} < a < 1$ より，

$1 < \dfrac{1}{a} < 3$ ← これより $\dfrac{1}{a}$ の整数部分は 1 または 2 とわかる

(i)　$\boldsymbol{1 < \dfrac{1}{a} < 2}$ **のとき**　$\left(\left[\dfrac{1}{a}\right] = 1 \text{ のとき}\right)$

このとき，

$$\left\langle\frac{1}{a}\right\rangle=\frac{1}{a}-\left[\frac{1}{a}\right]=\frac{1}{a}-1$$

より，与えられた方程式は，← $\langle x\rangle=x-[x]$

$$\frac{1}{a}-1=a$$

$\therefore\ a^2+a-1=0$ ← 両辺を a 倍して整理

$\frac{1}{2}<a<1$ より，← $1<\frac{1}{a}<2$ なので

$$a=\frac{-1+\sqrt{5}}{2}$$ ← $a=\frac{-1-\sqrt{5}}{2}$ は不適

(ii) **$2\leqq\frac{1}{a}<3$ のとき $\left(\left[\frac{1}{a}\right]=2\right.$ のとき$\left.\right)$**

このとき，← $\langle x\rangle=x-[x]$

$$\left\langle\frac{1}{a}\right\rangle=\frac{1}{a}-\left[\frac{1}{a}\right]=\frac{1}{a}-2$$

より，与えられた方程式は

$$\frac{1}{a}-2=a$$

$\therefore\ a^2+2a-1=0$ ← 両辺を a 倍して整理

$\frac{1}{3}<a\leqq\frac{1}{2}$ より，← $2\leqq\frac{1}{a}<3$ なので

$a=-1+\sqrt{2}$ ← $a=-1-\sqrt{2}$ は不適

以上，(i)，(ii)より，求める答は

$$\boldsymbol{a=\frac{-1+\sqrt{5}}{2},\quad -1+\sqrt{2}}$$

◎有理数の整数部分，小数部分

有理数の整数部分，小数部分は，割り算における商，余りと関連づけることもできます。

有理数 $\frac{m}{n}$ の整数部分，小数部分

m を整数，n を自然数とするとき，

$$\begin{cases}\left[\dfrac{m}{n}\right]=(m\text{ を }n\text{ で割った商})\\[2ex]\left\langle\dfrac{m}{n}\right\rangle=\dfrac{(m\text{を}n\text{で割った余り})}{n}\end{cases}$$

（証明）

m を n で割った商と余りをそれぞれ q, r とすると，

$$m = nq + r \quad (0 \leqq r < n)$$

この式の両辺を n で割ると，

$$\frac{m}{n} = q + \frac{r}{n}$$

$0 \leqq r < n$ より，$0 \leqq \frac{r}{n} < 1$

よって，$q + \frac{r}{n}$ は

（整数）+（0 以上 1 未満の実数）の形

よって，

$$\left[\frac{m}{n}\right] = q, \quad \left\langle\frac{m}{n}\right\rangle = \frac{r}{n}$$

$$\left[\frac{13}{5}\right] = 2, \quad \left\langle\frac{13}{5}\right\rangle = \frac{3}{5}$$

（2：13 を 5 で割った商，3：13 を 5 で割った余り）

$$\left[\frac{46}{7}\right] = 6, \quad \left\langle\frac{46}{7}\right\rangle = \frac{4}{7}$$

（6：46 を 7 で割った商，4：46 を 7 で割った余り）

問題 16-5

易 難

(1) a を整数とするとき，

$$\left[\frac{a}{3}\right] = 11$$

を満たす a の値を求めよ。

(2) a, b を整数とするとき，

$$\left[\frac{a}{2}\right] = 1, \quad \left[\frac{b}{2}\right] = a$$

を満たす組 (a, b) を求めよ。 （(2) 名大・改）

方針

(1) $\left[\frac{a}{3}\right] = 11$ より，a を 3 で割った商が 11 です。余りを r とおき，a を決定します。(2)も同様です。

問題16-5の解答

(1)　a を 3 で割ったときの余りを r とすると，

$a = 3 \cdot 11 + r$ ←（割る数）×（商）＋（余り）

$= 33 + r$

$r = 0$，1，2 なので，求める答は

↑ r は 3 で割った余り

$\boldsymbol{a = 33,\ 34,\ 35}$

(2)　a，b を 2 で割ったときの余りをそれぞれ r_1，r_2 とすると，

$$\begin{cases} a = 2 \cdot 1 + r_1 & \cdots① \\ b = 2a + r_2 & \cdots② \end{cases}$$

←（割る数）×（商）＋（余り）

$r_1 = 0$，1 なので，①より，← r_1 は 2 で割った余り

$a = 2,\ 3$

(i)　**$a = 2$ のとき**

②より，

$b = 4 + r_2$

$r_2 = 0$，1 なので，← r_2 は 2 で割った余り

$b = 4,\ 5$

(ii)　**$a = 3$ のとき**

②より，

$b = 6 + r_2$

$r_2 = 0$，1 なので，

$b = 6,\ 7$

以上，(i)，(ii)より，

$\boldsymbol{(a,\ b) = (2,\ 4),\ (2,\ 5),\ (3,\ 6),\ (3,\ 7)}$

コメント

ガウス記号の本来の意味（整数部分）に戻って解くこともできます。

問題16-5の別解

(1) $\left[\frac{a}{3}\right] = 11$ より,

$$11 \leqq \frac{a}{3} < 12$$ ← $\frac{a}{3}$ の整数部分が 11 という意味

$\therefore\ 33 \leqq a < 36$

a は整数なので,

$\boldsymbol{a = 33,\ 34,\ 35}$

(2) $\left[\frac{a}{2}\right] = 1$ より,

$$1 \leqq \frac{a}{2} < 2$$ ← $\frac{a}{2}$ の整数部分が 1 という意味

$\therefore\ 2 \leqq a < 4$

a は整数なので, $a = 2,\ 3$

(i) **$\boldsymbol{a = 2}$ のとき**

$$\left[\frac{b}{2}\right] = 2$$

より,

$$2 \leqq \frac{b}{2} < 3$$ ← $\frac{b}{2}$ の整数部分が 2 という意味

$\therefore\ 4 \leqq b < 6$

b は整数なので, $b = 4,\ 5$

(ii) **$\boldsymbol{a = 3}$ のとき**

$$\left[\frac{b}{2}\right] = 3$$

より,

$$3 \leqq \frac{b}{2} < 4$$ ← $\frac{b}{2}$ の整数部分が 3 という意味

$\therefore\ 6 \leqq b < 8$

b は整数なので, $b = 6,\ 7$

以上, (i), (ii)より,

$\boldsymbol{(a,\ b) = (2,\ 4),\ (2,\ 5),\ (3,\ 6),\ (3,\ 7)}$

問題 16-6

易 難

次の等式を満たす整数 a の値を求めよ。

$\left[\frac{a}{2}\right]+\left[\frac{2a}{3}\right]=a$ …(☆)　　(早大・改)

方針

$\left[\frac{a}{2}\right]$ は a を 2 で割った商，$\left[\frac{2a}{3}\right]$ は $2a$ を 3 で割った商です。よって，2 と 3 の最小公倍数 6 で割った余りで場合分けすると，次のようになります（k は整数）。

a	$\left[\frac{a}{2}\right]$	$\left[\frac{2a}{3}\right]$
$6k$	$\left[\frac{6k}{2}\right]=[3k]=3k$	$\left[\frac{2\cdot 6k}{3}\right]=[4k]=4k$
$6k+1$	$\left[\frac{6k+1}{2}\right]=\left[3k+\frac{1}{2}\right]=3k$	$\left[\frac{2(6k+1)}{3}\right]=\left[4k+\frac{2}{3}\right]=4k$
$6k+2$	$\left[\frac{6k+2}{2}\right]=[3k+1]=3k+1$	$\left[\frac{2(6k+2)}{3}\right]=\left[4k+\frac{4}{3}\right]=4k+1$
$6k+3$	$\left[\frac{6k+3}{2}\right]=\left[3k+\frac{3}{2}\right]=3k+1$	$\left[\frac{2(6k+3)}{3}\right]=[4k+2]=4k+2$
$6k+4$	$\left[\frac{6k+4}{2}\right]=[3k+2]=3k+2$	$\left[\frac{2(6k+4)}{3}\right]=\left[4k+\frac{8}{3}\right]=4k+2$
$6k+5$	$\left[\frac{6k+5}{2}\right]=\left[3k+\frac{5}{2}\right]=3k+2$	$\left[\frac{2(6k+5)}{3}\right]=\left[4k+\frac{10}{3}\right]=4k+3$

あとはこれを(☆)に代入して解きます。

問題16-6の解答

$\left[\frac{a}{2}\right]+\left[\frac{2a}{3}\right]=a$ …(☆)

以下，k を整数とする。

(i) $\boldsymbol{a = 6k}$ **のとき**

このとき，(☆)は

$3k + 4k = 6k \leftarrow \left[\frac{a}{2}\right] = 3k,\ \left[\frac{2a}{3}\right] = 4k$

$\therefore\ k = 0$

よって，$a = 0$

(ii) $\boldsymbol{a = 6k + 1}$ **のとき**

このとき，(☆)は

$3k + 4k = 6k + 1 \leftarrow \left[\frac{a}{2}\right] = 3k,\ \left[\frac{2a}{3}\right] = 4k$

$\therefore\ k = 1$

よって，$a = 7$

(iii) $\boldsymbol{a = 6k + 2}$ **のとき**

このとき，(☆)は

$(3k + 1) + (4k + 1) = 6k + 2 \leftarrow \left[\frac{a}{2}\right] = 3k + 1,\ \left[\frac{2a}{3}\right] = 4k + 1$

$\therefore\ k = 0$

よって，$a = 2$

(iv) $\boldsymbol{a = 6k + 3}$ **のとき**

このとき，(☆)は

$(3k + 1) + (4k + 2) = 6k + 3 \leftarrow \left[\frac{a}{2}\right] = 3k + 1,\ \left[\frac{2a}{3}\right] = 4k + 2$

$\therefore\ k = 0$

よって，$a = 3$

(v) $\boldsymbol{a = 6k + 4}$ **のとき**

このとき，(☆)は

$(3k + 2) + (4k + 2) = 6k + 4 \leftarrow \left[\frac{a}{2}\right] = 3k + 2,\ \left[\frac{2a}{3}\right] = 4k + 2$

$\therefore\ k = 0$

よって，$a = 4$

(vi) $\boldsymbol{a = 6k + 5}$ **のとき**

このとき，(☆)は

$(3k + 2) + (4k + 3) = 6k + 5 \leftarrow \left[\frac{a}{2}\right] = 3k + 2,\ \left[\frac{2a}{3}\right] = 4k + 3$

$\therefore\ k = 0$

よって，$a = 5$

以上，(i)〜(vi)より，求める答は

$\boldsymbol{a = 0,\ 2,\ 3,\ 4,\ 5,\ 7}$

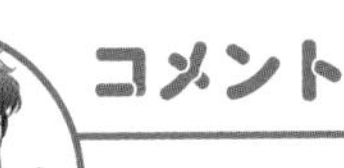

a を 2 で割った商を q_1, 余りを r_1 とおくと,

$$\left[\frac{a}{2}\right] = q_1,\ a = 2q_1 + r_1$$

です。また, $2a$ を 3 で割った商を q_2, 余りを r_2 とおくと,

$$\left[\frac{2a}{3}\right] = q_2,\ 2a = 3q_2 + r_2$$

です。このとき, (☆) は

$$q_1 + q_2 = a$$

となるので, これより, q_1, q_2 を消去しても解けます。

問題16-6の別解

a を 2 で割ったときの商を q_1, 余りを r_1 とし, $2a$ を 3 で割ったときの商を q_2, 余りを r_2 とする。

このとき,

$$\begin{cases} a = 2q_1 + r_1 & \cdots ① \\ 2a = 3q_2 + r_2 & \cdots ② \\ \left[\frac{a}{2}\right] = q_1,\ \left[\frac{2a}{3}\right] = q_2 & \cdots ③ \end{cases}$$

このとき, (☆) は

$$q_1 + q_2 = a \quad \cdots ④$$

①, ②より,

$$q_1 = \frac{a - r_1}{2},\ q_2 = \frac{2a - r_2}{3}$$ ← ①, ②を q_1, q_2 について解いた

これを④に代入すると,

$$\frac{a - r_1}{2} + \frac{2a - r_2}{3} = a$$

$$3(a - r_1) + 2(2a - r_2) = 6a$$ ← 両辺 6 倍

$$\therefore\ a = 3r_1 + 2r_2$$

$r_1 = 0,\ 1$, $r_2 = 0,\ 1,\ 2$ であるから, 求める答は次の 6 つである。

$(r_1,\ r_2)$	(0, 0)	(0, 1)	(0, 2)	(1, 0)	(1, 1)	(1, 2)
a	0	2	4	3	5	7

◎$\langle x \rangle$ の周期性の利用

p.203 でも扱ったように，$f(x) = \sin x$ は

$$f(x + 2\pi) = f(x)$$

なので，周期 2π の周期関数です。

同様に，$\langle x \rangle$ は

$$\langle x + 1 \rangle = \langle x \rangle \leftarrow x + 1 \text{ と } x \text{ は小数部分が等しい}$$

を満たすので，周期 1 の周期関数となります。

関数$\langle x \rangle$の重要性質

$\langle x \rangle$ は周期 1 の周期関数である。

問題 16-7

易 ■■■ 難

実数 x に関する方程式

$$4\langle x \rangle^2 - \langle 2x \rangle = a$$

が実数解をもつような a の値の範囲を求めよ。　(福島大・改)

方針

左辺を $f(x)$ とおくと，$f(x)$ は周期 1 の周期関数です。よって，方程式 $f(x) = a$ が実数解をもつための条件は，

$$f(x) = a \text{ が } 0 \leqq x < 1 \text{ の範囲で実数解をもつこと}$$

となります。

周期 1 なので，この範囲で実数解をもたなければ，実数全体でも実数解をもたない

イメージ

方程式		方程式
$\sin x = a$	$\Longleftrightarrow$	$\sin x = a$
が実数解をもつ		が $0 \leqq x < 2\pi$ の範囲で実数解をもつ

あとは，問題 16-1 の要領で場合分けをして，$\langle 2x \rangle$ を処理し，$y = f(x)$ と $y = a$ が交わるための条件を調べます。

方程式

$f(x) = a$
が実数解をもつ $\iff$ $\begin{cases} y = f(x) \\ y = a \end{cases}$ **が共有点をもつ**

問題16-7の解答

$$f(x) = 4\langle x \rangle^2 - \langle 2x \rangle$$

とおくと,

$$f(x+1) = 4\langle x+1 \rangle^2 - \langle 2(x+1) \rangle$$
$$= 4\langle x \rangle^2 - \langle 2x \rangle$$
$$= f(x)$$

$\langle x \rangle$ **は周期 1 の周期関数なので**
$\begin{cases} \langle x+1 \rangle = \langle x \rangle \\ \langle 2(x+1) \rangle = \langle 2x+2 \rangle = \langle 2x \rangle \end{cases}$

なので, $f(x)$ は周期 1 の周期関数。よって, 方程式

$$f(x) = a$$

が $0 \leqq x < 1$ で実数解をもつための a の値の範囲を調べればよい。

ここで,

$0 \leqq x < 1$ **のとき**, x **の整数部分は** 0

$$\langle x \rangle = x - [x] = x - 0 = x$$

また,

(i) $0 \leqq 2x < 1$ のとき ($[2x] = 0$ のとき)

$$\langle 2x \rangle = 2x - [2x] = 2x$$

(ii) $1 \leqq 2x < 2$ のとき ($[2x] = 1$ のとき)

$$\langle 2x \rangle = 2x - [2x] = 2x - 1$$

であるから,

(i) $0 \leqq x < \dfrac{1}{2}$ のとき

$$f(x) = 4\langle x \rangle^2 - \langle 2x \rangle = 4x^2 - 2x = 4\left(x - \frac{1}{4}\right)^2 - \frac{1}{4}$$

(ii) $\dfrac{1}{2} \leqq x < 1$ のとき

$$f(x) = 4\langle x \rangle^2 - \langle 2x \rangle = 4x^2 - (2x-1) = 4\left(x - \frac{1}{4}\right)^2 + \frac{3}{4}$$

これより，$0 \leqq x < 1$ における $y = f(x)$ のグラフは下図のようになる。

したがって，方程式 $f(x) = a$ が実数解をもつ条件は

$$-\frac{1}{4} \leqq \boldsymbol{a} \leqq 0,\ 1 \leqq \boldsymbol{a} < 3$$

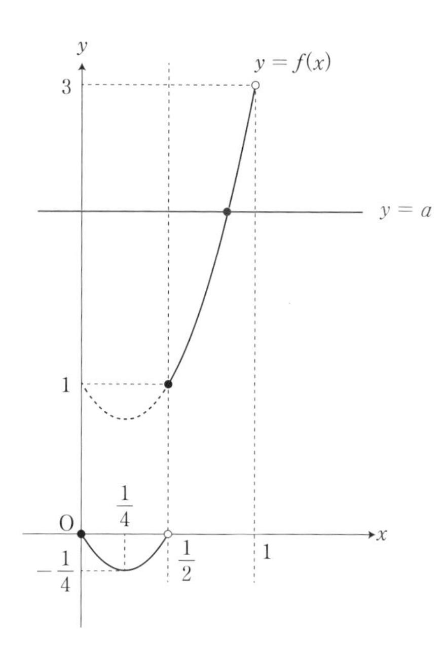

ペル方程式に関連した問題

ペル方程式

$$x^2 - dy^2 = 1 \quad (d\text{ は平方数でない自然数})$$

の形の方程式をペル方程式といいます。ペル方程式は，第９章で扱った双曲線型方程式の一種です。なお，d が平方数のときは，左辺が因数分解できるので，積が一定の形にもちこめます。

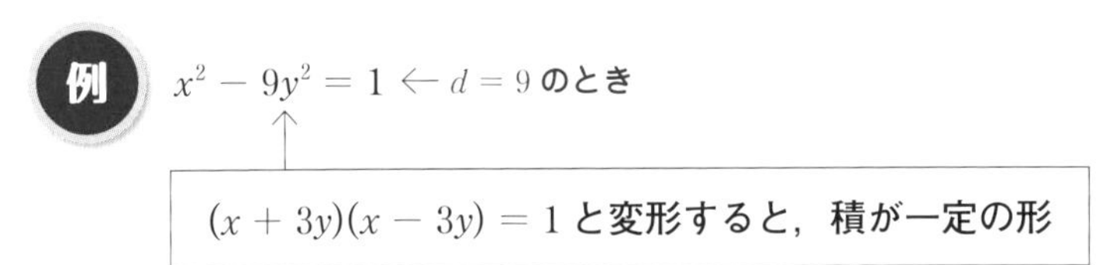

大学入試において，ペル方程式に関連した問題は誘導付きで出題されることがほとんどです。まずは，2 問ほどやってみましょう。

問題 17-1

易 ▪▪▪ 難

(1) 次の等式を証明せよ。

$$x^2 - 2y^2 = (3x + 4y)^2 - 2(2x + 3y)^2$$

(2) $x^2 - 2y^2 = -1$ の自然数解 $(x,\ y)$ が無限組あることを示し，$x > 100$ となる解を 1 組求めよ。　　(お茶の水女大・改)

方針

(1) 右辺を展開して左辺に一致することを示します。

(2) 解が無数にあることを証明する方法の 1 つは，数列の利用です。例えば，漸化式

$$a_1 = a,\quad a_{n+1} = f(a_n)$$

を用いて，

(i) a_1 が解である
(ii) a_k が解ならば，a_{k+1} も解である

(ii)は漸化式を利用して証明します

という状況を作ることができれば，

すべての a_n が解である …①

ことがわかります（数学的帰納法）。ただし，すべての a_n が解だとしても，解は無数とは限りません。

例えば

数列 $\{a_n\}$ が

3，4，1，3，4，1，3，4，1，…

の場合（周期 3 の周期数列の場合），すべての a_n が解だとしても，解は 3 個しか見つかっていません。

そこで，①につけ加えて，

a_1，a_2，a_3，…はすべて相異なる …②

を証明します。①，②の条件があれば，解は無数となります。

本問の場合，(1)の右辺の形から，漸化式

$$\begin{cases} a_{n+1} = 3a_n + 4b_n \\ b_{n+1} = 2a_n + 3b_n \end{cases}$$

を考えます。このとき，

$$\begin{aligned} {a_{n+1}}^2 - 2{b_{n+1}}^2 &= (3a_n + 4b_n)^2 - 2(2a_n + 3b_n)^2 \\ &= {a_n}^2 - 2{b_n}^2 \end{aligned}$$

(1)を利用

なので，

${a_n}^2 - 2{b_n}^2 = -1$ ならば，${a_{n+1}}^2 - 2{b_{n+1}}^2 = -1$

とわかります。これより，

$(a_k,\ b_k)$ が $x^2 - 2y^2 = -1$ の解ならば，
$(a_{k+1},\ b_{k+1})$ も $x^2 - 2y^2 = -1$ の解

となります。

問題17-1の解答

(1) (右辺) $= (3x+4y)^2 - 2(2x+3y)^2$

$= (9x^2+24xy+16y^2) - 2(4x^2+12xy+9y^2)$

$= x^2 - 2y^2 =$ (左辺)

よって，

$x^2 - 2y^2 = (3x+4y)^2 - 2(2x+3y)^2$

(2) $\begin{cases} a_{n+1} = 3a_n + 4b_n \\ b_{n+1} = 2a_n + 3b_n \end{cases}$ ← (1)の右辺の形からこの漸化式を作る

とおく。このとき，

$a_{n+1}{}^2 - 2b_{n+1}{}^2 = (3a_n+4b_n)^2 - 2(2a_n+3b_n)^2$ ← 漸化式を代入

$= a_n{}^2 - 2b_n{}^2$ ← (1)を利用

であるから，

$a_n{}^2 - 2b_n{}^2 = -1$ ならば，$a_{n+1}{}^2 - 2b_{n+1}{}^2 = -1$ …①

である。よって，

$a_1 = b_1 = 1$ ← $x^2 - 2y^2 = -1$ の解を1つ見つけます（何でもよい）

とおくと，

(i) $(a_1,\ b_1)$ は $x^2 - 2y^2 = -1$ の解

(ii) $(a_k,\ b_k)$ が $x^2 - 2y^2 = -1$ の解ならば，

$(a_{k+1},\ b_{k+1})$ も $x^2 - 2y^2 = -1$ の解 ← ①より

であるから，数学的帰納法により，すべての $(a_n,\ b_n)$ は $x^2 - 2y^2 = -1$ の解である。また，

$a_1 < a_2 < a_3 < \cdots$ ← $a_n,\ b_n$ は正の整数で，$a_{n+1} = 3a_n + 4b_n$ より，$a_{n+1} > a_n$ とわかります

より，$(a_1,\ b_1)$，$(a_2,\ b_2)$，$(a_3,\ b_3)$，…は互いに相異なる。

よって，$x^2 - 2y^2 = -1$ の自然数解 $(x,\ y)$ は無限組ある。

また，

$(a_1,\ b_1) = (1,\ 1)$

$(a_2,\ b_2) = (7,\ 5)$

$(a_3,\ b_3) = (41,\ 29)$

$(a_4,\ b_4) = (239,\ 169)$

$a_1 = b_1 = 1$，$a_{n+1} = 3a_n + 4b_n$，$b_{n+1} = 2a_n + 3b_n$ より

より，$x > 100$ となる解の1組は

$(239,\ 169)$

問題 17-2

易 ▪▪▮ 難

$$A = \{m + n\sqrt{3} \mid m,\ n \text{は整数}\}$$

とする。

(1) 集合 A を定義域とする関数 f を

$$f(m + n\sqrt{3}) = m^2 - 3n^2$$

と定める。このとき，$x \in A$，$y \in A$ に対し，

$$f(xy) = f(x)f(y)$$

が成り立つことを示せ。

(2) p，q の方程式

$$p^2 - 3q^2 = 1 \ \cdots (☆)$$

は，整数解を無数にもつことを示せ。ただし，(1)の f について，$f(2 + \sqrt{3}) = 1$ となることを用いよ。　　(津田塾大・改)

方針

(1) $x = m_1 + n_1\sqrt{3}$，$y = m_2 + n_2\sqrt{3}$ とおいて証明します。

このとき，xy を計算して，

$$xy = ○ + △\sqrt{3} \quad (○,\ △\text{は整数})$$

の形に直せば，f の定義より，

$$f(xy) = f(○ + △\sqrt{3}) = ○^2 - 3△^2$$

となります。

(2) まず，次の言いかえができることに注意してください。

(☆☆)

$(a,\ b)$ **が(☆)の解** $\Longleftrightarrow$ $f(a + b\sqrt{3}) = 1$ **(どちらも，$a^2 - 3b^2 = 1$ が成立するという意味です)**

例えば，$f(2 + \sqrt{3}) = 1$ は $(2,\ 1)$ が(☆)の解という意味です。

次に，$x = a_n + b_n\sqrt{3}$，$y = 2 + \sqrt{3}$ とおいて，xy を計算します（a_n，b_n は整数)。すると，

$$xy = (a_n + b_n\sqrt{3})(2 + \sqrt{3})$$
$$= (2a_n + 3b_n) + (a_n + 2b_n)\sqrt{3}$$

ここで，$f(y)=1$ なので(1)より， ← $y=2+\sqrt{3}$ なので，$f(y)=1$

$$f(xy)=f(x)f(y)=f(x)$$

$$\therefore\ f\left(2a_n+3b_n+(a_n+2b_n)\sqrt{3}\right)=f\left(a_n+b_n\sqrt{3}\right)$$

これより，$f\left(a_n+b_n\sqrt{3}\right)=1$（つまり，$(a_n,\ b_n)$ が(☆)の解）ならば，$f\left(2a_n+3b_n+(a_n+2b_n)\sqrt{3}\right)=1$（つまり，$(2a_n+3b_n,\ a_n+2b_n)$ も(☆)の解）なので，これを利用して前問と同じように漸化式を作って処理します。 ← 漸化式をどのように定義すればよいか考えてみてください

問題17-2の解答

(1) $\begin{cases} x=m_1+n_1\sqrt{3} \\ y=m_2+n_2\sqrt{3} \end{cases}$

とおく（m_1，n_1，m_2，n_2 は整数）。このとき，

$$xy=(m_1+n_1\sqrt{3})(m_2+n_2\sqrt{3})$$
$$=(m_1m_2+3n_1n_2)+(m_1n_2+m_2n_1)\sqrt{3}$$ ← (整数)＋(整数)$\sqrt{3}$ の形にする

であるから，

$$f(xy)=(m_1m_2+3n_1n_2)^2-3(m_1n_2+m_2n_1)^2$$ ← $f(m+n\sqrt{3})=m^2-3n^2$ にあてはめた

$$=(m_1{}^2m_2{}^2+6m_1m_2n_1n_2+9n_1{}^2n_2{}^2)-3(m_1{}^2n_2{}^2+2m_1m_2n_1n_2+m_2{}^2n_1{}^2)$$
$$=m_1{}^2m_2{}^2-3m_1{}^2n_2{}^2-3m_2{}^2n_1{}^2+9n_1{}^2n_2{}^2$$
$$=(m_1{}^2-3n_1{}^2)(m_2{}^2-3n_2{}^2)$$
$$=f(x)f(y)$$

であるから，

$$f(xy)=f(x)f(y)$$

が成り立つ。

(2) $x=a_n+b_n\sqrt{3}$，$y=2+\sqrt{3}$ とする。このとき，

$$xy=\left(a_n+b_n\sqrt{3}\right)\left(2+\sqrt{3}\right)$$
$$=(2a_n+3b_n)+(a_n+2b_n)\sqrt{3}\quad\cdots①$$

であり，(1)より，

$$f(xy)=f(x)f(y)=f(x)\quad\cdots②$$ ← $f(y)=1$ より

よって，

$\begin{cases} a_{n+1}=2a_n+3b_n \\ b_{n+1}=a_n+2b_n \end{cases}$ ← ①から作った漸化式

とおくと，②は

$$f(a_{n+1}+b_{n+1}\sqrt{3})=f(a_n+b_n\sqrt{3}) \quad \cdots ③$$

となる。

$f(xy)=f\left(2a_n+3b_n+(a_n+2b_n)\sqrt{3}\right)=f\left(a_{n+1}+b_{n+1}\sqrt{3}\right)$
$f(x)=f\left(a_n+b_n\sqrt{3}\right)$

また，$f(2+\sqrt{3})=1$ より，$(2,\ 1)$ は(☆)の解である。 ← **方針**の(☆☆)より

よって，

$$\begin{cases} a_1=2,\ b_1=1 \\ a_{n+1}=2a_n+3b_n \\ b_{n+1}=a_n+2b_n \end{cases}$$

により，数列 $\{a_n\}$，$\{b_n\}$ を定めると，

(i) $(a_1,\ b_1)$ は(☆)の解
(ii) $(a_k,\ b_k)$ が(☆)の解ならば，$(a_{k+1},\ b_{k+1})$ も(☆)の解

③より，$f(a_k+b_k\sqrt{3})=1$ ならば $f(a_{k+1}+b_{k+1}\sqrt{3})=1$ です。これを(☆☆)で読みかえた

が成り立つ。したがって，数学的帰納法により，すべての $(a_n,\ b_n)$ は(☆)の解である。

また，

$$a_1<a_2<a_3<\cdots$$

← a_n，b_n は正の整数で，$a_{n+1}=2a_n+3b_n$ より，$a_{n+1}>a_n$ とわかります

より，$(a_1,\ b_1)$，$(a_2,\ b_2)$，$(a_3,\ b_3)$，…は互いに相異なる。

よって，方程式 $p^2-3q^2=1$ は整数解を無数にもつ。

◎共役数について

次の問題に行く前に，少し準備をします。

a，b を有理数とし，d を平方数でない自然数とします。$\alpha=a+b\sqrt{d}$ とするとき，

$$\overline{\alpha}=a-b\sqrt{d}$$ ← 無理数部分の符号を変える

と表し，これを α の共役数といいます。

$\alpha=2+3\sqrt{5}$ のとき，$\overline{\alpha}=2-3\sqrt{5}$ ← 複素共役と同じイメージ（$d=5$ のときの共役数）

このとき，共役複素数のときと同じように，次の定理が成り立ちます。

定理

$$\overline{\alpha\beta}=\overline{\alpha}\,\overline{\beta}$$

（証明）

$$\begin{cases} \alpha = a_1 + b_1\sqrt{d} \\ \beta = a_2 + b_2\sqrt{d} \end{cases}$$

とおく（a_1，b_1，a_2，b_2 は有理数）。

このとき，

$$\alpha\beta = (a_1 + b_1\sqrt{d})(a_2 + b_2\sqrt{d})$$
$$= (a_1a_2 + b_1b_2d) + (a_1b_2 + a_2b_1)\sqrt{d}$$

より，

$$\overline{\alpha\beta} = (a_1a_2 + b_1b_2d) - (a_1b_2 + a_2b_1)\sqrt{d}$$ ← $\alpha\beta$ の無理数部分の符号を変える

一方，

$$\overline{\alpha}\,\overline{\beta} = (a_1 - b_1\sqrt{d})(a_2 - b_2\sqrt{d})$$
$$= a_1a_2 + b_1b_2d - (a_1b_2 + a_2b_1)\sqrt{d}$$

よって，

$$\overline{\alpha\beta} = \overline{\alpha}\,\overline{\beta}$$

◎ペル方程式の背景にあるもの～その１～

ペル方程式

$x^2 - dy^2 = 1$　（d は平方数でない自然数）…（☆）

の解の１つを $(x,\ y) = (a,\ b)$ とします（a，b は整数）。

このとき，

$a_n + b_n\sqrt{d} = (a + b\sqrt{d})^n$ …①

により，数列 $\{a_n\}$，$\{b_n\}$ を定義すると，

$a_n - b_n\sqrt{d} = (a - b\sqrt{d})^n$ …②

が成り立ちます。

↑証明

①の両辺の共役数を考えると，

$$\overline{a_n + b_n\sqrt{d}} = \overline{(a + b\sqrt{d})^n}$$

$$\therefore\ a_n - b_n\sqrt{d} = (\overline{a + b\sqrt{d}})^n$$ ← $\overline{\alpha\beta} = \overline{\alpha}\,\overline{\beta}$ より，$\overline{\alpha^n} = (\overline{\alpha})^n$ が成り立ちます

$$= (a - b\sqrt{d})^n$$

ここで，① × ②を計算すると，

$$(a_n + b_n\sqrt{d})(a_n - b_n\sqrt{d}) = (a + b\sqrt{d})^n(a - b\sqrt{d})^n$$

$$\therefore\ a_n{}^2 - db_n{}^2 = \{(a + b\sqrt{d})(a - b\sqrt{d})\}^n$$ ← 指数法則より，$x^ny^n = (xy)^n$

$$= (a^2 - db^2)^n$$

$$= 1^n$$ ← $(a,\ b)$ は(☆)の解なので，$a^2 - db^2 = 1$

$$= 1$$

これより，$(a_n,\ b_n)$ は(☆)の解となります（$n = 1,\ 2,\ 3,\ \cdots$）。

次の問題は上記のことが背景にある問題です。

問題 17-3

易 ▄▆█ 難

自然数 n に対して，a_n と b_n は

$$a_n + b_n\sqrt{2} = (3 + 2\sqrt{2})^n \ \cdots(☆)$$

を満たす自然数とする。

(1) a_{n+1} および b_{n+1} を a_n と b_n を用いて表せ。

(2) $a_n{}^2 - 2b_n{}^2$ を求めよ。 (名大)

方針

まずは，問題の背景から。$(3,\ 2)$ はペル方程式

$$x^2 - 2y^2 = 1$$

の解です。よって，前ページのように

$$a_n + b_n\sqrt{2} = (3 + 2\sqrt{2})^n$$

で数列 $\{a_n\}$，$\{b_n\}$ を定めると，$(a_n,\ b_n)$ は $x^2 - 2y^2 = 1$ の解，つまり，

$$a_n{}^2 - 2b_n{}^2 = 1$$ ← (2)の答

が成り立つとわかります。

次に，本問の解き方です。

(1) (☆)の n を $n + 1$ におきかえると，

$$a_{n+1} + b_{n+1}\sqrt{2} = (3 + 2\sqrt{2})^{n+1}$$

あとは，右辺の $n + 1$ 乗を（n 乗）×（1 乗）として処理します。

(2) 数列 $\{a_n{}^2 - 2b_n{}^2\}$ に関する漸化式を作ります。そのために

$a_{n+1}{}^2 - 2b_{n+1}{}^2$ ← 数列 $\{a_n{}^2 - 2b_n{}^2\}$ の第 $n+1$ 項目
に(1)の漸化式を代入します。

問題17-3の解答

(1)　(☆)の n を $n+1$ におきかえると，

$$
\begin{aligned}
a_{n+1} + b_{n+1}\sqrt{2} &= (3+2\sqrt{2})^{n+1} \\
&= (3+2\sqrt{2})(3+2\sqrt{2})^n \quad \leftarrow \alpha^{n+1} = \alpha \cdot \alpha^n \\
&= (3+2\sqrt{2})(a_n + b_n\sqrt{2}) \quad \cdots ① \quad \leftarrow (☆)\text{より} \\
&= (3a_n + 4b_n) + (2a_n + 3b_n)\sqrt{2} \quad \leftarrow \text{展開した}
\end{aligned}
$$

a_{n+1}，b_{n+1}，$3a_n + 4b_n$，$2a_n + 3b_n$ は整数（ということは有理数）で，$\sqrt{2}$ は無理数であるから，

$$
\begin{cases} \boldsymbol{a_{n+1} = 3a_n + 4b_n} \\ \boldsymbol{b_{n+1} = 2a_n + 3b_n} \end{cases}
$$

← a，b，c，d が有理数のとき，
$a + b\sqrt{2} = c + d\sqrt{2} \iff a = c,\ b = d$

コメント

例えば，$a_n = 2^n$ で定義される数列 $\{a_n\}$ は，漸化式

$a_{n+1} = 2a_n$ ← 数列 $\{a_n\}$ が公比 2 の等比数列なので

を満たします。同様に，$a_n + b_n\sqrt{2} = (3+2\sqrt{2})^n$ は数列 $\{a_n + b_n\sqrt{2}\}$ が公比 $3+2\sqrt{2}$ の等比数列であることを意味するので，

$$a_{n+1} + b_{n+1}\sqrt{2} = (3+2\sqrt{2})(a_n + b_n\sqrt{2})$$

を満たします（これより，①まで直ちに導けます）。

(2)

$$
\begin{aligned}
a_{n+1}{}^2 - 2b_{n+1}{}^2 &= (3a_n + 4b_n)^2 - 2(2a_n + 3b_n)^2 \quad \leftarrow \text{(1)の結果を代入} \\
&= (9a_n{}^2 + 24a_nb_n + 16b_n{}^2) - 2(4a_n{}^2 + 12a_nb_n + 9b_n{}^2) \\
&= a_n{}^2 - 2b_n{}^2
\end{aligned}
$$

これより，数列 $\{a_n{}^2 - 2b_n{}^2\}$ は公比 1 の等比数列（つまり，$a_n{}^2 - 2b_n{}^2 =$（一定））であり，

$a_1 = 3,\ b_1 = 2$ ← (☆)に $n=1$ を代入すると，
$a_1 + b_1\sqrt{2} = 3 + 2\sqrt{2}$
$\therefore\ a_1 = 3,\ b_1 = 2$

であるから，

$$\boldsymbol{a_n}^2 - 2\boldsymbol{b_n}^2 = a_1{}^2 - 2b_1{}^2$$ ← 数列 $\{a_n{}^2 - 2b_n{}^2\}$ は一定なので，(第 n 項) = (初項)

$$= 3^2 - 2 \cdot 2^2 = \boldsymbol{1}$$

コメント

(☆)の両辺において，共役数を考えると，

$$a_n - b_n\sqrt{2} = (3 - 2\sqrt{2})^n \quad \cdots ②$$

(☆)と②を辺々掛けると，

$$(a_n + b_n\sqrt{2})(a_n - b_n\sqrt{2}) = (3 + 2\sqrt{2})^n(3 - 2\sqrt{2})^n$$

$$\therefore\ a_n{}^2 - 2b_n{}^2 = \{(3 + 2\sqrt{2})(3 - 2\sqrt{2})\}^n$$

$$= 1^n$$

$$= 1$$

◎ペル方程式の背景にあるもの〜その 2 〜

$$x^2 - dy^2 = 1 \quad (d \text{ は平方数でない自然数}) \cdots (☆)$$

の整数解で $x > 0$, $y > 0$ なるもののうち，x が最小のものを $(x,\ y) = (a_0,\ b_0)$ とします。この $(a_0,\ b_0)$ を基本解といいます。

このとき，

$$a_n + b_n\sqrt{d} = (a_0 + b_0\sqrt{d})^n$$

によって，数列 $\{a_n\}$，$\{b_n\}$ を定めると，すべての n に対し，$(a_n,\ b_n)$ はペル方程式の解です (p.244)。さらに次のことが知られています。

公式

ペル方程式(☆)のすべての整数解は

$(\pm 1,\ 0)$ または $(\pm a_n,\ \pm b_n)$ $(n = 1,\ 2,\ 3,\ \cdots)$

である（複号任意)。

次の問題は上記のことが背景にあります。

問題 17-4

易 ▪▪▮▮ 難

整数 x, y が $x^2-2y^2=1$ を満たすとき，次の問いに答えよ。

(1) 整数 a, b, u, v が

$$(a+b\sqrt{2})(x+y\sqrt{2})=u+v\sqrt{2}$$

を満たすとき，u, v を a, b, x, y で表せ。また，$a^2-2b^2=1$ のとき，u^2-2v^2 の値を求めよ。

(2) $1<x+y\sqrt{2}\leqq 3+2\sqrt{2}$ のとき，$x=3$, $y=2$ となることを示せ。

(3) 自然数 n に対して，

$$(3+2\sqrt{2})^{n-1}<x+y\sqrt{2}\leqq(3+2\sqrt{2})^n$$

のとき，$x+y\sqrt{2}=(3+2\sqrt{2})^n$ を示せ。 (早大)

方針

(a, b) が，ペル方程式 $p^2-2q^2=1$ …(☆)の解のとき，

$$a^2-2b^2=1$$

$$\therefore (a+\sqrt{2}\,b)(a-\sqrt{2}\,b)=1 \leftarrow \text{左辺を因数分解した}$$

これより，$a+\sqrt{2}\,b$ と $a-\sqrt{2}\,b$ は互いに逆数とわかります。

本問では $(3, 2)$ と (x, y) が方程式 $p^2-2q^2=1$ …(☆)の解なので，

- **$3+2\sqrt{2}$ と $3-2\sqrt{2}$ は互いに逆数**
- **$x+y\sqrt{2}$ と $x-y\sqrt{2}$ も互いに逆数**

となります。この関係を巧妙に利用します。

問題17-4の解答

(1)
$$u+v\sqrt{2}=(a+b\sqrt{2})(x+y\sqrt{2})$$
$$=(ax+2by)+(ay+bx)\sqrt{2} \leftarrow \text{展開した}$$

u, v, $ax+2by$, $ay+bx$ は整数（ということは有理数）で，$\sqrt{2}$ は無理数であるから，

$$\boldsymbol{u=ax+2by,\ v=ay+bx} \quad \cdots ①$$

↑ **a, b, c, d が有理数のとき，**
$a+b\sqrt{2}=c+d\sqrt{2} \iff a=c,\ b=d$

また,

$$u^2-2v^2=(ax+2by)^2-2(ay+bx)^2$$ ← ①を代入

$$=(a^2x^2+4abxy+4b^2y^2)-2(a^2y^2+2abxy+b^2x^2)$$

$$=a^2x^2-2a^2y^2-2b^2x^2+4b^2y^2$$

$$=(a^2-2b^2)(x^2-2y^2)$$

$$=a^2-2b^2$$ ← $x^2-2y^2=1$ より

よって，$a^2-2b^2=1$ のとき，$\boldsymbol{u^2-2v^2=1}$ である。

(2) $x^2-2y^2=1$ より，

$$\left(x+y\sqrt{2}\right)\left(x-y\sqrt{2}\right)=1$$ ← $x+y\sqrt{2}$ は $x-y\sqrt{2}$ の逆数とわかる（方針参照）

ここで，

$$1<x+y\sqrt{2}\leqq 3+2\sqrt{2}\quad\cdots②$$

の逆数を考えると，

$$3-2\sqrt{2}\leqq x-y\sqrt{2}<1\quad\cdots③$$ ←

〈式変形のポイント〉
- $x+y\sqrt{2}$ の逆数は $x-y\sqrt{2}$
- $3+2\sqrt{2}$ の逆数は $3-2\sqrt{2}$
- 正の数どうしで逆数を考えると，大小が逆になる

②＋③より，

$$4-2\sqrt{2}<2x<4+2\sqrt{2}$$

$$2-\sqrt{2}<x<2+\sqrt{2}$$ ← x の範囲が絞れた

$$\therefore\ x=1,\ 2,\ 3$$

(i) $x=1$ のとき，$x^2-2y^2=1$ に代入すると，

$$1-2y^2=1$$

$$\therefore\ y=0$$

これは，$1<x+y\sqrt{2}$ を満たさず不適。

(ii) $x=2$ のとき，$x^2-2y^2=1$ に代入すると，

$$4-2y^2=1$$

$2y^2=3$（不適）← y は整数にならないので不適

(iii) $x=3$ のとき，$x^2-2y^2=1$ に代入すると，

$$9-2y^2=1$$

$$\therefore\ y=\pm 2$$

$1<x+y\sqrt{2}$ より，$(x,\ y)=(3,\ -2)$ は不適。

↑ $(x,\ y)=(3,\ 2)$ は適

以上，(i)〜(iii)より条件を満たす $(x,\ y)$ は，

$$(x,\ y)=(3,\ 2)$$

(3) $n=1$ のときは，(2)そのものである。以下，$n\geqq 2$ とする。

$$\left(3+2\sqrt{2}\right)^{n-1}<x+y\sqrt{2}\leqq\left(3+2\sqrt{2}\right)^n$$

の両辺に $\left(3-2\sqrt{2}\right)^{n-1}$ を掛けると，← 左辺の逆数を掛ける

$$(3-2\sqrt{2})^{n-1}(3+2\sqrt{2})^{n-1} < (3-2\sqrt{2})^{n-1}(x+y\sqrt{2})$$
$$\leqq (3-2\sqrt{2})^{n-1}(3+2\sqrt{2})^{n}$$
$$\therefore\ 1 < (3-2\sqrt{2})^{n-1}(x+y\sqrt{2}) \leqq 3+2\sqrt{2}\ \cdots④$$

$$(3-2\sqrt{2})^{n-1}(3+2\sqrt{2})^{n-1} = \{(3-2\sqrt{2})(3+2\sqrt{2})\}^{n-1} = 1^{n-1} = 1$$

この式の両辺に $3+2\sqrt{2}$ を掛けると，

$$(3-2\sqrt{2})^{n-1}(3+2\sqrt{2})^{n} = 3+2\sqrt{2}$$

ここで，

$$X_n + Y_n\sqrt{2} = (3-2\sqrt{2})^{n-1}(x+y\sqrt{2})\ \cdots⑤$$

とおくと，④は

$$1 < X_n + Y_n\sqrt{2} \leqq 3+2\sqrt{2}$$

であり，整数 X_n，Y_n は $X_n{}^2 - 2Y_n{}^2 = 1$ を満たす。

（証明）

$(3,\ -2)$ は，方程式 $p^2 - 2q^2 = 1$ の解であるから，

$$a_n + b_n\sqrt{2} = (3-2\sqrt{2})^n$$

によって数列 $\{a_n\}$，$\{b_n\}$ を定義すると，p.244 〜 245 の議論より，

$$a_n{}^2 - 2b_n{}^2 = 1\ \cdots⑥$$ ← $(a_n,\ b_n)$ **は** $p^2-2q^2=1$ **の解**

を満たす。また，

$$X_n + Y_n\sqrt{2} = (3-2\sqrt{2})^{n-1}(x+y\sqrt{2})$$
$$= (a_{n-1} + b_{n-1}\sqrt{2})(x+y\sqrt{2})$$

であるから，⑥が成り立つとき，(1)より，← **⑥の n を $n-1$ におきかえると**

$$X_n{}^2 - 2Y_n{}^2 = 1$$

$a_{n-1}{}^2 - 2b_{n-1}{}^2 = 1$ **も成り立ちます**

が成り立つ。

したがって，(2)より，← $X_n^2-2Y_n^2=1$ を示さないと(2)が使えないことに注意!!

$X_n=3,\ Y_n=2$

これを⑤に代入すると，

$3+2\sqrt{2}=(3-2\sqrt{2})^{n-1}(x+y\sqrt{2})$

この式の両辺に $(3+2\sqrt{2})^{n-1}$ を掛けると，← $(3-2\sqrt{2})^{n-1}$ の逆数を掛ける

$(3+2\sqrt{2})^n=(3+2\sqrt{2})^{n-1}(3-2\sqrt{2})^{n-1}(x+y\sqrt{2})$

$\therefore\ x+y\sqrt{2}=(3+2\sqrt{2})^n$ ← $(3+2\sqrt{2})^{n-1}(3-2\sqrt{2})^{n-1}$
$=\{(3+2\sqrt{2})(3-2\sqrt{2})\}^{n-1}=1^{n-1}=1$

コメント

(2)の解答より，$(x,\ y)=(3,\ 2)$ が基本解であることがわかります。

また，$3+2\sqrt{2}>1$ なので，任意の正の整数 x，y に対し，

$(3+2\sqrt{2})^{n-1}\leqq x+y\sqrt{2}<(3+2\sqrt{2})^n$

となる自然数 n がただ1つ存在します。

↑イメージ

$2>1$ より，任意の正の整数 m に対し，

$2^{n-1}\leqq m<2^n$

となる自然数 n がただ1つ存在する。

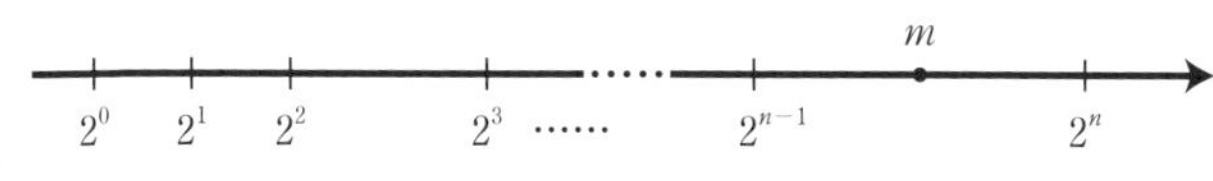

〈m を $2^{\triangle}$ と $2^{\triangle+1}$ ではさむことができる〉

したがって，(3)の結果より，x，y が正の整数で，$x^2-2y^2=1$ の解となるものはすべて

$x+y\sqrt{2}=(3+2\sqrt{2})^n$

の形であることがわかります（p.247 の公式の一部）。

第18章 鳩の巣原理

◎鳩の巣原理とは

例えば，4つのボールをA，B，Cの箱に入れることを考えます（右図）。

このとき，

4つのボールすべてが別々の箱に入る

ことは不可能です。← 4つのボールすべてが別々の箱に入るには，箱が4個以上必要

したがって，

少なくとも1つの箱に2つ以上のボールが入る

ことになります。これを一般化した下の公式を鳩の巣原理（または，抽出し（ひきだし）論法）といいます。鳩の巣原理では，2つ以上のボールの入った箱の存在は保証されますがそれがどの箱なのかはわかりません。

鳩の巣原理（抽出し論法）

m個のものが，n個の箱にどのように分配されても，$m > n$であれば，2個以上のものが入っている箱が少なくとも1つ存在する。

例 3個の整数があるとき，少なくとも2個は偶奇が一致する。

← 3個の整数をA，Bの2個の箱に分配するとき，2個以上入っている箱が存在する

例 5人の人がいるとき，少なくとも2人は同じ血液型である。

A（A型）　B（B型）　C（O型）　D（AB型）

↑ 5人の人をA，B，C，Dの4個の箱（グループ）に分配するとき，2人以上入っている箱が存在する

問題 18-1

易■■□難

任意に与えられた4つの整数 x_0，x_1，x_2，x_3 を考える。これらのうちから適当に2つの整数を選べば，その差が3の倍数となるようにできることを証明せよ。　　　　(神戸大)

方針

すべての整数は，次の3つの集合のいずれかに分類できます。

$A=\{k\mid k$ **は3で割り切れる整数**$\}$

$B=\{k\mid k$ **は3で割ると1余る整数**$\}$

$C=\{k\mid k$ **は3で割ると2余る整数**$\}$

よって，4つの整数が与えられると，少なくとも2つは同じ集合に属します（鳩の巣原理）。この2つは，3で割った余りが等しいので，その差は3の倍数です（p.195の定理）。

問題18-1の解答

集合 A，B，C を次で定義する。

$A=\{k\mid k$ は3で割り切れる整数$\}$

$B=\{k\mid k$ は3で割ると1余る整数$\}$

$C=\{k\mid k$ は3で割ると2余る整数$\}$

← すべての整数は A，B，C のいずれか1つに必ず属する

4つの整数 x_0，x_1，x_2，x_3 が与えられたとき，鳩の巣原理より，少なくとも2つは同じ集合に属する。その2数は，3で割った余りが等しいので，その差は3の倍数である。

以上により，x_0，x_1，x_2，x_3 のうちから適当に2つの整数を選べば，その差が3の倍数となるようにできることが示された。

問題 18-2

易 難

xy 平面において，x 座標，y 座標がともに整数である点 $(x,\ y)$ を格子点という。いま，互いに異なる 5 つの格子点を任意に選ぶと，その中に次の性質〈P〉をもつ格子点の組が少なくとも 1 組は存在することを示せ。

〈P〉　2 個の格子点を結ぶ線分の中点がまた格子点となる。

(早大)

方針

すべての格子点は次の 4 つの集合のいずれかに分類できます。

$A=\{(x,\ y)\mid x$ **は偶数，** y **は偶数**$\}$

$B=\{(x,\ y)\mid x$ **は偶数，** y **は奇数**$\}$

$C=\{(x,\ y)\mid x$ **は奇数，** y **は偶数**$\}$

$D=\{(x,\ y)\mid x$ **は奇数，** y **は奇数**$\}$

← x 座標，y 座標の偶奇の組み合わせは 4 つある

よって，5 つの格子点が与えられると，少なくとも 2 点は同じ集合に属します（鳩の巣原理）。この 2 つの点は，x 座標，y 座標の偶奇が一致するので，次の事実によってその 2 点を結ぶ線分の中点はまた格子点になります。

$$\frac{(\text{偶数})+(\text{偶数})}{2}=(\text{整数})$$
← (偶数)+(偶数)は偶数なので2で割り切れる

$$\frac{(\text{奇数})+(\text{奇数})}{2}=(\text{整数})$$
← (奇数)+(奇数)は偶数なので2で割り切れる

問題18-2の解答

集合 A，B，C，D を次で定義する。

$A=\{(x,\ y)\mid x$ は偶数，y は偶数$\}$

$B=\{(x,\ y)\mid x$ は偶数，y は奇数$\}$

$C=\{(x,\ y)\mid x$ は奇数，y は偶数$\}$

$D=\{(x,\ y)\mid x$ は奇数，y は奇数$\}$

← すべての格子点は A，B，C，D のいずれか 1 つに必ず属する

いま，互いに異なる 5 つの格子点が与えられたとき，鳩の巣原理より，少

なくとも 2 点は同じ集合に属する。その 2 点は x 座標，y 座標の偶奇が一致するから，その 2 点の中点はまた格子点となる。

以上より，性質 $\langle P \rangle$ をもつ格子点の組が少なくとも 1 組は存在することが示された。

問題 18-3

易 ▂▄▆█ 難

A を 100 以下の自然数の集合とする。また，50 以下の自然数 k に対し，A の要素でその奇数の約数のうち最大のものが $2k-1$ となるものからなる集合を A_k とする。このとき，次の問いに答えよ。

(1) A の各要素は，A_1 から A_{50} までの 50 個の集合のうちのいずれか 1 つに属することを示せ。

(2) A の部分集合 B が 51 個の要素からなるとき，$\frac{y}{x}$ が整数となるような B の異なる要素 x，y が存在することを示せ。 (愛知教大)

方針

(2) 例えば，A_{23} の要素 x は定義により，$2 \cdot 23 - 1 = 45$ を約数としてもつので，

$$x = 45m \quad (m \text{ は整数})$$

の形をしています。ここで，45 は x の奇数の約数で最大のものなので m の素因数は 2 のみです（m に奇数の素因数があると，x は 45 より大きい奇数の約数をもち不適）。よって，

$$m = 2^l \quad (l \text{ は } 0 \text{ 以上の整数})$$

と表せるので，

$$x = 45 \cdot 2^l$$

となります。同様に，A_k の要素は $(2k-1) \cdot 2^l$ の形をしているので，2 つの要素 x，y $(x < y)$ が同じ A_k に属していれば， ← 鳩の巣原理より，このような A_k が存在します

$$\begin{cases} x = (2k-1) \cdot 2^l \\ y = (2k-1) \cdot 2^m \end{cases} \quad (l,\ m \text{ は } 0 \text{ 以上の整数，} l < m)$$

の形をしているので，$\frac{y}{x}$ は整数になります。

問題18-3の解答

(1)　n を A の要素とすると，n は100以下の自然数であるから，n の奇数の約数のうち最大のものは

$$1,\ 3,\ 5,\ \cdots,\ 99$$

のどれかである。← n が101以上の奇数の約数をもつことはない

よって，n は A_1，A_2，A_3，$\cdots$，A_{50} のいずれか1つに属する。

(2)　B は A の部分集合なので，B の要素 b は A の要素でもある。よって，(1)より，b は A_1，A_2，A_3，$\cdots$，A_{50} のいずれか1つに属する。

ここで，B は51個の要素からなるので，鳩の巣原理より，少なくとも2つの要素 x，y $(x < y)$ は，同じ集合 A_k に属する。このとき，

$$\begin{cases} x = (2k-1)\cdot 2^l \\ y = (2k-1)\cdot 2^m \end{cases} \quad (l,\ m \text{ は0以上の整数で } l < m)$$

の形をしているので，

$$\frac{y}{x} = \frac{(2k-1)\cdot 2^m}{(2k-1)\cdot 2^l} = 2^{m-l}$$

は整数である。

以上により，$\dfrac{y}{x}$ が整数となるような B の異なる要素 x，y が存在することが示された。

第19章 整数を定義域とする関数

大学で習う整数論では，整数の集合，あるいは自然数の集合上に定義されたいろいろな関数（数論的関数といいます）が出てきます。本書でも

$$\begin{cases} d(n) = (n\text{の正の約数の個数}) \\ \sigma(n) = (n\text{の正の約数の和}) \end{cases}$$

などを扱いました（第4章）。ここでは，大学入試でよく登場する 2 つの関数について学びます。

◎オイラー関数

自然数 n に対して，n 以下の自然数の中で n と互いに素のものの個数を $\varphi(n)$ と定義します。この $\varphi(n)$ をオイラー関数といいます。つまり，

$\varphi(n) = (n$ 以下の自然数の中で，n と互いに素のものの個数$)$

例

$\varphi(4) = 2$ ← 1，2，3，4 の中で 4 と互いに素のものは 1，3 の 2 個

$\varphi(12) = 4$ ← $1 \sim 12$ の中で 12 と互いに素のものは 1，5，7，11 の 4 個

$\varphi(p) = p - 1$ （ただし，p は素数）

↑ $1 \sim p$ の中で p と互いに素のものは 1，2，$\cdots$，$p-1$（つまり，p 以外）の $p-1$ 個

オイラー関数の問題では，n 以下の自然数の中で，n と**互いに素ではない**数の個数を求めて，

$$\varphi(n) = n - (1\text{から}n\text{の中で}n\text{と互いに素ではない数の個数})$$

として計算します。また，n と互いに素ではない数は，n の素因数の倍数になります。

問題 19-1

易 難

$\varphi(n)$ をオイラー関数とするとき，次の値を求めよ。

(1) $\varphi(10)$　　(2) $\varphi(15)$　　(3) $\varphi(30)$

方針

1 から n の中で n と互いに素ではないものを探します。

問題 19-1 の解答

(1) 1 から 10 の中で，10 と互いに素ではないものは，次の×印である。

↙×印は 2 の倍数と 5 の倍数（n の素因数の倍数）

1 ~~2~~ 3 ~~4~~ ~~5~~ ~~6~~ 7 ~~8~~ 9 ~~10~~

したがって，

$\varphi(10) = 4$ ← ×印のついていない 4 個が 10 と互いに素な数です

(2) 1 から 15 の中で，15 と互いに素でないものは，次の×印である。

↙×印は 3 の倍数と 5 の倍数（n の素因数の倍数）

1 2 ~~3~~ 4 ~~5~~ ~~6~~ 7 8 ~~9~~ ~~10~~

11 ~~12~~ 13 14 ~~15~~

したがって，

$\varphi(15) = 8$ ← ×印のついていない 8 個が 15 と互いに素な数です

(3) 1 から 30 の中で，30 と互いに素でないものは，次の×印である。

↙×印は 2 の倍数と 3 の倍数と 5 の倍数（n の素因数の倍数）

1 ~~2~~ ~~3~~ ~~4~~ ~~5~~ ~~6~~ 7 ~~8~~ ~~9~~ ~~10~~

11 ~~12~~ 13 ~~14~~ ~~15~~ ~~16~~ 17 ~~18~~ 19 ~~20~~

~~21~~ ~~22~~ 23 ~~24~~ ~~25~~ ~~26~~ ~~27~~ ~~28~~ 29 ~~30~~

したがって，

$\varphi(30) = 8$ ← ×印のついていない 8 個が 30 と互いに素な数です

次の問題の前に 1 つ公式を紹介します。

公式

k，n を自然数とする。n 以下の自然数で，k の倍数の個数は $\left[\dfrac{n}{k}\right]$ 個。

例 1　1，2，…，50 の中で 10 の倍数は

$$\left[\frac{50}{10}\right] = 5 \text{（個）} \leftarrow \text{実際 } 10,\ 20,\ 30,\ 40,\ 50 \text{ の } 5 \text{ 個}$$

例 2　1，2，…，100 の中で 7 の倍数は

$$\left[\frac{100}{7}\right] = [14.\cdots] = 14 \text{（個）} \leftarrow \text{実際 } 7,\ 14,\ 21,\ \cdots,\ 98 \text{ の } 14 \text{ 個}$$

例 3　1，2，…，p^n の中で p の倍数は

$$\left[\frac{p^n}{p}\right] = [p^{n-1}] = p^{n-1} \text{（個）} \leftarrow$$ 問題 19-2 で使います

（証明）

自然数 1，2，3，…，n の中で k の倍数が m 個とすると，

$$\begin{cases} \text{(i)}\ \ k,\ 2k,\ 3k,\ \cdots,\ mk \text{ は } n \text{ 以下} & \leftarrow m \text{ 番目の } k \text{ の倍数は } n \text{ 以下} \\ \text{(ii)}\ \ (m+1)k > n & \leftarrow (m+1) \text{ 番目の } k \text{ の倍数は } n \text{ より大} \end{cases}$$

が成立するので，

$$mk \leqq n,\ (m+1)k > n$$

$$\therefore\ m \leqq \frac{n}{k},\ m+1 > \frac{n}{k} \leftarrow$$

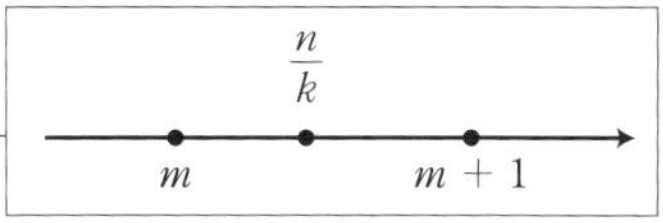

これより，$\dfrac{n}{k}$ の整数部分が m とわかるので，

$$m = \left[\frac{n}{k}\right] \leftarrow \text{ガウス記号の定義}$$

問題 19-2

易　難

n を自然数とするとき，$m \leqq n$ で m と n が互いに素となる自然数 m の個数を $\varphi(n)$ とする。

p を素数，l を自然数とするとき，$\varphi(p^l)$ を求めよ。

問題19-2の解答

1からp^lまでの自然数の中で，p^lと互いに素ではない数は，pの倍数であり，それは

← $n(=p^l)$の素因数の倍数

$p,\ 2p,\ 3p,\ \cdots,\ p^l$

のp^{l-1}個。← $\left[\dfrac{p^l}{p}\right]$個

よって，

$\boldsymbol{\varphi(p^l)=p^l-p^{l-1}}$

問題 19-3

易 ■■ 難

nを自然数とするとき，$m \leqq n$でmとnが互いに素となる自然数mの個数を$\varphi(n)$とする。

このとき，$\varphi(77)$を求めよ。 (早大)

方針

77と互いに素でない数は

7の倍数　または　11の倍数 ← 77の素因数の倍数

です（和集合になる）。この場合，次の公式を利用します（p.14）。

$$n(A \cup B)=n(A)+n(B)-n(A \cap B)$$

問題19-3の解答

1から77までの自然数の中で，77と互いに素ではない数は，7の倍数または11の倍数である。← $n(=77)$の素因数の倍数

$\begin{cases} 1 \sim 77\text{までの整数全体の集合を}U \\ U\text{の要素のうち，7の倍数全体の集合を}A \\ U\text{の要素のうち，11の倍数全体の集合を}B \end{cases}$

とおくと，

77と互いに素ではない数の集合は$A \cup B$

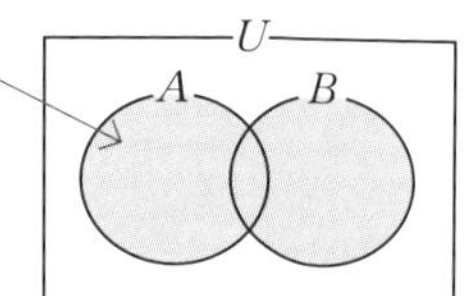

$n(U)=77$

$n(A)=\left[\dfrac{77}{7}\right]=11$

$$n(B) = \left[\frac{77}{11}\right] = 7$$

$$n(A \cap B) = \left[\frac{77}{77}\right] = 1$$ ← $A \cap B$ は 77 の倍数の集合だから，77 の 1 個

より，

$$n(A \cup B) = n(A) + n(B) - n(A \cap B)$$
$$= 11 + 7 - 1 = 17$$

よって，

$$\varphi(77) = n(U) - n(A \cup B)$$ ← 全体から互いに素ではないものを除く
$$= 77 - 17 = 60$$

問題 19-4

易 ▪▪▪ 難

n を自然数とするとき，$m \leqq n$ で m と n が互いに素となる自然数 m の個数を $\varphi(n)$ とする。

p，q を互いに異なる素数とするとき，$\varphi(p^2q)$ を求めよ。　(名大・改)

問題 19-4 の解答

1 から p^2q までの自然数で，p^2q と互いに素ではない数は

p の倍数または q の倍数 ← $n(=p^2q)$ の素因数の倍数

である。

$$\begin{cases} 1 \text{ から } p^2q \text{ までの整数全体の集合を } U \\ U \text{ の要素のうち，} p \text{ の倍数全体の集合を } A \\ U \text{ の要素のうち，} q \text{ の倍数全体の集合を } B \end{cases}$$

とおく。

このとき，

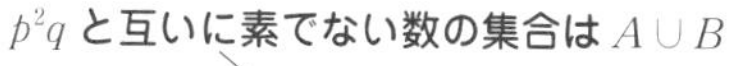

$$n(U) = p^2q$$

$$n(A) = \left[\frac{p^2q}{p}\right] = pq$$

$$n(B) = \left[\frac{p^2q}{q}\right] = p^2$$

$$n(A \cap B) = \left[\frac{p^2q}{pq}\right] = p$$ ← $A \cap B$ は pq の倍数全体の集合

より，

$$n(A \cup B) = n(A) + n(B) - n(A \cap B)$$
$$= pq + p^2 - p$$

したがって，

$$\boldsymbol{\varphi(p^2q)} = n(U) - n(A \cup B)$$ ← 全体から互いに素ではないものを除く

$$= p^2q - (pq + p^2 - p)$$
$$= p^2q - pq - p^2 + p$$
$$= (p^2 - p)(q - 1)$$
$$= \boldsymbol{p(p-1)(q-1)}$$

コメント

オイラー関数には，乗法的関数といわれる次の性質が成り立つことが知られています。

オイラー関数の性質

$\varphi(n)$ をオイラー関数とする。n と m を互いに素な自然数とすると，

$$\varphi(mn) = \varphi(m)\varphi(n)$$ ← この等式が成り立つ関数を乗法的関数といいます

$$n = p_1{}^{a_1}p_2{}^{a_2} \cdots p_l{}^{a_l}$$

を n の素因数分解とし，上の性質を使ってみましょう。

$$\varphi(n) = \varphi(p_1{}^{a_1}p_2{}^{a_2} \cdots p_l{}^{a_l})$$
$$= \varphi(p_1{}^{a_1})\varphi(p_2{}^{a_2}) \cdots \varphi(p_l{}^{a_l})$$ ← 上の性質をくり返し使った
$$= (p_1{}^{a_1} - p_1{}^{a_1-1})(p_2{}^{a_2} - p_2{}^{a_2-1})\cdots(p_l{}^{a_l} - p_l{}^{a_l-1})$$

← 問題 19-2 より $\varphi(p^l) = p^l - p^{l-1}$

$$= p_1{}^{a_1}p_2{}^{a_2} \cdots p_l{}^{a_l}\left(1 - \frac{1}{p_1}\right)\left(1 - \frac{1}{p_2}\right)\cdots\left(1 - \frac{1}{p_l}\right)$$
$$= n\left(1 - \frac{1}{p_1}\right)\left(1 - \frac{1}{p_2}\right)\cdots\left(1 - \frac{1}{p_l}\right)$$

← $n = p_1{}^{a_1}p_2{}^{a_2}\cdots p_l{}^{a_l}$ より

これをオイラーの公式といいます。オイラーの公式を使うと，問題 19-1 は

(1) $\varphi(10)=10\left(1-\dfrac{1}{2}\right)\left(1-\dfrac{1}{5}\right)=10\cdot\dfrac{1}{2}\cdot\dfrac{4}{5}=4$

(2) $\varphi(15)=15\left(1-\dfrac{1}{3}\right)\left(1-\dfrac{1}{5}\right)=15\cdot\dfrac{2}{3}\cdot\dfrac{4}{5}=8$

(3) $\varphi(30)=30\left(1-\dfrac{1}{2}\right)\left(1-\dfrac{1}{3}\right)\left(1-\dfrac{1}{5}\right)=30\cdot\dfrac{1}{2}\cdot\dfrac{2}{3}\cdot\dfrac{4}{5}=8$

問題 19-3 は

$$\varphi(77)=77\left(1-\frac{1}{7}\right)\left(1-\frac{1}{11}\right)=77\cdot\frac{6}{7}\cdot\frac{10}{11}=60$$

問題 19-4 は

$$\varphi(p^2q)=p^2q\left(1-\frac{1}{p}\right)\left(1-\frac{1}{q}\right)=p(p-1)(q-1)$$

となります。← 入試ではオイラーの公式を証明してから使うことになります（だったら，普通に解いた方が速い!!）

◎ p 進付値

a を自然数とするとき，a の素因数分解における素因数 p の個数を $v_p(a)$ と定義します。この $v_p(a)$ を **p 進付値**といいます。つまり，

$v_p(a)=$（a の素因数分解における素因数 p の個数）

- $v_2(24)=3$ ← $24=2^3\cdot 3$ なので素因数 2 の個数は 3
- $v_2(1024)=10$ ← $1024=2^{10}$ なので素因数 2 の個数は 10
- $v_5(150)=2$ ← $150=2\cdot 3\cdot 5^2$ なので素因数 5 の個数は 2

a が負の整数のときは

$$v_p(a)=v_p(-a)$$

と定義します。これにより，p 進付値は0でない任意の整数 a に対して，定義することができます。← p.266，p.267 で紹介する p 進付値の重要性質は0でない整数に対して成り立ちます

問題 19-5

易 ▪ 難

$v_p(a)$ を p 進付値とするとき，次の値を求めよ。

(1) $v_3(54)$　　(2) $v_2(-10)$　　(3) $v_2(48 \times 160)$

方針

(3) 48×160 **をそのまま計算してはいけません!!　素因数分解すると，**

$$48 = 2^4 \cdot 3,\ 160 = 2^5 \cdot 5$$

より，

$$48 \times 160 = 2^4 \cdot 3 \times 2^5 \cdot 5$$
$$= 2^9 \cdot 3 \cdot 5 \leftarrow \text{指数法則}$$

なので，素因数 2 **の個数は** 9 **個とわかります。**

問題19-5の解答

(1) $54 = 2 \cdot 3^3$ より，$\boldsymbol{v_3(54) = 3}$

(2) $10 = 2 \cdot 5$ より，

$\boldsymbol{v_2(-10)} = v_2(10) = \boldsymbol{1}$ ← $a < 0$ のときは $v_p(a) = v_p(-a)$

(3) $48 \times 160 = 2^4 \cdot 3 \times 2^5 \cdot 5 = 2^9 \cdot 3 \cdot 5$ より，

$\boldsymbol{v_2(48 \times 160) = 9}$

問題 19-6

易 ▪▪ 難

どのような自然数 n も，3 で割り切れない自然数 k と 0 以上の整数 a を用いて，

$$n = 3^a k$$

とかける。このとき，$f(n) = a$ と定める。例えば，

$$f(1) = 0,\ f(2) = 0,\ f(3) = 1$$

である。以下のことを証明せよ。

(1) 自然数 m，n に対して，$f(mn) = f(m) + f(n)$ が成り立つ。

(2) 2 以上の自然数 n に対して，$f(n^3 - n) \geqq 1$ が成り立つ。

(岐阜大)

方針

$f(n)$ は n の素因数分解における素因数 3 の個数を表すので，

$$f(n) = v_3(n)$$

です。(1)は，問題 19-5 (3)と同じ。指数法則を使って処理します。(2)の題意は次の通り。

$f(n^3 - n) \geqq 1 \Leftrightarrow n^3 - n$ が 3 で割り切れる

← 3 で割り切れれば 3 進付値は 1 以上

あとは，連続する整数の積の公式（p.84）を利用します。

問題19-6の解答

(1) $m = 3^{a_1}k_1$，$n = 3^{a_2}k_2$ とおく（a_1，a_2 は 0 以上の整数，k_1，k_2 は 3 で割り切れない自然数）。

このとき，

$$f(m) = a_1,\ f(n) = a_2$$

であり，

$$mn = 3^{a_1}k_1 \cdot 3^{a_2}k_2$$
$$= 3^{a_1+a_2}k_1k_2$$

ここで，k_1k_2 は 3 で割り切れない自然数だから，← 3 は素数なので k_1k_2 が 3 で割り切れると，k_1，k_2 の少なくとも一方が 3 で割り切れ，矛盾します

$$f(mn) = a_1 + a_2$$
$$= f(m) + f(n)$$

← mn の素因数分解における素因数 3 の個数は $a_1 + a_2$ 個

(2) $n^3 - n = (n+1)n(n-1)$

より，$n^3 - n$ は 3 連続整数の積であるから，6 の倍数（ということは 3 の倍数）である。よって，

$$f(n^3 - n) \geqq 1$$

◎ p 進付値の重要性質

p 進付値の重要な性質を 2 つ紹介します。

以下の(i)，(ii)における条件 $a \neq 0$，$b \neq 0$，$a + b \neq 0$ は p 進付値が定義されるために必要です（0 に対して，p 進付値は定義されない）

p 進付値の性質(i)

a，b を 0 でない整数とするとき，$v_p(ab) = v_p(a) + v_p(b)$

これは，問題 19-6 (1)を一般化したものです（指数法則により明らか）。

p 進付値の性質(ii)

a，b を $a \neq 0$，$b \neq 0$，$a+b \neq 0$ となる整数とするとき，

$v_p(a) > v_p(b)$ ならば $v_p(a+b) = v_p(b)$

↑ これは，$a+b$（足し算）の p 進付値は，$v_p(a)$，$v_p(b)$ の小さい方に一致するという意味になります（p.271）

(証明)

$a = p^{l_1}a_1$，$b = p^{l_2}b_1$ とおく（l_1，l_2 は 0 以上の整数で $l_1 > l_2$，a_1，b_1 は p で割り切れない整数）。

このとき，

$$a + b = p^{l_1}a_1 + p^{l_2}b_1$$
$$= p^{l_2}(p^{l_1-l_2}a_1 + b_1) \cdots ①$$

ここで，$p^{l_1-l_2}a_1 + b_1$ は p で割り切れない。 ← つまり，$v_p(p^{l_1-l_2}a_1 + b_1) = 0$

↑ 理由

もし，$p^{l_1-l_2}a_1 + b_1$ が p で割り切れたとすると，

$p^{l_1-l_2}a_1 + b_1 = pc$（$c$ は整数）

と表される。このとき，

$b_1 = pc - p^{l_1-l_2}a_1$

となり，$l_1 - l_2 > 0$ であるから，b_1 は p の倍数となり矛盾。

したがって，$p^{l_1-l_2}a_1 + b_1$ は p で割り切れない。

よって，

①を代入　(i)より

$$v_p(a+b) = v_p(p^{l_2}(p^{l_1-l_2}a_1 + b_1)) = v_p(p^{l_2}) + v_p(p^{l_1-l_2}a_1 + b_1)$$
$$= l_2 + 0 \leftarrow v_p(p^{l_1-l_2}a_1 + b_1) = 0$$
$$= l_2 = v_p(b)$$

例 $v_2(16) = 4$，$v_2(24) = 3$ より，

$v_2(16 + 24) = v_2(24)$ ← 2 進付値は $v_2(16)$ と $v_2(24)$ の小さい方に一致する

↑ 実際，$v_2(16+24) = v_2(40) = 3$，$v_2(24) = 3$

なお，$v_p(a) = v_p(b)$ のときは，p 進付値の性質(ii)は成り立ちません。

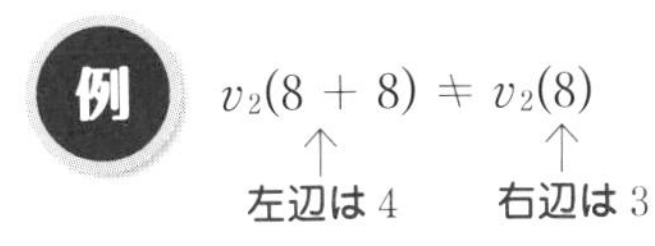

p.265 の p 進付値の性質(i)を使うと，**問題 2-9** の別解をつくることができます。

問題 2-9 （再掲載）

易 ■■□ 難

$\sqrt{2}$ は無理数であることを証明せよ。

問題 2-9 の別解

背理法で示す。$\sqrt{2}$が有理数であると仮定すると，

$$\sqrt{2} = \frac{n}{m}$$

と表される (m，n は自然数)。← m と n が互いに素であることは使わないので仮定しなくてよい

このとき，

$$n = m\sqrt{2}$$

$$\therefore\ n^2 = 2m^2 \quad \cdots ①$$

ここで，①の左辺と右辺で素因数 2 の個数は等しいので，

> $x = y$ ならば $v_2(x) = v_2(y)$
> （逆は成り立たない）

$$v_2(n^2) = v_2(2m^2)$$

$$\therefore\ 2v_2(n) = 2v_2(m) + 1 \quad \cdots ②$$

> p 進付値の性質(i)より（p.265），
> $v_2(n^2) = v_2(n \times n) = v_2(n) + v_2(n) = 2v_2(n)$
> $v_2(2m^2) = v_2(2 \times m \times m) = v_2(2) + v_2(m) + v_2(m) = 2v_2(m) + 1$

$2v_2(n)$ は偶数で，$2v_2(m) + 1$ は奇数であるから，②は成立せず矛盾。

したがって，$\sqrt{2}$は無理数である。

p 進付値を利用すると p.142 の素数の性質(i)は，次のようにとらえることができます。

問題 19-7

易 ■□□ 難

a，bを整数とし，pを素数とする。このとき，abがpで割り切れるならば，a，bのうち少なくとも一方はpで割り切れることをp進付値の性質(i)を用いて説明せよ。

問題19-7の解答

$a=0$ または $b=0$ のときは明らかに正しい。← 0 に対して，p 進付値は定義されていないので場合分けした

以下，$a \neq 0$ かつ $b \neq 0$ の場合を考える。ab が p で割り切れるので，

$v_p(ab) \geqq 1$ ← p で割り切れるので p 進付値は 1 以上

$\therefore\ v_p(a)+v_p(b) \geqq 1$ …① ← p 進付値の性質(i)

ここで，$v_p(a)$，$v_p(b)$ は 0 以上の整数であるから，

$v_p(a)$，$v_p(b)$ のうち少なくとも一方は 1 以上 …② ← $v_p(a)=v_p(b)=0$ とすると，①が成り立たないので矛盾

である。

したがって，a，b のうち少なくとも一方は p で割り切れる。← ②の読みかえ

◎ $v_p(n!)$ を求める

$n!$ の素因数分解における素因数 p の個数を求める公式を説明します。

p 進付値の性質(i)より，

$$v_p(n!) = v_p(1 \times 2 \times 3 \times \cdots \times n)$$
$$= v_p(1)+v_p(2)+v_p(3)+\cdots+v_p(n)$$

なので，1 から n をそれぞれ素因数分解して，素因数 p の個数を求め，それらを合計したものが $v_p(n!)$ とわかります。

例えば，1 から 100 を素因数分解して，素因数 2 の個数を調べると，次ページの表（印の個数が 2 の個数）になります。ここで，○印は 2 の倍数の所につくので，

(○印の数) $=$ (1 から 100 までの数で 2 の倍数の個数) $=\left[\dfrac{100}{2}\right]$ 個

です。また，△印は 4 の倍数の所につく（素因数 2 を 2 つ以上もつと△印がつく）ので，

(△印の数) $=$ (1 から 100 までの数で 4 の倍数の個数) $=\left[\dfrac{100}{4}\right]$ 個

同様に，

(□印の数) $=$ (1 から 100 までの数で 8 の倍数の個数) $=\left[\dfrac{100}{8}\right]$ 個

(▼印の数) $=$ (1 から 100 までの数で 16 の倍数の個数) $=\left[\dfrac{100}{16}\right]$ 個

(●印の数) $=$ (1 から 100 までの数で 32 の倍数の個数) $=\left[\dfrac{100}{32}\right]$ 個

(■印の数) $=$ (1 から 100 までの数で 64 の倍数の個数) $=\left[\dfrac{100}{64}\right]$ 個

となり，これを合計すると，

$$v_2(100!) = \left[\frac{100}{2}\right] + \left[\frac{100}{4}\right] + \left[\frac{100}{8}\right] + \left[\frac{100}{16}\right] + \left[\frac{100}{32}\right] + \left[\frac{100}{64}\right]$$
$$= 50 + 25 + 12 + 6 + 3 + 1$$
$$= 97$$

〈1 から 100 までの素因数分解における 2 の個数〉

1	2	3	4	5	6	7	8	9	10	11	12	13	14	15	16	17	18	19	20	21	22	23	24	25
	○		○		○		○		○		○		○		○		○		○		○		○	
			△				△				△				△				△				△	
							□								□								□	
															▼									

26	27	28	29	30	31	32	33	34	35	36	37	38	39	40	41	42	43	44	45	46	47	48	49	50
○		○		○		○		○		○		○		○		○		○		○		○		○
		△				△				△				△				△				△		
						□								□								□		
						▼																▼		
						●																		

51	52	53	54	55	56	57	58	59	60	61	62	63	64	65	66	67	68	69	70	71	72	73	74	75
	○		○		○		○		○		○		○		○		○		○		○		○	
	△				△				△				△				△				△			
					□								□								□			
													▼											
													●											
													■											

76	77	78	79	80	81	82	83	84	85	86	87	88	89	90	91	92	93	94	95	96	97	98	99	100
○		○		○		○		○		○		○		○		○		○		○		○		○
△				△				△				△				△				△				△
				□								□								□				
				▼																▼				
																				●				

これを一般化したのが次の公式です。

ルジャンドルの公式

$$v_p(n!) = \left[\frac{n}{p}\right] + \left[\frac{n}{p^2}\right] + \left[\frac{n}{p^3}\right] + \cdots + \left[\frac{n}{p^k}\right] + \cdots$$

これは，無限級数（数学Ⅲ）の形ですが，右の項になればなるほど，分母の値が大きくなっていくので，ある所から右側はすべて 0 になります（つまり有限和になる）。

↑ k が大きくなると，$\frac{n}{p^k}$ はある所から 1 より小さくなり，$\frac{n}{p^k}$ の整数部分は 0 になる

例

$$\begin{aligned} v_3(20!) &= \left[\frac{20}{3}\right] + \left[\frac{20}{3^2}\right] + \left[\frac{20}{3^3}\right] + \cdots + \left[\frac{20}{3^k}\right] + \cdots \\ &= 6 + 2 \\ &= 8 \end{aligned}$$

（$6+2$ ← 有限和）　（$\left[\frac{20}{3^3}\right]$ 以降：ココからはすべて 0）

問題 19-8

易 ▂▅▇ 難

自然数 n に対し，2^k が $n!$ を割り切るような 0 以上の整数 k の最大値を $f(n)$ とする。

(1) $f(32)$ を求めよ。（島根大）

(2) $f(50)$ を求めよ。（琉球大）

(3) $f(2010)$ を求めよ。（小樽商大）

方針

$f(n)$ は $n!$ の素因数分解における素因数 2 の個数，つまり

$$f(n) = v_2(n!)$$

です。ルジャンドルの公式にあてはめてオシマイです。

問題 19-8 の解答

ココからはすべて 0

(1) $f(32)=v_2(32!)=\left[\dfrac{32}{2}\right]+\left[\dfrac{32}{2^2}\right]+\left[\dfrac{32}{2^3}\right]+\left[\dfrac{32}{2^4}\right]+\left[\dfrac{32}{2^5}\right]+\left[\dfrac{32}{2^6}\right]+\left[\dfrac{32}{2^7}\right]+\cdots$

$=16+8+4+2+1$

$=31$

ココからはすべて 0

(2) $f(50)=v_2(50!)=\left[\dfrac{50}{2}\right]+\left[\dfrac{50}{2^2}\right]+\left[\dfrac{50}{2^3}\right]+\left[\dfrac{50}{2^4}\right]+\left[\dfrac{50}{2^5}\right]+\left[\dfrac{50}{2^6}\right]+\left[\dfrac{50}{2^7}\right]+\cdots$

$=25+12+6+3+1$

$=47$

$\left[\dfrac{2010}{2^{11}}\right]$ から右側の項はすべて 0 になります

(3) $f(2010)=v_2(2010!)=\left[\dfrac{2010}{2}\right]+\left[\dfrac{2010}{2^2}\right]+\left[\dfrac{2010}{2^3}\right]+\cdots+\left[\dfrac{2010}{2^n}\right]+\cdots$

$=\left[\dfrac{2010}{2}\right]+\left[\dfrac{2010}{2^2}\right]+\left[\dfrac{2010}{2^3}\right]+\cdots+\left[\dfrac{2010}{2^{10}}\right]$ ← 有限和になる

$=1005+502+251+125+62+31+15+7+3+1$

$=2002$

問題 19-9

易 ■■■ 難

自然数 n について，$n!$ の末尾に続く 0 の個数を a_n とする。このとき，a_{2009} を求めよ。 (群馬大)

方針

p.60 でも扱ったように，$\min\{a,\ b\}$ で a と b の小さい方を表します。

- $\min\{3,\ 5\}=3$
- $\min\{17,\ 6\}=6$
- $\min\{5,\ 5\}=5$ ← $a=b$ のときは $\min\{a,\ a\}=a$
- $a,\ b$ を $a\neq 0,\ b\neq 0,\ a+b\neq 0$ となる整数とするとき，$v_p(a)\neq v_p(b)$ ならば，

$v_p(a+b)=\min\{v_p(a),\ v_p(b)\}$ ← p.266 の p 進付値の性質(ii)はこのように書くこともできる

また，自然数 a の末尾に続く 0 の個数とは

$a = 10^k \cdot l$ **（l は 10 の倍数でない整数）**

と表したときの整数 k のことです。

例

$$34000 = 10^{③} \cdot 34$$
$$1720000 = 10^{④} \cdot 172$$
$$2016000000 = 10^{⑥} \cdot 2016$$

← **末尾に続く 0 の個数は k と一致する**

この k の値は，a を素因数分解したときの 2 の個数と 5 の個数の小さい方に一致します。 ← **つまり，**$k = \min\{v_2(a),\ v_5(a)\}$

例

$$2^3 \cdot 5^4 = (2 \cdot 5)^3 \cdot 5 = 10^{③} \cdot 5$$
$$2^5 \cdot 5^2 = (2 \cdot 5)^2 \cdot 2^3 = 10^{②} \cdot 8$$
$$2^4 \cdot 3^5 \cdot 5^6 = (2 \cdot 5)^4 \cdot 3^5 \cdot 5^2 = 10^{④} \cdot 3^5 \cdot 5^2$$

← **k は $v_2(a)$ と $v_5(a)$ の小さい方と一致する**

ここで，$n!$ の素因数分解においては，明らかに

（素因数 2 の個数）＞（素因数 5 の個数）

です。これより，

$a_n =$ **（$n!$ の末尾に続く 0 の個数）**

$= \min\{v_2(n)!,\ v_5(n!)\} = v_5(n!)$

あとは，ルジャンドルの公式でこれを計算します。

問題19-9の解答

$n!$ の素因数分解において，

（素因数 2 の個数）＞（素因数 5 の個数）

であるから，

$$a_n = \min\{v_2(n!),\ v_5(n!)\}$$
$$= v_5(n!)$$ ← **方針** 参照

よって，

$$\boldsymbol{a_{2009}} = v_5(2009!)$$
$$= \left[\frac{2009}{5}\right] + \left[\frac{2009}{5^2}\right] + \left[\frac{2009}{5^3}\right] + \left[\frac{2009}{5^4}\right] + \left[\frac{2009}{5^5}\right] + \cdots$$
$$= 401 + 80 + 16 + 3 = \mathbf{500}$$

ココから右側の項はすべて 0 になります

問題 19-10

易 ▪▪▪▪ 難

m を 2015 以下の正の整数とする。${}_{2015}\mathrm{C}_m$ が偶数となる最小の m を求めよ。 (東大)

方針

ポイント は 3 つあります。

ポイント① ${}_{2015}\mathrm{C}_m$ と ${}_{2015}\mathrm{C}_{m-1}$ の関係

例えば，${}_{10}\mathrm{C}_4$ は ${}_{10}\mathrm{C}_3$ と比べると，分母，分子に出てくる整数が 1 つずつ多くなっています。 分母，分子とも出てくる整数が ${}_{10}\mathrm{C}_3$ より 1 つずつ多い

$$
{}_{10}\mathrm{C}_4 = \frac{10\cdot 9\cdot 8\cdot 7}{4\cdot 3\cdot 2\cdot 1}, \quad {}_{10}\mathrm{C}_3 = \frac{10\cdot 9\cdot 8}{3\cdot 2\cdot 1}
$$

これより，

$$
{}_{10}\mathrm{C}_4 = {}_{10}\mathrm{C}_3 \times \frac{7}{4}
$$

が成り立ちます。他の数でも同じことが言えます。

$$
{}_{13}\mathrm{C}_6 = \frac{13\cdot 12\cdot 11\cdot 10\cdot 9\cdot 8}{6\cdot 5\cdot 4\cdot 3\cdot 2\cdot 1}, \quad {}_{13}\mathrm{C}_5 = \frac{13\cdot 12\cdot 11\cdot 10\cdot 9}{5\cdot 4\cdot 3\cdot 2\cdot 1}
$$

より，

$$
{}_{13}\mathrm{C}_6 = {}_{13}\mathrm{C}_5 \times \frac{8}{6}
$$

（step1）では，${}_n\mathrm{C}_r$ の定義を利用して ${}_{2015}\mathrm{C}_m$ と ${}_{2015}\mathrm{C}_{m-1}$ の関係を調べます。

${}_n\mathrm{C}_r$ の定義

$$
{}_n\mathrm{C}_r = \frac{n!}{r!(n-r)!}
$$

ポイント② 最小の m という意味について

次の表からイメージしてください

$m=1$ のとき，${}_{2015}\mathrm{C}_m={}_{2015}\mathrm{C}_1=2015$ は奇数です。

求める m は，奇数から偶数に変わる一番最初の瞬間です。

${}_{2015}\mathrm{C}_1$	${}_{2015}\mathrm{C}_2$	${}_{2015}\mathrm{C}_3$	…		…	${}_{2015}\mathrm{C}_{m-1}$	${}_{2015}\mathrm{C}_m$	…
奇数	奇数	奇数	…		…	奇数	偶数	

よって，求める m は，

${}_{2015}\mathrm{C}_{m-1}$ が奇数かつ ${}_{2015}\mathrm{C}_m$ が偶数となる最小の m $(\geqq 2)$

と表現することができます。

ポイント③ 不等式 $v_2(2016-m)>v_2(m)$ の処理

実際に計算すると，上の不等式が出てきます。この不等式を満たす最小の m を求めることになるのですが，$m=2,\ 3,\ 4,\ \cdots$ と代入していくのはメンドウです。

$2016=2^5\times 63$ に注意すると，$m\leqq 31$ のときは上の不等式は不成立なのですが，これ一瞬でわかりますか？

理由 $m\leqq 31$ のとき，$v_2(m)\leqq 4$ ← 31以下の数は素因数2は4個以下

よって，$v_2(2016)>v_2(m)$ であるから，p.266 の p 進付値の性質(ii)より，

$$v_2(2016-m)=v_2(m)$$

← $v_2(2016+(-m))=\min\{v_2(2016),\ v_2(-m)\}=\min\{v_2(2016),\ v_2(m)\}=v_2(m)$

したがって，

$$v_2(2016-m)>v_2(m)$$

は不成立。

よって，$m=2,\ 3,\ \cdots,\ 31$ は調べる必要はなく，$m=32$ から順に調べていけばよいとわかります。

問題19-10の解答

(step1) ${}_{2015}\mathrm{C}_m$ と ${}_{2015}\mathrm{C}_{m-1}$ の関係を調べる

$$\begin{aligned}{}_{2015}\mathrm{C}_m&=\frac{2015!}{m!(2015-m)!}\\&=\frac{2015!}{(m-1)!(2016-m)!}\times\frac{2016-m}{m}\\&=\frac{2016-m}{m}\times{}_{2015}\mathrm{C}_{m-1}\end{aligned}$$

← ${}_n\mathrm{C}_r=\dfrac{n!}{r!(n-r)!}$

← $m!=(m-1)!\times m,\quad (2015-m)!=\dfrac{(2016-m)!}{2016-m}$

$\therefore\ {}_{2015}\mathrm{C}_m = \dfrac{2016 - m}{m} \times {}_{2015}\mathrm{C}_{m-1}$

(step2)　本題

${}_{2015}\mathrm{C}_1 = 2015$ は奇数であるから，← $m = 1$ のときは奇数

求める m は，${}_{2015}\mathrm{C}_{m-1}$ が奇数で，${}_{2015}\mathrm{C}_m$ が偶数となる最小の m $(\geqq 2)$ である。

そのためには

$v_2(2016 - m) > v_2(m)$ …①

が成立するような最小の m を求めればよい。

↑理由

(step1) より

$${}_{2015}\mathrm{C}_m = \frac{2016 - m}{m} \times {}_{2015}\mathrm{C}_{m-1}$$

（${}_{2015}\mathrm{C}_{m-1}$ ↑ 奇数）

上の式において，${}_{2015}\mathrm{C}_m$ が偶数になるためには，$2016 - m$ の素因数 2 の個数が m の素因数 2 の個数より多ければよい（このとき，約分が行われても，分子に 2 が少なくとも 1 つ残るので，$\dfrac{2016 - m}{m} \times {}_{2015}\mathrm{C}_{m-1}$ は偶数になる）。

ここで，$v_2(m) \leqq 4$ のときは①は成立しない。

証明　$v_2(2016) = 5$，$v_2(m) \leqq 4$ より ← $2016 = 2^5 \times 63$ より $v_2(2016) = 5$

$$\begin{aligned} v_2(2016 - m) &= v_2(2016 + (-m)) \\ &= \min\{v_2(2016),\ v_2(-m)\} \\ &= \min\{v_2(2016),\ v_2(m)\} \\ &= v_2(m) \end{aligned}$$

← p.266 の p 進付値の性質(ii)

よって，①は不成立。← ①は等号になってしまうので不成立

したがって，$m \geqq 32$ であることが必要条件。← $m \leqq 31$ のときは $v_2(m) \leqq 4$ より，①は不成立なので

$m = 32$ のとき，

$$\begin{cases} v_2(2016 - m) = v_2(1984) = 6 \\ v_2(m) = v_2(32) = 5 \end{cases}$$

← $1984 = 2^6 \times 31$

より，①は成立する。

よって，①を満たす最小の m（つまり，求める答）は

$\boldsymbol{m = 32}$

第20章 その他の問題

ここでは，その他の小テーマを扱います。

◎ $\dfrac{g(n)}{f(n)}$ が整数となる条件（$f(x)$，$g(x)$ は整数係数多項式）

$f(x) = x + a$（xの係数が1の1次式）の場合は，$g(x) \div f(x)$ を計算します。このときの商を $Q(x)$，余りを r（剰余の定理より，余りは $g(-a)$）とすると，

$$g(x) = f(x)Q(x) + r$$

↑ $f(x)$ の x の係数が1なので，$Q(x)$ は整数係数，r は整数になります

となり，

$$\frac{g(n)}{f(n)} = \frac{f(n)Q(n) + r}{f(n)} = Q(n) + \frac{r}{f(n)}$$

ここで，$Q(n)$ が整数なので，$\dfrac{g(n)}{f(n)}$ が整数となるためには $\dfrac{r}{f(n)}$ が整数とならねばなりません。これより，$f(n)$ は r の約数となります。

問題 20-1

易■□□難

$\dfrac{n+32}{n+2}$ が整数となる正の整数 n を求めよ。（法政大）

問題20-1の解答

$x + 32$ を $x + 2$ で割った商は1，余りは30であるから，

$$x + 32 = (x+2)\cdot 1 + 30$$

$$\therefore \quad \frac{n+32}{n+2} = \frac{(n+2)\cdot 1 + 30}{n+2} = 1 + \frac{30}{n+2}$$

$$\begin{array}{r|l} & 1 \\ x+2 & x+32 \\ & x+2 \\ \hline & 30 \end{array}$$

これより，$\dfrac{n+32}{n+2}$ が整数となるためには，$\dfrac{30}{n+2}$ が整数となればよい。

よって，

$$n + 2 = 3,\ 5,\ 6,\ 10,\ 15,\ 30$$

← $n > 0$ より $n + 2$ は3以上の30の約数

でなければならない。

したがって，

$$n = 1,\ 3,\ 4,\ 8,\ 13,\ 28$$

問題 20-2

易■■□□難

$\dfrac{6n^2+11n+38}{3n-2}$ が整数となるような最大の自然数 n を求めよ。

（福岡大）

方針

本問は，分母が1次式ですが，n の係数が1ではありません。しかしながら，

$(6x^2+11x+38)\div(3x-2)$ を実行すると，商は整数係数多項式，余りは整数に（たまたま）なるので，問題 20-1 と同様に処理できます。

問題20-2の解答

$6x^2+11x+38$ を $3x-2$ で割った商は $2x+5$，余りは48であるから，

$$6x^2+11x+38=(3x-2)(2x+5)+48$$

$$\begin{array}{r} 2x\ +\ 5 \\ 3x-2\ \overline{)\ 6x^2+11x+38} \\ \underline{6x^2-\ \ 4x} \\ 15x+38 \\ \underline{15x-10} \\ 48 \end{array}$$

よって，

$$\frac{6n^2+11n+38}{3n-2}=\frac{(3n-2)(2n+5)+48}{3n-2}$$

$$=2n+5+\frac{48}{3n-2}$$

ここで，$2n+5$ は整数であるから，$\dfrac{6n^2+11n+38}{3n-2}$ が整数となるためには $\dfrac{48}{3n-2}$ が整数となればよい。よって，$3n-2$ は48の約数かつ3で割った余りが1となる整数である。 ← $3n-2=3(n-1)+1$

このうち，n が最大のものは

$3n-2=16$ ← 48の約数かつ3で割った余りが1で最大のものは16

のときであるから，求める n は

$n=6$

この方法を利用すると，**問題 9-5** の別解を作ることができます。

問題 9-5 （再掲載）

易 ■ 難

2 次方程式 $x^2-px+2p=0$ が整数解 α，β をもつとき $(\alpha \geqq \beta)$，p の値を求めよ。　（青山学院大・改）

問題 9-5 の別解

解と係数の関係より，

$\alpha+\beta=p$

であるから，p は整数である。← α，β は整数なので，p も整数

α は解なので，

$\alpha^2-p\alpha+2p=0$ ← α は $x^2-px+2p=0$ を満たす

$p(\alpha-2)=\alpha^2$

$\alpha \neq 2$ であるから，← $\alpha=2$ と仮定すると（背理法），$0=2^2$ となり矛盾

$p=\dfrac{\alpha^2}{\alpha-2}$ …①

ここで，x^2 を $x-2$ で割った商は $x+2$，余りは 4 であるから，

$$\begin{array}{r|l} & x\ +2 \\ \hline x-2 & x^2 \\ & x^2-2x \\ \hline & \quad 2x \\ & \quad 2x-4 \\ \hline & \qquad 4 \end{array}$$

$x^2=(x-2)(x+2)+4$

よって，①は，

$p=\dfrac{(\alpha-2)(\alpha+2)+4}{\alpha-2}=\alpha+2+\dfrac{4}{\alpha-2}$

p，$\alpha+2$ は整数であるから $\dfrac{4}{\alpha-2}$ も整数。よって，$\alpha-2$ は 4 の約数となり，

$\alpha-2=1,\ -1,\ 2,\ -2,\ 4,\ -4$

$\therefore\ \alpha=3,\ 1,\ 4,\ 0,\ 6,\ -2$

これより，

$p=9,\ 8,\ -1,\ 0$ ←

①より，
$\alpha=3,\ 6$ のとき $p=9$
$\alpha=1,\ -2$ のとき $p=-1$
$\alpha=4$ のとき $p=8$
$\alpha=0$ のとき $p=0$

$g(n) \neq 0$ で $\dfrac{g(n)}{f(n)}$ が整数となるとき，

$\left|\dfrac{g(n)}{f(n)}\right| \geqq 1$ は必要条件です。ここから，

n の範囲を絞りこめる場合があります。

$f(x)$ の次数が $g(x)$ の次数より大きいとき
この方法は有効です

$g(n) \neq 0$，$\left|\dfrac{g(n)}{f(n)}\right| < 1$ ならば $\dfrac{g(n)}{f(n)}$ は整数になりえない。

問題 20-3

易 ▂▄▆ 難

$\dfrac{2n-2}{n^2+2n+2}$ が整数となる整数 n の値をすべて求めよ。　(小樽商大)

方針

$h(x)=\dfrac{2x-2}{x^2+2x+2}$ とおくと，$\displaystyle\lim_{x\to\pm\infty} h(x)=0$ です。x を $\pm\infty$ に近づけると $h(x)$ が 0 に近づくということは，十分大きな $|x|$ に対して，$|h(x)|<1$ を意味するので，前ページの必要条件で範囲を絞りこめます。

ただし，$h(1)=0$ です。 ← $|h(1)|<1$ ですが $h(1)$ は整数となります

よって，場合分けして処理します。

問題 20-3 の解答

(i)　$n=1$ のとき

この場合，$\dfrac{2n-2}{n^2+2n+2}$ は明らかに整数。← $n=1$ のとき $\dfrac{2n-2}{n^2+2n+2}=0$

(ii)　$n \neq 1$ のとき

この場合，$\dfrac{2n-2}{n^2+2n+2} \neq 0$ より，これが整数になるためには

$$\left|\frac{2n-2}{n^2+2n+2}\right| \geqq 1$$

が必要条件。これより，

$$1 \leqq \frac{|2n-2|}{|n^2+2n+2|}$$ ← $\left|\dfrac{\alpha}{\beta}\right|=\dfrac{|\alpha|}{|\beta|}$

$|n^2 + 2n + 2| \leqq |2n - 2|$ ← 分母を払った

$(n^2 + 2n + 2)^2 \leqq (2n - 2)^2$ ← 両辺 2 乗

$(n^2 + 4n)(n^2 + 4) \leqq 0$ ← $a^2 \leqq b^2$ は $(a + b)(a - b) \leqq 0$ と変形できる

$n^2 + 4n \leqq 0$ ← $n^2 + 4 > 0$ より，両辺を $n^2 + 4$ で割ってよい

$n(n + 4) \leqq 0$ …①

$\therefore\ n = -4,\ -3,\ -2,\ -1,\ 0$（必要条件）

逆に，$n = -4,\ -3,\ -2,\ -1,\ 0$ のとき，$\dfrac{2n - 2}{n^2 + 2n + 2}$ の値を調べると次のようになる。

n	-4	-3	-2	-1	0
$\dfrac{2n - 2}{n^2 + 2n + 2}$	-1	$\dfrac{-8}{5}$	-3	-4	-1

これより，求める答は

$\boldsymbol{n = -4,\ -2,\ -1,\ 0,\ 1}$ ← $n = 1$ を忘れないようにしてください

コメント

$n = -4,\ 0$ のときは，①において等号が成立するので，

$$\left|\frac{2n - 2}{n^2 + 2n + 2}\right| = 1$$

となります（つまり，$n = -4,\ 0$ は十分性を満たすことは明らか）。

◎必要条件を利用する問題

問題 20-3 の他にも本書では，必要条件を利用する問題をいくつか扱いました。少し変わったものをもう 2 問。

問題 20-4

易 ▪▪▌ 難

p を自然数とする。数列 $\{a_n\}$ を

$$a_1 = 1,\ a_2 = p^2,\ a_{n+2} = a_{n+1} - a_n + 13 \quad (n = 1,\ 2,\ 3,\ \cdots)$$

により定める。数列 $\{a_n\}$ に平方数（自然数の 2 乗）でない項が存在することを示せ。

（一橋大）

方針

数列（数学B）と整数の融合問題です。

漸化式に代入して，a_3，a_4，…と順に求めてみます。すると，

$$a_3 = a_2 - a_1 + 13 = p^2 - 1 + 13 = p^2 + 12$$

$$a_4 = a_3 - a_2 + 13 = (p^2 + 12) - p^2 + 13 = 25$$

$$a_5 = a_4 - a_3 + 13 = 25 - (p^2 + 12) + 13 = 26 - p^2$$

ここで，すべてのa_nが平方数（自然数の2乗）であるためには，$a_5 > 0$は必要条件です（もし，$a_5 \leqq 0$ならば，a_5は平方数になりえない）。これより，pの範囲を絞りこむことができます。あとは，十分性を満たすものが存在しないことを示します。

問題20-4の解答

$a_1 = 1$，$a_2 = p^2$，$a_{n+2} = a_{n+1} - a_n + 13$より，

$a_3 = p^2 + 12$

$a_4 = 25$　←**方針**参照

$a_5 = 26 - p^2$

すべてのa_nが平方数であるためには，$a_5 > 0$が必要条件。これより，

$26 - p^2 > 0$

$\therefore\ p = 1,\ 2,\ 3,\ 4,\ 5$ ←**pは自然数なので，$p^2 < 26$となるのはこの5つ**でなければならない。

逆に，

$p = 1$のとき，$a_3 = 13$は平方数でないから不適。

$p = 2$のとき，$a_5 = 22$は平方数でないから不適。

$p = 3$のとき，$a_3 = 21$は平方数でないから不適。

$p = 4$のとき，$a_3 = 28$は平方数でないから不適。

$p = 5$のとき，$a_3 = 37$は平方数でないから不適。

以上により，数列$\{a_n\}$に平方数でない項が存在することが示された。

問題 20-5

易 難

a_1, a_2, a_3, b_1, b_2, b_3 をそれぞれ1から9までの整数とし，a_1, a_2, a_3, b_1, b_2, b_3 の中に同じ数がいくつあってもよいとする。$[a_1a_2a_3]$ は3桁の整数

$$a_1 \times 100 + a_2 \times 10 + a_3 \times 1$$

を表し，$[b_1b_2b_3]$ は3桁の整数

$$b_1 \times 100 + b_2 \times 10 + b_3 \times 1$$

を表し，$[b_1b_2b_3 26]$ は5桁の整数

$$b_1 \times 10000 + b_2 \times 1000 + b_3 \times 100 + 2 \times 10 + 6 \times 1$$

を表すとする。

p, q, r を次の条件とする。

p：$[a_1a_2a_3] - 1$ は50で割り切れる

q：$[b_1b_2b_3 26]$ は $[a_1a_2a_3]$ の26倍である

r：$[b_1b_2b_3]$ は整数の2乗ではない

このとき，以下の問いに答えよ。

(1) 命題「$q \Rightarrow p$」が真であれば証明し，偽であれば反例をあげよ。

(2) 条件 q を満たす組 $(a_1, a_2, a_3, b_1, b_2, b_3)$ は何組あるか。

(3) 命題「$q \Rightarrow r$」が真であれば証明し，偽であれば反例をあげよ。

(群馬大)

方針

(2) (1)より，q が成り立つためには p が成り立つことが必要条件です。また，p が成り立つのは次の9個しかありません。

$$[a_1a_2a_3] = 151,\ 251,\ 351,\ 451,\ 551,\ 651,\ 751,\ 851,\ 951$$

↑ $[a_1a_2a_3]$ は(50の倍数)＋1の形

(1～9までの整数しか使えないので101, 201, 301, …, 901は不適)

よって，この9個に対し，q が成り立つかどうかを調べます（十分性の確認）。

問題20-5の解答

(1) 仮定 q より，

$[b_1b_2b_3 26]$ が $[a_1a_2a_3]$ の26倍

$$\underline{\underline{10000b_1 + 1000b_2 + 100b_3}} + 26 = 26(100a_1 + 10a_2 + a_3)$$

これより

左辺の26を右辺に移項し，26でくくった

$$\underline{\underline{100(100b_1 + 10b_2 + b_3)}} = 26(100a_1 + 10a_2 + a_3 - 1)$$

両辺を2で割った

$$\therefore\ 50(100b_1 + 10b_2 + b_3) = 13(100a_1 + 10a_2 + a_3 - 1)\cdots①$$

ここで，13と50は互いに素であるから，$100a_1 + 10a_2 + a_3 - 1$ は50の倍数である。

したがって，p が成り立つ。

(2) (1)より，q が成り立つためには p が成り立つことが必要条件。

ここで，p が成り立つのは，

$$[a_1a_2a_3] = 151,\ 251,\ 351,\ 451,\ 551,\ 651,\ 751,\ 851,\ 951$$

の9つ。これを①に代入して，$[b_1b_2b_3]$ を求めると，

$[a_1a_2a_3]$	151	251	351	451	551	651	751	851	951
$[b_1b_2b_3]$	13×3 (39)	13×5 (65)	13×7 (91)	13×9 (117)	13×11 (143)	13×13 (169)	13×15 (195)	13×17 (221)	13×19 (247)

$b_1 = 0$ だから不適（十分性を満たさない）

十分性はO.K.

例えば，$[a_1a_2a_3] = 151$ を①に代入すると，

$$50(100b_1 + 10b_2 + b_3) = 13 \times 150$$
$$\therefore\ 100b_1 + 10b_2 + b_3 = 13 \times 3$$

例えば，$[a_1a_2a_3] = 251$ を①に代入すると，

$$50(100b_1 + 10b_2 + b_3) = 13 \times 250$$
$$\therefore\ 100b_1 + 10b_2 + b_3 = 13 \times 5$$

これより，q を満たす $(a_1,\ a_2,\ a_3,\ b_1,\ b_2,\ b_3)$ は6組。

(3) $q \Rightarrow r$ は偽である。**反例は $(a_1, a_2, a_3, b_1, b_2, b_3) = (6, 5, 1, 1, 6, 9)$**

(2)より q は成り立つが，$[b_1b_2b_3] = 169$ なので，r は成り立たない

最後は，超有名問題で。

問題 20-6

易■■■■難

pを素数，nをpで割り切れない自然数とする。1から$p-1$までの自然数の集合をAとおく。

(1) 任意の$k \in A$に対し，knをpで割った余りをr_kとする。このとき，集合$B=\{r_k \mid k \in A\}$はAと一致することを示せ。

(2) $n^{p-1}-1$はpで割り切れることを示せ。 (東京農工大)

方針

まず，knをpで割った余りがr_kなので，

$kn \equiv r_k \pmod{p}$ $(k=1,\ 2,\ \cdots,\ p-1)$ …①

が成り立ちます。

(1)は問題 6-8 (2)と同様です。第1章 p.17でも紹介した次の公式を利用します。

公式

A，Bが有限集合で，$B \subset A$ かつ $n(B)=n(A)$ ならば，

$A=B$

$r_k \in B$に対し，$r_k \neq 0$を示せれば，r_kは1，2，…，$p-1$のどれかなので，$r_k \in A$となり，$B \subset A$とわかります。なお，$r_k \neq 0$は背理法で示します。

また，$n(A)=p-1$です。よって，$B=\{r_1,\ r_2,\ \cdots,\ r_{p-1}\}$の要素が互いに相異なることが証明できれば，$n(B)=p-1$とわかり，$n(A)=n(B)$となります。これも背理法で証明します。つまり，

$r_i=r_j$ かつ $i<j$

となるi，jが存在したと仮定して矛盾を導きます。

(2) 例えば，$\{a_1,\ a_2,\ a_3,\ a_4\}=\{b_1,\ b_2,\ b_3,\ b_4\}$のとき，

$a_1a_2a_3a_4=b_1b_2b_3b_4$ ←

2つの集合が同じ集合ということは，a_1, a_2, a_3, a_4の並びかえがb_1, b_2, b_3, b_4ということ。したがって，この2つの積は一致する。

です。本問は(1)より，$A=B$なので，Aの要素をすべて掛けた数とBの要素をすべて掛けた数は等しくなります。あとはこれをmod pで考えて，①を利用します。

問題20-6の解答

kn を p で割った余りが r_k であるから，

$kn \equiv r_k \pmod{p} \quad (k=1,\ 2,\ \cdots,\ p-1)$ …①

である。

(1) 集合 A の任意の要素 k をとると，$r_k \neq 0$ である。

(証明) もし，ある k に対し，$r_k = 0$ とすると nk は p で割り切れる。

p は素数なので，　p.142 素数の性質参照

n または k の少なくとも一方が p で割り切れる

これは矛盾。← n は仮定より p で割り切れない，$1 \leqq k \leqq p-1$ なので k も p で割り切れない

$\therefore\ r_k \neq 0$

よって，r_k は 1，2，…，$p-1$ のどれかであるから，← r_k は p で割った余りで 0 ではないので

$r_k \in A$

これより，

$B \subset A$

である。

ここで，$B = \{r_1,\ r_2,\ \cdots,\ r_{p-1}\}$ の要素は互いに相異なる。← これが証明できると，$n(B) = p-1$

(証明) $r_i = r_j$ となる i，j $(i<j)$ が存在したと仮定する。

このとき，

$$\begin{cases} in \equiv r_i \pmod{p} \\ jn \equiv r_j \pmod{p} \end{cases}$$
← ①より

$r_i = r_j$ より，

$in \equiv jn \pmod{p}$

n と p は互いに素であるから，

$i \equiv j \pmod{p}$ ← 両辺を n で割ってよい

$1 \leqq i \leqq p-1$，$1 \leqq j \leqq p-1$ なので，

$i = j$

これは矛盾である。← $i<j$ に反する

したがって，$r_i = r_j$ となる i，j $(i<j)$ は存在しないので，集合 $B = \{r_1,\ r_2,\ \cdots,\ r_{p-1}\}$ の要素は互いに相異なる。

これより，

$n(B) = p-1$

よって，$B \subset A$ かつ $n(B) = n(A) = p - 1$ より，

$A = B$

(2) $A = B$ より

$1 \times 2 \times 3 \times \cdots \times (p-1) = r_1 \times r_2 \times r_3 \times \cdots \times r_{p-1}$ …② ←（A の要素をすべて掛けた数）＝（B の要素をすべて掛けた数）

以下，mod p で考える。①より，

$kn \equiv r_k \ (k = 1,\ 2,\ \cdots,\ p-1)$

であるから，$k = 1,\ 2,\ 3,\ \cdots,\ p-1$ を代入し掛け合わせると，

$n \times 2n \times 3n \times \cdots \times (p-1)n \equiv r_1 \times r_2 \times r_3 \times \cdots \times r_{p-1}$

$\equiv 1 \times 2 \times 3 \times \cdots \times (p-1)$ ← ②より

$\therefore\ n^{p-1}(p-1)! \equiv (p-1)!$

p と $(p-1)!$ は互いに素であるから，

$n^{p-1} \equiv 1$ ← $(p-1)!$ で割ってよい

よって，$n^{p-1} - 1$ は p で割り切れる。

コメント

(2)はフェルマーの定理と言われている有名な定理です。

問題一覧

集合・論理編

問題 1-1

▶ p.8

易 難

次の集合を，要素を書き並べて表せ。

(1) $A = \{2n + 1 \mid 1 \leqq n \leqq 4,\ n$ は整数$\}$

(2) 20 の正の約数の集合 B

(3) $C = \{x \mid x^2 - 5x + 4 = 0\}$

問題 1-2

▶ p.9

易 難

次の 2 つの集合 A，B に対し，A は B の部分集合であることを示せ。

(1) $A = \{1,\ 2,\ 3,\ 4,\ 5\}$，$B = \{x \mid x^2 - 6x < 0\}$

(2) $A = \{n \mid n$ は 4 の倍数$\}$，$B = \{n \mid n$ は 2 の倍数$\}$

問題 1-3

▶ p.10

易 難

全体集合を $U = \{1,\ 2,\ 3,\ 4,\ 5,\ 6,\ 7,\ 8,\ 9,\ 10\}$，その部分集合 A，B をそれぞれ $A = \{2,\ 4,\ 6,\ 8,\ 10\}$，$B = \{5,\ 10\}$ とする。このとき，次の集合をそれぞれ求めよ。

(1) $A \cap \overline{B}$　(2) $\overline{A} \cap B$　(3) $A \cup \overline{B}$

(4) $\overline{A} \cap \overline{B}$　(5) $\overline{\overline{A} \cup B}$

問題 1-4

▶ p.12

易　難

2つの集合

$$A = \{2,\ 5a - a^2,\ 6\},\ B = \{3,\ 4,\ 3a - 1,\ a + b\}$$

がある。

(1) 4が$A \cap B$の要素であるとき，aの値を求めよ。

(2) $A \cap B = \{4,\ 6\}$であるとき，a，bの値の組$(a,\ b)$を求めよ。

(千葉工大)

問題 1-5

▶ p.14

集合A，Bが全体集合Uの部分集合で，$n(U) = 100$，$n(A) = 30$，$n(B) = 55$，$n(A \cap B) = 15$であるとき，次の集合の要素の個数を求めよ。

(1) $\overline{A}$　　(2) $A \cup B$　　(3) $\overline{A} \cap B$

(4) $A \cap \overline{B}$　　(5) $\overline{A} \cup B$

問題 1-6

▶ p.16

易　難

次の集合A，Bについて，$A = B$であることを示せ。

$A = \{x \mid x$は整数$\}$

$B = \{2m + 3n \mid m,\ n$は整数$\}$

問題 2-1

▶ p.19

易　難

次の命題を証明せよ。

(1) xが5以下の自然数ならば，$x^2 - 6x < 0$である。

(2) 整数nが4の倍数ならば，nは2の倍数である。

問題 2-2 ▶p.21

易 ▪ 難

次の条件 p, q について，命題「$p \Rightarrow q$」の真偽を調べよ。ただし，x は実数とする。

(1) $p : 2 < x < 3$　　$q : x < 5$

(2) $p : |x| < 2$　　$q : x < 1$

(3) $p : x^2 - 5x + 4 = 0$　　$q : x^2 \leqq 9$

問題 2-3 ▶p.22

易 ▪ 難

次の条件 p, q について，命題「$p \Rightarrow q$」の真偽を調べよ。ただし，x, y は実数とする。

(1) $p : x^2 \leqq 5$　　$q : x^2 + y^2 = 5$

(2) $p : x + y \leqq 4$　　$q : x \leqq 2$ かつ $y \leqq 2$

(3) $p : x + y < 0$　　$q : x < 0$ または $y < 0$　　((3)茨城大)

問題 2-4 ▶p.24

易 ▪ 難

次の命題の真偽を調べよ。ただし，a, b, c は実数とする。

(1) $a \geqq 0$ かつ $ab \geqq ac$ ならば，$b \geqq c$ である。　　(宮城教大・改)

(2) a, b が有理数で，$ac = b$ ならば，c は有理数である。

問題 2-5 ▶p.26

易 ▪ 難

a, b を実数とする。命題「$ab = 0$ ならば $a = 0$ かつ $b = 0$」の逆，対偶を書き，それぞれの真偽を答えよ。　　(鹿児島大)

問題 2-6 ▶p.27

易 ▪ 難

次の命題の否定を述べよ。

(1) 少なくとも 1 つの整数 n について，$n^2 = 4$

(2) 任意の実数 x, y に対して，$x^2 + y^2 \geqq 0$

問題 2-7 ▶ p.27

易 難

n は整数とする。次の命題を証明せよ。

n^2 が偶数ならば n は偶数である …(☆)

問題 2-8 ▶ p.29

易 難

(1) 有理数 a, b に対して, $a+b\sqrt{2}=0$ ならば $a=b=0$ であることを証明せよ。ただし, $\sqrt{2}$ が無理数であることは証明なしに用いてよい。

(2) $(a+\sqrt{2})(b+2\sqrt{2})=6+4\sqrt{2}$ を満たす有理数 a, b を求めよ。

(鳥取大・改)

問題 2-9 ▶ p.31

易 難

$\sqrt{2}$ は無理数であることを証明せよ。

問題 3-1 ▶ p.34

易 難

次の空欄に「必要」,「十分」のどちらかを埋めよ。ただし, p, q は条件とする。

(1) 命題 $p \Rightarrow q$ が真のとき,

p は q であるための [ア] 条件であり,

q は p であるための [イ] 条件である。

(2) 命題 $p \Leftarrow q$ が真のとき,

p は q であるための [ウ] 条件であり,

q は p であるための [エ] 条件である。

(3) 命題 $p \Rightarrow q$ が真で, 命題 $p \Leftarrow q$ が偽のとき, p は q であるための [オ] 条件であるが, [カ] 条件ではない。

(4) 命題 $p \Rightarrow q$ が偽で, 命題 $p \Leftarrow q$ が真のとき, p は q であるための [キ] 条件であるが, [ク] 条件ではない。

問題 3-2 ▶p.36

▶p.36

易 難

次の2つの条件 p, q について, p は q であるための □。

(1)〜(4)のそれぞれの場合について, 空欄に当てはまるものを下の①〜④のうちから1つずつ選べ。ただし, n は整数, x は実数とする。

(1) p：n が6の倍数　　q：n は3の倍数

(2) p：$1 < x < 2$　　q：$0 < x < 3$

(3) p：$0 < x < 2$　　q：$1 < x < 3$

(4) p：$x^2 - 4x + 3 > 0$　　q：$x^2 > 9$

① 必要十分条件である

② 必要条件であるが, 十分条件ではない

③ 十分条件であるが, 必要条件ではない

④ 必要条件でも十分条件でもない

((1), (4)駒澤大)

問題 3-3 ▶p.37

易 難

次の空欄に当てはまるものを下の①〜④のうちから1つずつ選べ。

(1) a, b がともに有理数であることは, $a + b$ が有理数であるための □。

(2) a, b がともに有理数であることは, ab が有理数であるための □。

(3) 整数 a, b がともに奇数であることは, ab が奇数であるための □。

(4) 整数 a, b がともに偶数であることは, ab が偶数であるための □。

(5) △ABCと△PQRの面積が等しいことは, △ABCと△PQRが合同であるための □。

(6) x, y を実数とする。すべての x に対し $xy = 0$ であることは, $y = 0$ であるための □。

① 必要十分条件である

② 必要条件であるが, 十分条件ではない

③ 十分条件であるが, 必要条件ではない

④ 必要条件でも十分条件でもない

((1), (2)東京理大, (3)西南学院大, (5)慶大)

問題 4-1 ▶ p.44

易 難

次を証明せよ。

(1) 1はすべての整数の約数である。

(2) 0はすべての整数の倍数である。

問題 4-2 ▶ p.45

易 難

a, b, c を整数とする。b は a の約数，c は b の約数のとき，c は a の約数であることを示せ（つまり，約数の約数は約数である）。

問題 4-3 ▶ p.47

易 難

10進法で表される5桁の数 $N = 3149a$ がある（a は0以上9以下の整数）。

(1) N が2の倍数のとき，a の値を求めよ。

(2) N が3の倍数のとき，a の値を求めよ。

(3) N が4の倍数のとき，a の値を求めよ。

(4) N が5の倍数のとき，a の値を求めよ。

(5) N が6の倍数のとき，a の値を求めよ。

(6) N が8の倍数のとき，a の値を求めよ。

(7) N が9の倍数のとき，a の値を求めよ。

問題 4-4 ▶ p.48

易 難

(1) 百の位の数が3，十の位の数が7，一の位の数が a である3桁の自然数を $37a$ と表記する。$37a$ が4で割り切れるとき，a の値を求めよ。

(2) 千の位の数が7，百の位の数が b，十の位の数が5，一の位の数が c である4桁の自然数を $7b5c$ と表記する。$7b5c$ が4でも9でも割り切れる b, c の組 $(b,\ c)$ を求めよ。　（センター試験・改）

問題 4-5 ▶ p.50

易 ■■ 難

1188 の正の約数を考える。

(1) 全部で何個あるか。 (2) 2 の倍数は何個あるか。

(3) 6 の倍数は何個あるか。 (センター試験・改)

問題 4-6 ▶ p.53

易 ■ 難

(1) 756 の正の約数の個数を求めよ。

(2) 756 の正の約数すべての和を求めよ。 (青山学院大)

問題 4-7 ▶ p.53

易 ■■■ 難

自然数 n の正の約数は 6 個あり，それらの総和 $\sigma(n)$ が 124 であるとき，n の値を求めよ。 (昭和薬大・改)

問題 4-8 ▶ p.55

易 ■■■■ 難

次の条件(i)，(ii)をともに満たす正の整数 n をすべて求めよ。

(i) n の正の約数は 12 個。

(ii) n の正の約数を小さい方から順に並べたとき，7 番目の数は 12。

(東京工大)

問題 5-1 ▶ p.58

易 ■ 難

(1) 36 の正の約数と 54 の正の約数をそれぞれすべて書け。

(2) 36 と 54 の正の公約数をすべて求めよ。また，最大公約数を求めよ。

(3) 4 の正の倍数と 6 の正の倍数をそれぞれ小さい方から 10 個書け。

(4) 4 と 6 の正の公倍数を小さい方から 3 個書け。また，4 と 6 の最小公倍数を求めよ。

問題 5-2 ▶ p.61

易 難

次の 2 数の最大公約数，最小公倍数を求めよ。ただし，答えは素因数分解の形で答えてよい。

(1) $2^5 \cdot 3^7$, $2^4 \cdot 3^8$

(2) $2^4 \cdot 5^3$, $2^2 \cdot 3^2 \cdot 5^3$

問題 5-3 ▶ p.63

易 難

(1) 60 と 210 の最大公約数を求めよ。（金沢工大）

(2) 1254 と 4788 の最小公倍数を求めよ。（愛媛大）

問題 5-4 ▶ p.64

易 難

2 つの整数 a と b の最小公倍数を l とする。このとき，a と b の任意の公倍数 c は l の倍数であることを証明せよ。

問題 5-5 ▶ p.65

易 難

2 つの整数 a と b の最大公約数を g とする。このとき，a と b の任意の公約数 c は g の約数であることを証明せよ。

問題 5-6 ▶ p.67

易 難

正の整数 a と b $(a \geqq b)$ の最小公倍数が 198 で最大公約数が 6 である。このとき a，b の値を求めよ。（東海大・改）

問題 5-7 ▶ p.68

易 難

和が 22，最小公倍数が 60 となる 2 つの自然数を求めよ。

（東京電機大）

問題 5-8 ▶ p.70

易 ▪▪ 難

(1) 正の整数 a と 24 の最大公約数が 4 であり，最小公倍数が 120 であるとき，a の値を求めよ。 (金沢工大)

(2) 正の整数 a と 12 の最小公倍数が 180 であるとき，a の値を求めよ。

問題 5-9 ▶ p.73

易 ▪▪ 難

225 との最大公約数が 15 となる 2017 以下の自然数 n の個数を求めよ。

(九大)

問題 5-10 ▶ p.74

易 ▪▪▪ 難

2 つの自然数 A，B $(A < B)$ の最小公倍数を L とする。

このとき，

$L^2 - AB = 1680$ ⋯(☆)

を満たす自然数の組 $(A,\ B)$ を求めよ。 (福岡大)

問題 5-11 ▶ p.76

易 ▪▪▪ 難

自然数 a，b に対し，$a \diamond b$ は a と b の正の公約数の個数を表すものとする。

例えば，6 と 10 の正の公約数は 1 と 2 の 2 つだから，$6 \diamond 10 = 2$ となる。

このとき，次の問いに答えよ。

(1) $8 \diamond 12$ を求めよ。

以下では，c は 100 以下の自然数とする。

(2) $c \diamond 20 = 3$ となる c の個数を求めよ。

(3) $c \diamond 20 = 4$ となる c の個数を求めよ。 (東京理大)

問題 6-1 ▶ p.79

易 難

m, n は 7 で割ったときの余りがそれぞれ 3, 2 となる整数である。次の数を 7 で割ったときの余りを求めよ。

(1) $m+n$　　(2) mn　　(3) $2m+n$

(4) $m-2n$　　(5) m^2+n^2

問題 6-2 ▶ p.80

易 難

自然数 n が 6 と互いに素であるとき，n^2 を 6 で割った余りが 1 であることを示せ。（鹿児島大）

問題 6-3 ▶ p.82

易 難

(1) n を自然数とするとき，n^2 は 3 の倍数かまたは 3 で割った余りが 1 であることを証明せよ。

(2) 自然数 a, b, c が $a^2+b^2=c^2$ を満たすとき，a, b のうち少なくとも 1 つは 3 の倍数であることを証明せよ。（滋賀大）

問題 6-4 ▶ p.85

易 難

整数 n に対して，n^3-n は 6 の倍数であることを示せ。（愛媛大）

問題 6-5 ▶ p.85

易 難

n を奇数とする。次の問に答えよ。

(1) n^2-1 は 8 の倍数であることを証明せよ。

(2) n^5-n は 3 の倍数であることを証明せよ。

(3) n^5-n は 120 の倍数であることを証明せよ。（千葉大）

問題 6-6 ▶ p.88

易 難

(1) nを自然数とする。n^2を4で割ったときの余りは0または1であることを証明せよ。

(2) 自然数の組 $(x,\ y)$ について，$5x^2+y^2$ が4の倍数ならば，x，y はともに偶数であることを証明せよ。

(3) 自然数の組 $(x,\ y)$ で，$5x^2+y^2=2016$ を満たすものをすべて求めよ。

（慶大・改）

問題 6-7 ▶ p.92

易 難

次の等式を満たす整数x，yを求めよ。

(1) $10x=7y$

(2) $5x+4y=0$

問題 6-8 ▶ p.93

易 難

aとbは互いに素な2以上の整数とする。

(1) kを整数とするとき，akをbで割った余りを$r(k)$で表す。k，lを$b-1$以下の正の整数とするとき，

$$k \neq l \text{ ならば } r(k) \neq r(l)$$

であることを示せ。

(2) $ax+by=1$ を満たす整数x，yが存在することを示せ。

（大阪女大・改）

問題 7-1 ▶ p.98

易 難

同時に0ではない整数a，bと整数q，rについて，関係式

$$a=bq+r \ \cdots(☆)$$

が成り立つとき，次の式が成り立つことを証明せよ。

$$G(a,\ b)=G(b,\ r)$$

（茨城大，広島市大）

問題 7-2 ▶ p.100

易 難

同時に0ではない整数a，bと整数q，rについて関係式

$a = bq + r$ …(☆)

が成り立つとき，

(1) 整数dがaとbの公約数であることと，dがbとrの公約数であることは同値であることを証明せよ。

(2) $G(a,\ b) = G(b,\ r)$であることを証明せよ。 (首都大東京・改)

問題 7-3 ▶ p.102

易 難

次の2数の最大公約数を求めよ。

(1) 8177，3315 (龍谷大)

(2) 8177，1649 (専修大)

問題 7-4 ▶ p.103

易 難

次の分数を約分して既約分数に直せ。

(1) $\dfrac{5561}{6059}$ (小樽商大)

(2) $\dfrac{148953}{298767}$ (横浜市大・医)

問題 7-5 ▶ p.104

易 難

任意の自然数nに対し，$28n + 5$と$21n + 4$は互いに素であることを証明せよ。 (大阪市大)

問題 7-6 ▶ p.105

易 難

自然数nに対して，$3n^3 + n$と$n^3 + 1$の最大公約数をgとする。

(1) すべてのnに対して，$g \neq 5$であることを示せ。

(2) $g = 14$となるようなnの最小値を求めよ。 (学習院大)

問題 7-7 ▶ p.109

易 難

次の 2 整数 a, b は最大公約数が 1 である（証明しなくてよい)。

$ax + by = 1$

となる整数 x, y を 1 つ求めよ。← 条件を満たす x, y は無数にあります（第 8 章）

(1) $a = 16$, $b = 5$

(2) $a = 16$, $b = 7$

(3) $a = 25$, $b = 9$

(4) $a = 51$, $b = 23$

問題 8-1 ▶ p.111

易 難

次の方程式の整数解を求めよ。

(1) $4x - 3y = 0$　　(2) $7x + 10y = 0$

問題 8-2 ▶ p.112

易 難

次の方程式の整数解を求めよ。

(1) $6(x - 1) - 5(y - 3) = 0$

(2) $5(x + 4) + 3(y - 11) = 0$

(3) $7(x + 2) - 8y = 0$

問題 8-3 ▶ p.113

易 難

不定方程式 $6x + 2y = 1$ は整数解をもたないことを証明せよ。

（島根大）

問題 8-4 ▶ p.116

易 難

(1) 次の方程式の整数解を求めよ。

$4x + 7y = 1$

(2) (1)の整数解のうち，$x \leqq 10$, $y \leqq 10$ を満たすものは何組あるか。

問題 8-5 ▶ p.117

易 難

$2018x + 251y = 1$ を満たす整数の組 $(x,\ y)$ の中で，x の絶対値が最小となるものを求めよ。（北見工大）

問題 8-6 ▶ p.118

易 難

不定方程式 $92x + 197y = 10$ を満たす整数の組 $(x,\ y)$ の中で x の絶対値が最小のものを求めよ。（センター試験）

問題 8-7 ▶ p.121

易 難

6 で割ると 3 余り，17 で割ると 5 余る 3 桁の自然数で最大のものを求めよ。（関西大）

問題 8-8 ▶ p.122

易 難

3 で割ると 2 余り，5 で割ると 3 余り，11 で割ると 9 余る正の整数のうちで，3 桁で最大のものを求めよ。（早大）

問題 9-1 ▶ p.124

易 難

方程式 $3x + 4y = 30$ を満たす正の整数 $x,\ y$ の値の組を求めよ。

問題 9-2 ▶ p.125

易 難

方程式 $x^2 + y^2 = 5$ を満たす整数の組 $(x,\ y)$ を求めよ。

問題 9-3 ▶ p.126

易 難

$x,\ y$ は正の整数とする。このとき，$x^2 - y^2 = 225$ を満たす $x,\ y$ の組 $(x,\ y)$ を求めよ。（関西大）

問題 9-4

▶ p.127

易 難

次の方程式を満たす正の整数の組 $(x,\ y)$ を求めよ。

(1) $xy + 2x - 4y = 57$ (玉川大)

(2) $xy - 2x - 2y - 13 = 0$ (近畿大)

問題 9-5

▶ p.129

易 難

2次方程式 $x^2 - px + 2p = 0$ が整数解 α, β をもつとき $(\alpha \geqq \beta)$, p の値を求めよ。 (青山学院大・改)

問題 9-6

▶ p.131

易 難

次の方程式を満たす整数の組 $(x,\ y)$ を求めよ。

(1) $x^2 + 2xy + 3y^2 = 27$ (早大)　(2) $x^2 + 5xy + 4y^2 = 7$

問題 9-7

▶ p.132

易 難

方程式 $\dfrac{1}{m} + \dfrac{1}{n} = \dfrac{1}{6}$ を満たす正の整数 m, n の値の組を求めよ。

(東海大)

問題 9-8

▶ p.136

易 難

方程式 $\dfrac{1}{l} + \dfrac{1}{m} + \dfrac{1}{n} = 1$ を満たす正の整数の値の組を求めよ。

(東京農工大)

問題 9-9

▶ p.138

易 難

実数 x, y, z に対する方程式 $x + y + z = xyz$ …① を考える。

このとき，①を満たす正の整数の組 $(x,\ y,\ z)$ で，$x \leqq y \leqq z$ となるものをすべて求めよ。 (東大)

問題 9-10

▶ p.139

易 難

$7(x+y+z)=2(xy+yz+zx)$ …(☆)
を満たす自然数の組 x, y, z $(x \leqq y \leqq z)$ をすべて求めよ。（大分大）

問題 10-1

▶ p.142

易 難

$n^2-20n+91$ が素数 p となる整数 n を求めよ。（明治学院大）

問題 10-2

▶ p.143

易 難

x, y を自然数, p を 3 以上の素数とするとき, 次の各問いに答えよ。

(1) $x^2-y^2=p$ が成り立つとき, x, y を p で表せ。

(2) $x^3-y^3=p$ が成り立つとき, p を 6 で割った余りが 1 となることを証明せよ。（早大）

問題 10-3

▶ p.145

易 難

p を 3 以上の素数とする。4 個の整数 a, b, c, d が次の 3 条件

$$a+b+c+d=0,\ ad-bc+p=0,\ a \geqq b \geqq c \geqq d$$

を満たすとき, a, b, c, d を p を用いて表せ。（京大）

問題 10-4

▶ p.147

易 難

△ABC において, ∠B $=60^\circ$, B の対辺の長さ b は整数, 他の 2 辺の長さ a, c はいずれも素数である。このとき, △ABC は正三角形であることを示せ。（京大）

問題 10-5

▶ p.149

易 難

n を自然数とする。n, $n+2$, $n+4$ がすべて素数であるのは $n=3$ の場合だけであることを示せ。（早大）

問題 10-6 ▶ p.151

易 難

n^3-7n+9 が素数となるような整数 n をすべて求めよ。　(京大)

問題 10-7 ▶ p.152

易 難

(1) p を素数とするとき，$n=p!+1$ は p 以下の素数では割り切れないことを示せ。

(2) 命題

「要素が自然数である集合 A が有限集合ならば，
A には最大の要素がある」…(＊)

は真である。これを用いて素数全体の集合が無限集合であることを証明せよ。　(成城大)

問題 10-8 ▶ p.153

易 難

次の問いに答えよ。

(1) 5 以上の素数 p は，ある自然数 n を用いて $6n+1$ または $6n-1$ の形で表されることを示せ。

(2) N を自然数とする。自然数 $6N-1$ は $6n-1$（n は自然数）の形で表される素数を約数にもつことを示せ。

(3) $6n-1$（n は自然数）の形で表される素数は無限に多く存在することを示せ。　(千葉大・改)

問題 11-1 ▶ p.156

易 難

任意の自然数 n に対して，連続する 2 つの自然数 n と $n+1$ は互いに素であることを示せ。　(大阪教大)

問題 11-2 ▶ p.158

易 難

2つの自然数 m, n に対し，次が成立することを示せ。

(1) 「$m+n$ と mn が互いに素」ならば「m と n は互いに素」である。

(2) 「m と n が互いに素」ならば「$m+n$ と mn は互いに素」である。

問題 11-3 ▶ p.159

易 難

自然数 a と b が互いに素のとき，a^2 と b^2 も互いに素であることを示せ。 (九大)

問題 11-4 ▶ p.160

易 難

n を正の整数とするとき，n^2 と $2n+1$ は互いに素であることを証明せよ。 (一橋大)

問題 11-5 ▶ p.161

易 難

整数から成る数列 $\{a_n\}$, $\{b_n\}$ が

$$a_1=b_1=1,\ a_{n+1}=a_n+b_n,\ b_{n+1}=a_n$$

を満たすとする。$n=1,\ 2,\ 3,\ \cdots$ に対して，2つの整数 a_n と b_n は互いに素であることを証明せよ。 (東大・改)

問題 11-6 ▶ p.163

易 難

整数からなる数列 $\{a_n\}$, $\{b_n\}$ が

$$a_1=b_1=1,\ a_{n+1}=2a_nb_n,\ b_{n+1}=2a_n{}^2+b_n{}^2$$

を満たすとする。$n=1,\ 2,\ 3,\ \cdots$ に対して，2つの整数 a_n と b_n は互いに素であることを証明せよ。 (九大・改)

問題 12-1 ▶ p.166

易 難

α を無理数，a，b を有理数とする。このとき，

$a+b\alpha=0$　ならば　$a=b=0$

であることを証明せよ。

問題 12-2 ▶ p.167

易 難

a，b，c が有理数のとき，

$a+b\sqrt{2}+c\sqrt{3}=0$　ならば　$a=b=c=0$

であることを証明せよ。ただし，$\sqrt{2}$，$\sqrt{3}$，$\sqrt{6}$ が無理数であることは証明なしに用いてよい。（富山大・改）

問題 12-3 ▶ p.169

易 難

p，q，$p\sqrt{2}+q\sqrt[3]{3}$ がすべて有理数とするとき，$p=q=0$ であることを示せ。ただし，$\sqrt{2}$ と $\sqrt[3]{3}$ が無理数であることは証明なしに用いてよい。（阪大）

問題 12-4 ▶ p.172

易 難

整数を係数とする 3 次方程式

$ax^3+bx^2+cx+d=0$ …(☆)

が有理数解 $\dfrac{n}{m}$（m と n は互いに素な整数，$m>0$）をもつとき，m は a の約数であり，n は d の約数であることを証明せよ。（旭川医大・改）

問題 12-5 ▶ p.173

易 難

次の問いに答えよ。

(1) a, b, c を整数とする。x に関する 3 次方程式

$$x^3 + ax^2 + bx + c = 0$$

が有理数の解をもつならば，その解は整数であることを示せ。

(2) 方程式

$$x^3 + 2x^2 + 2 = 0$$

は有理数の解をもたないことを背理法を用いて示せ。　(神戸大)

問題 12-6 ▶ p.175

易 難

$$f(x) = x^4 + ax^3 + bx^2 + cx + 1$$

は整数を係数とする x の 4 次式とする。4 次方程式 $f(x) = 0$ の重複もこめた 4 つの解のうち，2 つは整数で残り 2 つは虚数であるという。このとき，a, b, c の値を求めよ。　(京大)

問題 12-7 ▶ p.177

易 難

$2^{\frac{1}{3}}$ は有理数を係数とする 2 次方程式の解とはならないことを示せ。ただし，$2^{\frac{1}{3}}$ が無理数であることは証明なしに用いてよい。　(大阪市大)

問題 13-1 ▶ p.180

易 難

次の数を 10 進法で表せ。

(1) $110_{(2)}$　(2) $1101011_{(2)}$　(3) $1515_{(7)}$

((1)関西大，(2)立教大，(3)青山学院大)

問題 13-2 ▶ p.181

易 ■□□ 難

(1) 10 進数 29 を 5 進法で表せ。 (法政大)

(2) 10 進数 1515 を 7 進法で表せ。 (青山学院大)

(3) 2 進法で表された数 $11011_{(2)}$ を 4 進法で表せ。 (センター試験)

問題 13-3 ▶ p.183

易 ■■□ 難

(1) 5 進法で表された小数 $0.241_{(5)}$ を 10 進法の分数で表せ。

(2) 4 進法で表された小数 $12.3_{(4)}$ を 10 進法の小数で表せ。 (関西大)

(3) 2 進法で表された循環小数 $0.\dot{1}\dot{0}_{(2)} = 0.10101010\cdots_{(2)}$ を 10 進法の分数で表せ。 (広島市大)

問題 13-4 ▶ p.184

易 ■■□ 難

次の 10 進数を［ ］内の表し方で表せ。

(1) 0.296 ［5 進法］ (2) 0.3125 ［2 進法］

問題 13-5 ▶ p.186

易 ■■□ 難

(1) 3 進法 $21201_{(3)}$ を n 進法で表すと $320_{(n)}$ となるような n の値を求めよ。 (徳島大)

(2) n 進法で表された整数 $1010_{(n)}$ は 10 進法で表すと 30 であるという。このとき，n の値を求めよ。 (広島市大)

問題 13-6 ▶ p.187

易 ■■■ 難

n を 4 以上の整数とする。数 2，12，1331 がすべて n 進法で表記されているとして，

$$2^{12} = 1331$$

が成り立っている。このとき，n はいくつか。10 進法で答えよ。

(京大)

問題 13-7 ▶ p.189

易 難

(1) 9進法で書いた2桁の整数Nを7進法に書きあらためたら，やはり2桁で数字が入れかわった。この数を10進法で表せ。（一橋大）

(2) 7進法で表すと3桁となる正の整数Nがある。これを11進法で表すと，やはり3桁で，数字の順序がもととちょうど反対となった。このような整数を10進法で表せ。（神戸大）

問題 13-8 ▶ p.191

易 難

5進法により2桁で表された正の整数で，8進法で表すと2桁となるものを考える。このとき，8進法で表したときの各位の並びは5進法で表されたときの各位の並びと逆順にはならないことを示せ。（宮崎大）

問題 13-9 ▶ p.192

易 難

10進法で6桁の自然数がある。一番左の数字を一番右へ移してできる6桁の数は，もとの数の3倍になるという。もとの自然数を求めよ。

（阪大）

問題 13-10 ▶ p.194

易 難

a，b，c，d，e，fをいずれも0から9までの数字とする。6桁の整数$abcdef$を適当に定めて，その2倍が$cdefab$となるようにせよ。

ここに，$abcdef$は，通常の10進法による記法であって，整数

$$10^5a + 10^4b + 10^3c + 10^2d + 10e + f$$

を表すとし，$cdefab$についても同様であるとする。（京大）

問題 14-1

▶ p.196

易 難

a, b を整数とするとき，次の $\langle P \rangle$, $\langle Q \rangle$ は同値であることを証明せよ。

$\langle P \rangle$　a と b は 4 で割った余りが等しい。

$\langle Q \rangle$　$a-b$ は 4 で割り切れる。

問題 14-2

▶ p.198

易 難

a, b, c, d を整数とする。

$a \equiv b \pmod 5$, $c \equiv d \pmod 5$ のとき，次を証明せよ。

(1)　$a+c \equiv b+d \pmod 5$

(2)　$a-c \equiv b-d \pmod 5$

(3)　$ac \equiv bd \pmod 5$

問題 14-3

▶ p.200

易 難

A は 10 進法で表された 4 桁の自然数であり，千の位の数が a，百の位の数が b，十の位の数が c，そして一の位の数が d である。

(1)　A が 3 の倍数であるための条件は，各位の数の和が 3 の倍数であることを示せ。

(2)　A が 9 の倍数であるための条件は，各位の数の和が 9 の倍数であることを示せ。　（北大，福岡教大）

(3)　A が 4 の倍数であるための条件は，下 2 桁が 4 の倍数であることを示せ。

(4)　A が 8 の倍数であるための条件は，下 3 桁が 8 の倍数であることを示せ。

問題 14-4

▶ p.202

易 難

Nは10進法で表された4桁の自然数であり，千の位の数がa，百の位の数がb，十の位の数がc，そして一の位の数がdである。

このとき，$d-c+b-a$が11の倍数ならば，Nは11の倍数であることを示せ。　　（立教大・改）

問題 14-5

▶ p.204

易 難

自然数nに対して，

$$a_n = 2^n + 1$$

とする。

(1)　すべてのnに対して，$a_{n+3} - a_n$は7で割り切れることを示せ。

(2)　a_nを7で割った余りを求めよ。　　（大阪市大・改）

問題 14-6

▶ p.205

易 難

7^{2002}の1の位を求めよ。ただし，数値は10進数とする。

（新潟大・改）

問題 14-7

▶ p.206

易 難

整数からなる数列$\{a_n\}$を漸化式

$$\begin{cases} a_1 = 1,\ a_2 = 3 \\ a_{n+2} = 3a_{n+1} - 7a_n \end{cases}$$

によって定める。このとき，a_nが偶数となることと，nが3の倍数となることは同値であることを示せ。　　（東大）

問題 15-1 ▶ p.209

易 難

（これは 問題 6-2 と同じです）

自然数 n が 6 と互いに素であるとき，n^2 を 6 で割った余りが 1 であることを示せ。 （鹿児島大）

問題 15-2 ▶ p.210

易 難

（これは 問題 6-1 と同じです）

m，n は 7 で割ったときの余りがそれぞれ 3，2 となる整数である。

次の数を 7 で割ったときの余りを求めよ。

(1) $m + n$　(2) mn　(3) $2m + n$

(4) $m - 2n$　(5) $m^2 + n^2$

問題 15-3 ▶ p.210

易 難

どのような整数 n に対しても，$n^2 + n + 1$ は 5 で割り切れないことを示せ。 （学習院大）

問題 15-4 ▶ p.212

易 難

(1) 23^5 を 3 で割ったときの余りを求めよ。 （東北学院大）

(2) n は 3 で割ると余りが 1 であるような自然数とする。このとき，2^n を 7 で割ると，余りは 2 となることを示せ。 （津田塾大）

(3) $2^{2016} + 1$ を 2016 で割った余りを求めよ。 （九大）

問題 15-5 ▶ p.214

易 難

31^{17} を 900 で割った余りを求めよ。 （大分大）

問題 15-6 ▶ p.216

易 難

x を整数とするとき，次の方程式を解け。

(1) $3x \equiv 1 \pmod{7}$

(2) $4x \equiv 1 \pmod{5}$

問題 15-7 ▶ p.217

易 難

((1)は 問題 8-4 と同じです)

次の方程式の整数解を求めよ。

(1) $4x + 7y = 1$

(2) $3x + 5y = 1$

問題 15-8 ▶ p.219

易 難

a，b，c，d を整数とする。整式

$f(x) = ax^3 + bx^2 + cx + d$

において，$f(-1)$，$f(0)$，$f(1)$ がいずれも 3 で割り切れないならば，方程式 $f(x) = 0$ は整数の解をもたないことを証明せよ。 (三重大)

問題 16-1 ▶ p.223

易 難

(1) $\sqrt{5}$ の小数部分を求めよ。

(2) $\sqrt{17}$ の小数部分を求めよ。

(3) $4 \leqq x \leqq 6.5$ のとき，$\langle x \rangle$ を x で表せ。

(4) $0 \leqq x < 1$ のとき，$\langle 3x \rangle$ を x で表せ。

問題 16-2 ▶ p.224

易 難

$4[x]^2 - 36[x] + 45 < 0$

を満たす x の値の範囲を求めよ。 (奈良県医大, 一橋大)

問題 16-3 ▶ p.225

易 難

(1) $n^2 - 5n + 5 < 0$ を満たす整数 n をすべて求めよ。

(2) $[x]^2 - 5[x] + 5 < 0$ を満たす実数 x の値の範囲を求めよ。

(3) x は(2)で求めた範囲にあるものとする。$x^2 - 5[x] + 5 = 0$ を満たす x をすべて求めよ。 (北大)

問題 16-4 ▶ p.227

易 難

$\frac{1}{3} < a < 1$ とするとき，方程式

$$\left\langle \frac{1}{a} \right\rangle = a$$

を解け。 (東大・改)

問題 16-5 ▶ p.229

易 難

(1) a を整数とするとき，

$$\left[\frac{a}{3}\right] = 11$$

を満たす a の値を求めよ。

(2) a，b を整数とするとき，

$$\left[\frac{a}{2}\right] = 1,\ \left[\frac{b}{2}\right] = a$$

を満たす組 $(a,\ b)$ を求めよ。 ((2) 名大・改)

問題 16-6 ▶ p.232

易 難

次の等式を満たす整数 a の値を求めよ。

$$\left[\frac{a}{2}\right] + \left[\frac{2a}{3}\right] = a \quad \cdots(☆)$$

(早大・改)

問題 16-7

▶ p.235

易 難

実数 x に関する方程式

$$4\langle x\rangle^2 - \langle 2x\rangle = a$$

が実数解をもつような a の値の範囲を求めよ。 (福島大・改)

問題 17-1

▶ p.238

易 難

(1) 次の等式を証明せよ。

$$x^2 - 2y^2 = (3x + 4y)^2 - 2(2x + 3y)^2$$

(2) $x^2 - 2y^2 = -1$ の自然数解 $(x,\ y)$ が無限組あることを示し，$x > 100$ となる解を 1 組求めよ。 (お茶の水女大・改)

問題 17-2

▶ p.241

易 難

$$A = \{m + n\sqrt{3} \mid m,\ n \text{は整数}\}$$

とする。

(1) 集合 A を定義域とする関数 f を

$$f(m + n\sqrt{3}) = m^2 - 3n^2$$

と定める。このとき，$x \in A$，$y \in A$ に対し，

$$f(xy) = f(x)f(y)$$

が成り立つことを示せ。

(2) p，q の方程式

$$p^2 - 3q^2 = 1 \quad \cdots (☆)$$

は，整数解を無数にもつことを示せ。ただし，(1)の f について，$f(2 + \sqrt{3}) = 1$ となることを用いよ。 (津田塾大・改)

問題 17-3 ▶ p.245

易・・・難

自然数 n に対して，a_n と b_n は

$$a_n + b_n\sqrt{2} = (3 + 2\sqrt{2})^n \quad \cdots(☆)$$

を満たす自然数とする。

(1) a_{n+1} および b_{n+1} を a_n と b_n を用いて表せ。

(2) $a_n{}^2 - 2b_n{}^2$ を求めよ。 (名大)

問題 17-4 ▶ p.248

易・・・難

整数 x，y が $x^2 - 2y^2 = 1$ を満たすとき，次の問いに答えよ。

(1) 整数 a，b，u，v が

$$(a + b\sqrt{2})(x + y\sqrt{2}) = u + v\sqrt{2}$$

を満たすとき，u，v を a，b，x，y で表せ。また，$a^2 - 2b^2 = 1$ のとき，$u^2 - 2v^2$ の値を求めよ。

(2) $1 < x + y\sqrt{2} \leqq 3 + 2\sqrt{2}$ のとき，$x = 3$，$y = 2$ となることを示せ。

(3) 自然数 n に対して，

$$(3 + 2\sqrt{2})^{n-1} < x + y\sqrt{2} \leqq (3 + 2\sqrt{2})^n$$

のとき，$x + y\sqrt{2} = (3 + 2\sqrt{2})^n$ を示せ。 (早大)

問題 18-1 ▶ p.253

易・・・難

任意に与えられた4つの整数 x_0，x_1，x_2，x_3 を考える。これらのうちから適当に2つの整数を選べば，その差が3の倍数となるようにできることを証明せよ。 (神戸大)

問題 18-2 ▶ p.254

易・・・難

xy 平面において，x 座標，y 座標がともに整数である点 (x, y) を格子点という。いま，互いに異なる5つの格子点を任意に選ぶと，その中に次の性質 $\langle P \rangle$ をもつ格子点の組が少なくとも1組は存在することを示せ。

$\langle P \rangle$ 2個の格子点を結ぶ線分の中点がまた格子点となる。

(早大)

問題 18-3 ▶ p.255

易 難

A を100以下の自然数の集合とする。また，50以下の自然数 k に対し，A の要素でその奇数の約数のうち最大のものが $2k-1$ となるものからなる集合を A_k とする。このとき，次の問いに答えよ。

(1) A の各要素は，A_1 から A_{50} までの50個の集合のうちのいずれか1つに属することを示せ。

(2) A の部分集合 B が51個の要素からなるとき，$\frac{y}{x}$ が整数となるような B の異なる要素 x，y が存在することを示せ。 (愛知教大)

問題 19-1 ▶ p.257

易 難

$\varphi(n)$ をオイラー関数とするとき，次の値を求めよ。

(1) $\varphi(10)$　(2) $\varphi(15)$　(3) $\varphi(30)$

問題 19-2 ▶ p.259

易 難

n を自然数とするとき，$m \leqq n$ で m と n が互いに素となる自然数 m の個数を $\varphi(n)$ とする。

p を素数，l を自然数とするとき，$\varphi(p^l)$ を求めよ。

問題 19-3 ▶ p.260

易 難

n を自然数とするとき，$m \leqq n$ で m と n が互いに素となる自然数 m の個数を $\varphi(n)$ とする。

このとき，$\varphi(77)$ を求めよ。 (早大)

問題 19-4 ▶ p.261

易 難

n を自然数とするとき，$m \leqq n$ で m と n が互いに素となる自然数 m の個数を $\varphi(n)$ とする。

p，q を互いに異なる素数とするとき，$\varphi(p^2q)$ を求めよ。 (名大・改)

問題 19-5 ▶ p.264

易 難

$v_p(a)$ を p 進付値とするとき，次の値を求めよ。

(1) $v_3(54)$　(2) $v_2(-10)$　(3) $v_2(48 \times 160)$

問題 19-6 ▶ p.264

易 難

どのような自然数 n も，3 で割り切れない自然数 k と 0 以上の整数 a を用いて，

$n = 3^a k$

とかける。このとき，$f(n) = a$ と定める。例えば，

$f(1) = 0$，$f(2) = 0$，$f(3) = 1$

である。以下のことを証明せよ。

(1) 自然数 m，n に対して，$f(mn) = f(m) + f(n)$ が成り立つ。

(2) 2 以上の自然数 n に対して，$f(n^3 - n) \geqq 1$ が成り立つ。

(岐阜大)

問題 19-7 ▶ p.267

易 難

a，b を整数とし，p を素数とする。このとき，ab が p で割り切れるならば，a，b のうち少なくとも一方は p で割り切れることを p 進付値の性質(i)を用いて説明せよ。

問題 19-8 ▶ p.270

易 難

自然数 n に対し，2^k が $n!$ を割り切るような 0 以上の整数 k の最大値を $f(n)$ とする。

(1) $f(32)$ を求めよ。　(島根大)

(2) $f(50)$ を求めよ。　(琉球大)

(3) $f(2010)$ を求めよ。　(小樽商大)

問題 19-9 ▶ p.271

易 難

自然数 n について，$n!$ の末尾に続く 0 の個数を a_n とする。このとき，a_{2009} を求めよ。 (群馬大)

問題 19-10 ▶ p.273

易 難

m を 2015 以下の正の整数とする。${}_{2015}\mathrm{C}_m$ が偶数となる最小の m を求めよ。 (東大)

問題 20-1 ▶ p.276

易 難

$\dfrac{n+32}{n+2}$ が整数となる正の整数 n を求めよ。 (法政大)

問題 20-2 ▶ p.277

易 難

$\dfrac{6n^2+11n+38}{3n-2}$ が整数となるような最大の自然数 n を求めよ。

(福岡大)

問題 20-3 ▶ p.279

易 難

$\dfrac{2n-2}{n^2+2n+2}$ が整数となる整数 n の値をすべて求めよ。 (小樽商大)

問題 20-4 ▶ p.280

易 難

p を自然数とする。数列 $\{a_n\}$ を

$$a_1=1,\ a_2=p^2,\ a_{n+2}=a_{n+1}-a_n+13 \quad (n=1,\ 2,\ 3,\ \cdots)$$

により定める。数列 $\{a_n\}$ に平方数（自然数の 2 乗）でない項が存在することを示せ。 (一橋大)

問題 20-5

▶ p.282

易 ▂▄▆ 難

a_1, a_2, a_3, b_1, b_2, b_3 をそれぞれ 1 から 9 までの整数とし，a_1, a_2, a_3, b_1, b_2, b_3 の中に同じ数がいくつあってもよいとする。$[a_1a_2a_3]$ は 3 桁の整数

$a_1 \times 100 + a_2 \times 10 + a_3 \times 1$

を表し，$[b_1b_2b_3]$ は 3 桁の整数

$b_1 \times 100 + b_2 \times 10 + b_3 \times 1$

を表し，$[b_1b_2b_326]$ は 5 桁の整数

$b_1 \times 10000 + b_2 \times 1000 + b_3 \times 100 + 2 \times 10 + 6 \times 1$

を表すとする。

p, q, r を次の条件とする。

p : $[a_1a_2a_3] - 1$ は 50 で割り切れる

q : $[b_1b_2b_326]$ は $[a_1a_2a_3]$ の 26 倍である

r : $[b_1b_2b_3]$ は整数の 2 乗ではない

このとき，以下の問いに答えよ。

(1) 命題「$q \Rightarrow p$」が真であれば証明し，偽であれば反例をあげよ。

(2) 条件 q を満たす組 $(a_1, a_2, a_3, b_1, b_2, b_3)$ は何組あるか。

(3) 命題「$q \Rightarrow r$」が真であれば証明し，偽であれば反例をあげよ。

(群馬大)

問題 20-6

▶ p.284

易 ▂▄▆█ 難

p を素数，n を p で割り切れない自然数とする。1 から $p-1$ までの自然数の集合を A とおく。

(1) 任意の $k \in A$ に対し，kn を p で割った余りを r_k とする。このとき，集合 $B = \{r_k \mid k \in A\}$ は A と一致することを示せ。

(2) $n^{p-1} - 1$ は p で割り切れることを示せ。 (東京農工大)

志田　晶（しだ　あきら）
北海道釧路市出身。名古屋大学理学部数学科から同大学大学院博士課程に進む。専攻は可換環論。大学院生時代に河合塾、駿台予備学校の教壇に立ち、大学受験指導の道にはまる。
2008年度より、河合塾から東進ハイスクール・東進衛星予備校に電撃移籍。その授業は、全国で受講可能。
河合塾講師時代は、サテライト（衛星授業）を担当のほか、中部地区数学科のスーパーエース講師として、あらゆる学力層より圧倒的な支持を得ていた。
著書に、『改訂第２版　センター試験　数学I・Aの点数が面白いほどとれる本』『改訂第２版　センター試験　数学II・Bの点数が面白いほどとれる本』『志田晶の　数学IIIの点数が面白いほどとれる本』『志田晶の　数列が面白いほどわかる本』（以上、KADOKAWA）、『数学I・A　一問一答【完全版】』『志田の数学II　スモールステップ完全講義』（以上、ナガセ）、『数学で解ける人生の損得』（宝島社）などのほか、共著書として『改訂版　9割とれる　最強のセンター試験勉強法』（KADOKAWA）、監修書籍として『数学の勉強法をはじめからていねいに』（ナガセ）がある。

志田晶の　集合・論理、整数が面白いほどわかる本

2020年１月27日　初版発行

著者／志田 晶

発行者／川金 正法

発行／株式会社KADOKAWA
〒102-8177　東京都千代田区富士見2-13-3
電話　0570-002-301（ナビダイヤル）

印刷所／株式会社加藤文明社印刷所

●お問い合わせ
https://www.kadokawa.co.jp/（「お問い合わせ」へお進みください）
※内容によっては、お答えできない場合があります。
※サポートは日本国内のみとさせていただきます。
※Japanese text only

定価はカバーに表示してあります。

ISBN 978-4-04-604418-1　C7041